U0142917

·

流通管理概論

精華理論與本土案例 第7版

● 戴國良 博士 著

五南圖書出版公司 印行

作者序言

流通管理的重要性

　　《流通管理概論》是國內各大學及各技術學院「行銷與流通管理系」大一的必修課。「流通管理」（distribution management）在現代社會的演變下，已變得愈來愈重要了。過去，企管系教的是企業的經營與管理；而現在教的是流通業的經營與管理，此課程更具有聚焦性與專業性，對學生的就業也大有幫助。基本上來說，流通業包含的行業非常廣泛，舉凡批發業、百貨零售業、倉儲業、物流業、連鎖零售業、加盟零售業、直營門市店及虛擬通路業等，均屬於流通業的範疇。

　　「流通管理」此課程討論的不只是流通業的經營管理，任何製造業或服務業都需要有倉儲物流的流通運輸機制。流通的機制與功能，其實也是任何企業營運上的一種必要功能；流通做不好，店裡面的商品就會缺貨，引起消費者的不滿意，而且流通成本可能會升高，而對企業產生不利影響。

　　總之，「流通管理」如果具有效率與效能，則必然對任何企業產生競爭力與競爭優勢。國內「流通管理」做得最好的，應該算是統一超商 7-ELEVEN 了。7-ELEVEN 全臺 6,800 家店，遍布各城市鄉鎮與外島，今天不管在臺北、南投、屏東、花蓮的 7-ELEVEN，店內商品總是非常的齊全而不缺貨，這就是流通功能發揮得極致。目前，國內「流通管理」的教科書仍很少，且不夠普及，希望本書的出版，可以帶動此課程的更大應用與學習。

本書的特色

　　本書具有以下幾點特色：

1. 精華理論與本土案例兼具

本書精華理論部分係取材自流通業最先進國家（日本）的一些教科書與實務商業書，而案例部分則以本土案例為主，相信同學們都能易於吸收。

2. 本書內容完整周延

本書內容計有五大篇 12 章，內容已涵蓋所有流通業的經營、管理、策略與行銷在內，應該稱得上內容完整周延。

3. 本書重視實務導向

本書認為任何現代企管理論，其實都來自於先進企業的實務操作，而被歸納與整理成所謂的「理論」。而在「流通管理」領域，亦是一樣，企業實務其實是走在學術純理論前面。因此，為了同學們未來順利就業，應該不必強調太多的純理論教學，重要的是實務應用技能與觀念的養成及其靈活性。

● 感謝與感恩

本書得以完成，感謝五南圖書出版公司的鼎力支持，以及其他老師、同學們的鼓勵。由於有廣大同學們的需求，因此，才有動機與動力完成此書。希望此書對授課的老師及其他同學，都會有所助益。

最後，祝福所有的老師及同學們，願你們都會有一趟成功、滿足、健康、快樂與美麗的人生旅程。感謝你們、感恩大家，祝福每一個人。

戴國良
敬上
taikuo@mail.shu.edu.tw

本書架構

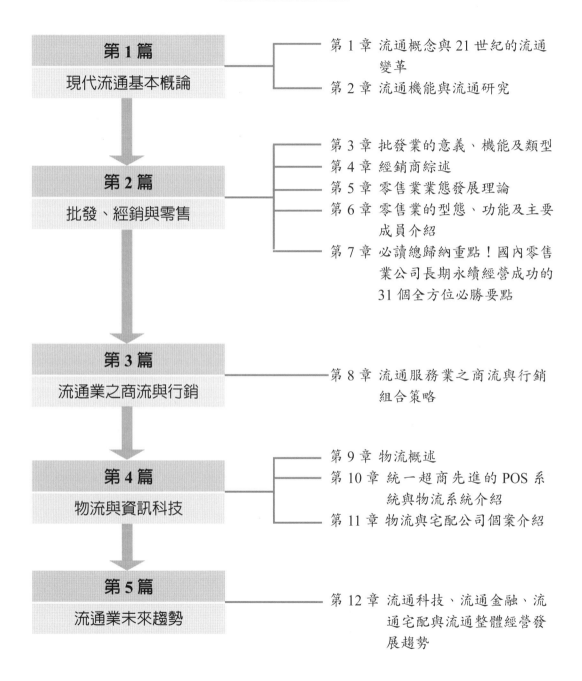

第 1 篇
現代流通基本概論

- 第 1 章 流通概念與 21 世紀的流通變革
- 第 2 章 流通機能與流通研究

第 2 篇
批發、經銷與零售

- 第 3 章 批發業的意義、機能及類型
- 第 4 章 經銷商綜述
- 第 5 章 零售業業態發展理論
- 第 6 章 零售業的型態、功能及主要成員介紹
- 第 7 章 必讀總歸納重點！國內零售業公司長期永續經營成功的 31 個全方位必勝要點

第 3 篇
流通業之商流與行銷

- 第 8 章 流通服務業之商流與行銷組合策略

第 4 篇
物流與資訊科技

- 第 9 章 物流概述
- 第 10 章 統一超商先進的 POS 系統與物流系統介紹
- 第 11 章 物流與宅配公司個案介紹

第 5 篇
流通業未來趨勢

- 第 12 章 流通科技、流通金融、流通宅配與流通整體經營發展趨勢

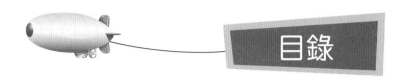

目錄

第3篇 流通業之商流與行銷 251

第 **1** 篇

現代流通基本概論

1 流通概念與 21 世紀的流通變革

一、流通價值鏈的四種主體角色

在流通的價值鏈過程中，主要有四種角色，包括：

（一）生產者角色（producer）。

（二）流通業者角色（distributor）。

（三）物流業者角色（logistic center）。

（四）消費者角色（consumer）。

如圖 1-1 所示。

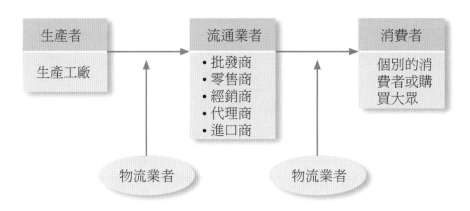

▶ 圖 1-1　流通價值鏈的四種主體角色

@（一）生產者角色（producer）

生產者角色，傳統上就是指生產工廠的角色，它們能生產出實體的產品。例如：生產汽車、機車、自行車、液晶電視、電腦、隨身碟、MP3、藍光播放機、電冰箱、洗衣機、服飾、手提包、鞋子、珠寶、鑽石、泡麵、巧克力、麵包、餅乾等各種衣、食、住、行、育、樂的實體產品。當然，此外也有服務性產品，例如：大飯店、信用卡、搭乘高鐵、搭乘飛機、看電影、上網、悠遊卡、搭捷運、線上影音、餐廳等。

@（二）流通業者角色（distributor）

流通業者角色，主要係指如何將實體產品或服務性產品，從生產者手

舉例：

（一）

統一企業（工廠） → 統一超商 → 消費者

- 泡麵
- 統一鮮奶
- 統一茶飲料
- 統一 AB 優酪乳

- 全臺 6,800 家零售店

（二）

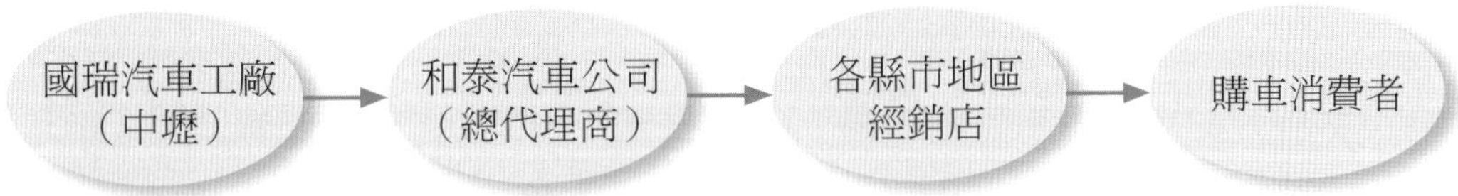

國瑞汽車工廠（中壢） → 和泰汽車公司（總代理商） → 各縣市地區經銷店 → 購車消費者

- TOYOTA 汽車

（三）

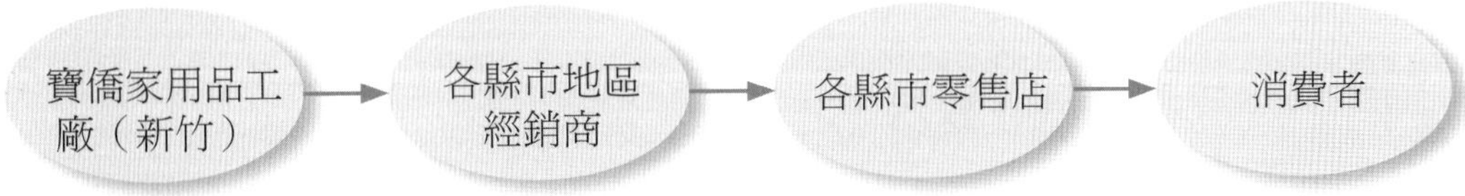

寶僑家用品工廠（新竹） → 各縣市地區經銷商 → 各縣市零售店 → 消費者

- 洗髮精
- SK-II
- 沐浴乳
- 衛生棉

小 結　流通定義的圖示（之一）

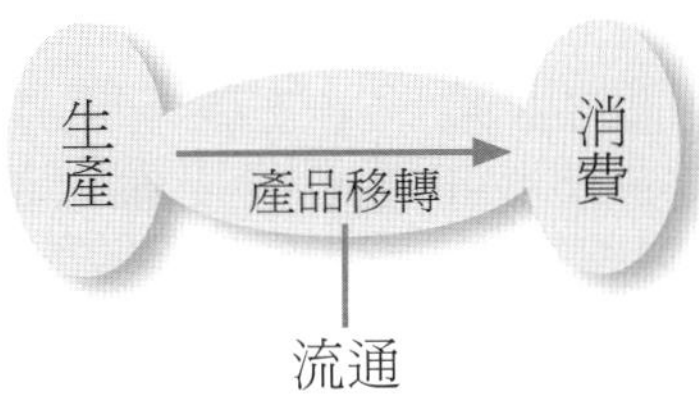

生產 —產品移轉→ 消費

流通

流通定義的圖示（之二）

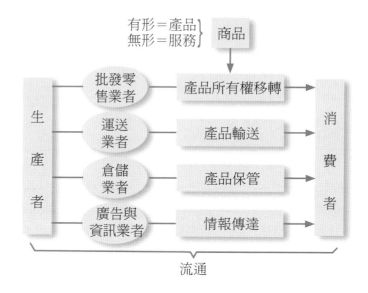

▶ 圖 1-2　流通業者即在建構生產者與消費者之間的連結橋梁

流通定義的圖示（之三）

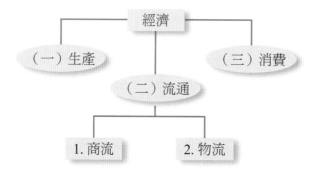

▶ 圖 1-3　流通的定義——生產、流通與消費是經濟的三
　　　　　 大活動，而商流與物流則是流通的二大機能

五、流通的生成與發展

　　如果從最早的交易型態來看流通，其生成與發展，大致可區分為以下四
個階段。

@（一）自給自足的經濟與流通

這是在最早期的原始時代與農業時代，市場並未形成，也無流通機制與概念，包括農民、漁民或獵人，自行種菜、養豬、養雞、捕魚、狩獵、種稻米、種水果等，然後提供給自己與家人食用過活，如圖 1-4 所示。

▶ 圖 1-4　自給自足

@（二）交換、交易發生──分散式交換

時代有些進步了，上述自給自足式的經濟，演進到相互交換與交易的時代。例如：農民將米與蔬菜和漁民的漁獲品，相互以物易物交換，如圖 1-5 所示。

農民、漁民、果民、畜民等個別的生產者，除了自己使用外，多餘的也拿出來與其他不同的生產者進行以物易物式交換。

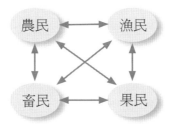

▶ 圖 1-5　分散式交換

此種「以物易物」的交換或交易方式，就是初期流通的發跡。因為，生產者將產品轉移給了消費者，此乃流通的原始定義，只是在此階段並無貨幣的交易。

@（三）市場出現

第三階段，即是有了不同產品的集散「市場」（market）出現，有些人

拿產品到此處展示銷售，有些人則支付貨幣買走產品。因此，早期有米市、菜市場、肉品市場、成衣市場、毛皮類市場等。後來，到 20 世紀之後，隨著工商業與都市化的快速發展，各種「市場」不斷出現，此亦代表著擔負市場功能的流通機制與流通結構，亦不斷的獲得成長及多元化發展，如圖 1-6 所示。

▶ 圖 1-6　集中式交換

＠（四）現代化商業發展（多元化市場）

到了近幾十年來，商業流通高度現代化與多元化發展，各種市場、各種流通業者、各種工廠、各種消費者、各種供應商等紛紛加入此市場，使市場與流通更加發達、便利、繁榮及豐富，如圖 1-7 所示。

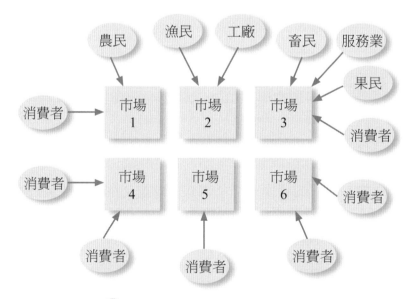

▶ 圖 1-7　現代化商業與市場

六、二次的流通革命

一般來說，國外把流通革命區分為二次，說明如下。

（一）第一次流通革命

從 1950 年代末期開始，當時有超市（super market）業態導入及連鎖店業態（chain store）導入，這二種業態在當時，都算是新的零售流通業發展，故被稱為第一次流通革命。

（二）第二次流通革命

從 1980 年代開始，很多零售店面開始導入 POS 系統（Point of Sales；銷售時點資訊情報系統），並在 1990 年代開始，大規模全面普及。此種 POS 系統對店內銷售產品的好壞狀況，都可以在當天立即得知，此系統對訂貨、退貨、下架、產品開發方向或行銷方向等，都帶來有利的決策貢獻。此外，從 2000 年開始，即 21 世紀起，網際網路的急速發展、無線數位行動手機及無線 IC 卡等也快速普及，此對零售流通業也帶來重大影響。

例如：在便利商店內，如今有 ATM 提款機、轉帳機、ibon 取票機、POS 結帳系統、icash 儲值卡；在咖啡店內提供無線上網功能；百貨公司 HappyGo 紅利集點折抵現金卡；家樂福好康卡；全聯福利中心福利卡；汽車經銷商的五年分期付款，以及網路購物公司的線上下單、宅配到家、線上付款以及最新的手機信用卡付帳等交易模式，都是 21 世紀第二次流通革命所產生的新操作工具與營運模式。

七、流通是企業營運流程中的一環

如圖 1-8 所示，流通其實是企業界營運循環（operation cycle）的一個環節。企業營運基本上有六大功能過程，包括：
（一）產品或服務性產品的設計及開發。
（二）零組件、原物料或半成品的採購。
（三）產品的組裝、加工、製造及品管。
（四）產品的運送、物流、倉儲及保管（即流通）。

（五）產品的銷售與行銷活動。

（六）產品的售後服務與技術服務。

這六大企業功能基本上是環環相扣，每一個環節都有它們專業的知識及產業技能在裡面，流通的知識與技能亦是如此。

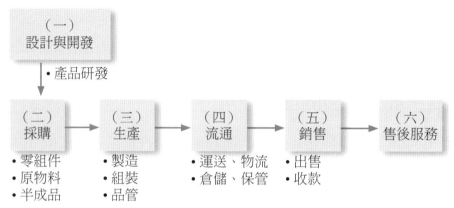

▶ 圖 1-8　流通是企業營運流程中的一環，此營運流程亦可視為 SCM
　　　　（企業供應鏈；Supply Chain Management）

八、21 世紀流通變革的特徵

18 世紀可謂歐洲及美國的產業革命與工業革命，而 21 世紀則可謂全球共通的流通變革，此 21 世紀流通變革的幾項特徵如下。

（一）批發功能的弱化趨勢明顯

在五、六十年前，批發商擔負著產銷之間的極重要角色，因為當時工廠規模尚小，只能專心做生產製造的工作，而流通事項就交給批發商去做。

批發商擔負著運輸、保管、儲存、分裝、重組、資訊情報提供、商品所有權移轉、金融融通，以及銷售指導等諸多功能，如今這些功能都已被替代或漸漸不需要。這主要是因為：

1. 工廠的規模日益壯大、資金雄厚及介入流通事業。

2. 零售商的規模也日益壯大，包括加盟連鎖、直營連鎖、單店規模等，均與過去不可同日而語。這些大型零售公司均直接從工廠進貨。

3. 網路購物、型錄購物、電視購物及預購等新型態店面專業模式崛起，

此與傳統的店面型態不相同。

4. 最後，宅配、宅急便及物流體系事業，也有快速的進步及成長，使得流通到家的狀況亦日益普及。

（二）網路購物快速崛起，具有多品項、價格低廉、自由搜尋與比價等優點，滿足顧客需求

近幾年來 B2C、B2B2C 網路購物及 C2C 網路競標等快速崛起，每年產值在國內已達到 6,000 億元以上，未來仍可望持續成長。網路購物具備多品項、可比價、價格低、自由搜尋、24 小時可下單、不必外出、自動送貨到家或到鄰近便利商店取貨等諸多優點，故能滿足顧客的需求，成為一個新興的無店鋪事業模式。

（三）產業結構集中化，零售業者日益大型化

21 世紀以來，在全球化、自由化、資本化的潮流下，產業結構日益集中化，而業者也透過併購或資金募集而日益大型化，形成大者恆大與贏者通吃的態勢，不管生產者或流通業者均是如此。

以國內為例，例如：

- 便利商店：以統一超商及全家為領先群的前二大公司。
- 量販店：以家樂福、COSTCO（好市多）、大潤發及愛買為前四大公司。
- 百貨公司：以新光三越、SOGO 百貨及遠東百貨、微風百貨為前四大公司。
- 超市：以全聯及家樂福為前二大公司。
- 美妝店：以屈臣氏、康是美及寶雅為前三大公司。
- 購物中心：以臺北101、高雄義大世界、高雄夢時代、桃園大江、台茂、林口三井 Outlet、臺北大直美麗華等為主要公司。
- 資訊 3C 賣場：以燦坤、全國電子及大同 3C、順發 3C 為前四大公司。

至於臺灣的批發公司，則沒有大型且知名的公司。

（四）中小型商業業者的競爭基盤逐步弱化

由於前述產業集中化的影響，流通業者已日趨大型化。小型流通業者幾乎難以存活，獲利微薄，只能存在於地區性或鄉鎮地區。因此，中小型商業或流通業者，如何提升其自身的競爭力以及轉型於利基型市場或區域性

市場，則是未來思考的重點所在。

（五）流通市場競爭日益激烈，進入微利時代

由於網際網路的快速普及、企業日益大型化、消費者的選擇日益增多、跨業競爭日益增加、產業界限打破、法律限制完全放開、市場自由機制全面開放、新加入者不斷、行銷廣告投入與促銷活動投入已成常態，以及跨國公司在全球市場的進軍，導致每個行業及每個市場都呈現供過於求的現象。因此，國內外流通市場及流通產業可謂競爭相當激烈，正式進入微利時代。

（六）無人化商店登場

由於人工成本高昂，以及好地點的租金昂貴，故促使了無人化商店的出現。這些無人化商店可能在辦公大樓內、工業廠房內、社區巷道內等，它們以便利商店型態呈現，再配合無線 IC 結帳卡付帳，仍可望有一定的存活率。目前，國內 OK 便利商店與經濟部已推出示範店。

（七）消費者動向影響流通系統

以消費者為起點及思考原點，仍是流通業者必須堅持之處。因此，21世紀以來的消費者，他們的需求、他們的個性化、他們的多樣化、他們的價值觀、他們的購買力、他們的購物地點習性、他們的科技性、他們的價值認知、他們對零售點的改變、他們對低價格的要求等，這些都在在影響著整個流通產業的結構性及業者的經營模式。

（八）「24 小時快速到貨」興起

近幾年來，由於網路購物的蓬勃發展，PChome（網路家庭公司）在 2007 年度率先推出「24 小時快速到貨」服務，已掀起一股風潮，大家都競相仿效。除 PChome 外，7-net、博客來、燦坤 3C、momo、yahoo! 奇摩等也紛紛跟進。「24 小時快速到貨」，甚至是「今早訂貨、今晚到貨」的快速模式，的確是一項成功的策略，它已證明具有下列效益：

1. 有助於顧客對公司快速將貨物送達的良好口碑、肯定與滿意。
2. 有助於對此網站的信賴養成。
3. 有助於業績的提升與成長。
4. 有助於國內倉儲流通產業的進步與成長。

九、全球零售產業快速變化與最新趨勢

（一）日本麥當勞生意，被便利商店搶走

從世界的零售現況觀察，業態的變化，已經跨越原來的界限，不再有明顯的一道高牆，且業態的創新速度加快，零售業的輪子也跟著愈滾愈快。

日本年度結帳是在每年三月，日本麥當勞之前公布 2013 年的營收降了10%、利益大幅下降了 50%，而且利益是連續兩年下降，這個數字讓人感到相當驚訝，麥當勞原本是績優生，連續兩年營運狀況卻一直下降，麥當勞的數字顯示一個訊息，應該與便利店有極密切的關係。

以百元咖啡為例，日本的 7-ELEVEN、FamilyMart、LAWSON 門市都有銷售，且成績都相當不錯，消費者可以在便利店買到便宜的咖啡，不必到速食店；此外，日本吉野家的牛肉飯即使降價，也贏不了便利店的高價鮮食，這些訊息透露，價格已經不是消費者最重要的考量因素。

此乃一方面在於便利店的中央廚房技術進步太快，加上便利店的店數較速食店來得多，在日本就有 5 萬 9,000 家便利店；另外，人口結構走向少子、高齡化，吃的量也愈來愈少，這些都是導致便利店愈來愈興盛的原因。

2013 年日本全家（FamilyMart）、7-ELEVEN 的展店均超過 1,500 家，已創下一年展店數最高的紀錄，這跟 311 日本大地震有關，也跟老齡化有關。由於便利店的商品汰換很快，可以有更新更多的商品推出，而且只要CP 值（產品性價比）夠的話，老的東西都有可能翻身。但是，速食店的菜單卻很難快速改變。

（二）便利商店與其他行業合併共營一家店，創新零售模式

而且，若仔細觀察，會發現飲食店、便利店、超市、藥妝，這幾個業態重疊的部分愈來愈高，界限門檻愈來愈低，各業態間的那道牆幾乎快被打破，異業結盟成為一個趨勢。目前在日本就有泉屋超市（Izumiya）和全家合作，看板的 LOGO 結合在一起，此複合店型約 70 坪左右，此外，藥妝品牌（Higuchi）也和全家合作，預計五年開 1,000 店；而且不只有全家進行異業結盟，像是 LAWSON 也聯合百元商店，在橫濱有 LAWSON MART，是一間有現代感的超市，店內銷售生鮮、蔬菜及肉品。

@（三）大型店小型化，便利店大型化之趨勢

不僅日本打破業態的界限，便利店結合藥妝或是超市而已，業態的改變，也吹到美國的市場，美國量販業過去都是大型店當道，但近年來，小型店也正流行，像是 Walmart 也開起小型店，有 Walmart EXPRESS。主因在於美國有很多鄰近都會的蛋白區；另外，也受到其他小型店的刺激。

美國的 1 元商店 Dollar General 則全為直營店，一萬間小型店，每間都在 1、200 坪左右。以前大都是賣日用品居多，現在則把生鮮也加進去，變成有超市的感覺。

從這麼多的例子，可以看出國外的趨勢：大型店小型化，便利店大型化。

2014 年的夏天，美國 TARGET 在明尼蘇達州開一個小型店；日本的大型店，像是 AEON（永旺）也要開 my basket，以前是 800 坪，現在開一個 50 至 70 坪的店，兼賣熟食；7&i 其食品館伊藤洋華堂也計畫三年要開 500 個小型店；臺灣的家樂福也開出小型店。

@（四）零售之輪，愈滾愈快

依 1958 年美國學者麥克奈爾（McNair）提出的「零售輪」理論來看，是三十年為一個年限，若不創新，極有可能會被零售輪的滾輪給滾掉了。但現在看來，業態創新的汰換速度加快，一個年限恐怕不再是三十年，而是更短了。這跟消費者的消費型態和族群有關係，便利店的主要客群集中在年輕的男性，日本高達七成，因為有賣菸、酒、報紙等，若要加入女生或高齡族群的話，則要有藥妝、超市做連結。

另外，行動通訊的元素，也讓業態的變化更加速，如果跟不上，就會被淘汰，零售輪的輪子愈來愈快。（2014.3.27，《工商時報》，全家便利商店董事長·潘進丁）

十、全球零售五大趨勢

根據知名的勤業眾信所屬之德勤全球企管顧問公司（Deloitte）發布的「全球零售力量」年度報告，有五大零售趨勢，值得業者參考及因應。

@（一）旅遊零售

儘管全球地緣政治和經濟挑戰不斷加劇，國際旅遊業仍將持續出現超乎預期的繁榮景象。新興市場中崛起的中產階級前往各地旅遊，包含中國，帶動零售銷售，尤其是奢侈品。

例如：法國 160 億歐元奢侈品市場中的一半以上依賴遊客。而國外觀光客來臺人數逐年增加，如何掌握高消費旅客及提供臺灣特色商品，有待業者共同努力。

@（二）行動零售

行動零售有望繼續出現高速增長，2015 年全球將有 65% 的人口使用手機，據此推估，83% 的網路使用將是透過行動裝置完成的。預計未來三年，全球透過行動裝置完成的電子商務交易將高達 6,380 億美元，約等同於一年前電子商務交易的總金額。

而穿戴裝置的新發展（如 Google 眼鏡及 Apple Watch）更加速這種趨勢，零售業需要正視並加以面對。而行動支付，如 Apple Pay 的興起，店家也需要改變傳統收款系統。

隨著行動零售大勢所趨，信任、透明和保護客戶訊息，將是維持客戶忠誠度的重要關鍵，因此隱私和資訊安全變得愈來愈重要。

@（三）便捷零售

速度仍是零售業的一個重要趨勢。包括快時尚、限時產品和限時搶購，以及減少等待時間的自助式結帳等。

2015 年，零售業的發展速度預計將更快，以不斷滿足消費者的需求。不少業者開始提供下單後 24 小時內送達，如何提升供應鏈與物流管理，更快速滿足消費者需求，亦是零售業者的重要關鍵。

@（四）體驗式零售

零售將不再局限於銷售產品，更要提供消費者一種全新體驗。消費者期望逛街購物可以同時達到娛樂、教育、感官、約會、知識等多重饗宴，所以，零售商將持續探索創新方式，透過社群媒體宣傳、節慶活動、時裝秀和互動展示等，提供客戶全方位的體驗服務。

消費者希望他們無論在實體店內、網路上、街上、任何地方，都可以獲得同樣的體驗，能夠隨時在現場或以任何裝置得到所有產品、價格、優惠券、促銷方案等相關訊息，並且非常容易在任何時候、任何地方訂購、取貨、運送、收貨、甚至退貨。

因應消費者期望，業者需要調整內部作業、消除跨部門或跨店的藩籬。

個人化的消費未來將成為常態，如何針對個人消費者提供客製化訊息、互動交流，是業者應積極努力的，零售業者需投資於巨量資料分析，透過瞭解個人消費模式，進而提高個人消費體驗，創造價值。

@ （五）創新零售

新興技術和創新競爭不斷顛覆著零售行業，愈來愈多的零售商將會發展新業務，接受新技術並加以創新利用。

例如：美國一家零售商的未來概念商店，店內有懂得多國語言的機器人，協助掃描消費者帶來的舊零件，辨識並立即搜尋相關訊息，快速協助找到店內同樣的零件、透過物聯網應用，相信很快可以透過智慧家庭的冰箱，自動採購及運送家中所需物品。

零售業者面對未來必須更快擁抱科技加速變革，才可以領先同業。

臺灣零售行業近幾年已經蓬勃發展，然而他山之石可以攻錯，全球零售行業的五大創新趨勢相信業者多少都略有所聞，然而從知道到做到，需要企業由上而下，從消費者需求及未來科技應用，研擬具體的中長期發展策略，加大投資於創新、科技、大數據、人才，才能領先同業，提升企業競爭力，邁向卓越成功。

十一、全通路（Omni-channel）虛實整合趨勢

@ （一）全通路意義

自 2015 年以來，全球零售業有一個非常明顯的全通路虛實整合最新趨勢。所謂全通路的意義，即是指實體零售業會走向虛擬零售業，而虛擬零售業也會走向實體零售業，虛實零售雙向會整合在一起呈現給消費者。

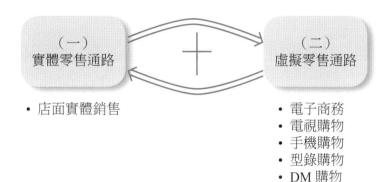

- 店面實體銷售

- 電子商務
- 電視購物
- 手機購物
- 型錄購物
- DM 購物

＠（二）全通路零售案例

1. 實體通路走向虛擬通路零售
（1）7-ELEVEN $\Longrightarrow$ 7-net
（6,800 家店）（網路購物）
（2）遠東百貨 $\Longrightarrow$ happygocard.com.tw
（快樂購網站）
（3）家樂福、大潤發、愛買 $\Longrightarrow$ 網路購物
（4）屈臣氏 $\Longrightarrow$ 網路購物
（5）燦坤 3C $\Longrightarrow$ 燦坤快 3 網路購物

2. 虛擬通路走向實體零售
（1）雄獅旅遊網站 $\Longrightarrow$ 雄獅實體店
（2）OB 嚴選網站 $\Longrightarrow$ OB 嚴選店面
（3）86 小舖網站 $\Longrightarrow$ 86 小舖店面

3. 電視購物走向電子商務零售
（1）富邦 momo 電視購物 $\Longrightarrow$ momo 網路購物
（2）東森電視購物 $\Longrightarrow$ 東森網路購物

十二、日本流通業近代史

日本近代流通業誕生至今約 113 年，1904 年東京日本橋的三越百貨公司開幕，此為日本近代流通業的正式開端，今為日本橋三越本店。之後，日本的流通產業即從歐美等先進國家地區，導入引進各種相關概念與技術，

並將其消化轉換成日本風，使其獲得調適與發展。

至 2004 年位於日本橋三越本店不遠處，在 1990 年關閉的東急百貨公司（舊名白木屋百貨店）舊址，則是新開了一家被喻為現代日本流通產業象徵的複合商業設施「COREDO 日本橋」。

（一）近代化的時代

日本流通近代化的主角是以三越為首的百貨公司，此一時代是日本產業及社會整體，從歐美先進國家導入技術和文物，堂堂邁入近代化的時代。

百貨公司則為日本流通業近代化的主要代表，其不僅具有西式的大型建築，同時並導入相關的展示型商品銷售方式，成為將歐美近代生活型態（life style）介紹給每一位日本國民的展示室（show room）。

今天，我們可以看到三越百貨開店當時的廣告內容是「百貨宣言」：「本店販賣的商品，其種類今後將持續增加，舉凡服裝飾品等相關品目將匯聚一堂，配合您的需求，使我們成為呈現給您的一種設施」。

當時的百貨公司扮演著新時代文物匯集展示與提供學習場所的角色。同時，去百貨公司不僅是為了購物，同時也是具備娛樂等非日常行事的角色；亦即具備猶如今天主題樂園（theme park）的角色。當年百貨公司的營運主體，就像三越百貨，多是從日本和服店（吳服店）做業態轉型而來。

到了 1930 年代，則多由鐵路公司開設，其先驅則為 1929 年在大阪梅田開幕的阪急百貨店。因其係開設於火車站內，對沿線居民提高了方便性，不僅促進了鐵路的使用，同時也因為百貨公司的存在，而使鐵路沿線的不動產價值獲得提升。

作為日本近代化象徵的百貨店，再加上鐵路及沿線不動產開發的三項配套型事業，使其發展不再局限在大都市，而擴及於地方都市。

（二）效率化的時代

日本流通產業的第二個時代潮流，源自於超市（super market）業態的導入。超市這個業態的特徵在於同時具備店鋪、組織、流通通路（channel）三種次元的效率化，係由到美國考察的流通業者所導入。

其中促使店鋪效率化獲致實現的是，藉由 Self Service 方式的採用，來店者從大量陳列的商品中，自行選取想要買的商品，最後在收銀臺結帳，藉此讓店鋪人員獲得減少，而使成本壓縮變得可能。

在管理面上，則導入 Chain Operation 的手法。由連鎖總部負責多個門市店的營運，除可降低財務及總務的間接部門經費比率之外，藉由統購亦可降低採購價格。此種效率化的成果，使得對消費者的銷售價格得以獲得調降，從而使得集客力獲致提升。

在商品組成面上，雖與百貨公司同樣具有匯聚所有商品的特色，但相對於百貨公司商品屬於非日常性存在特質，超市則較側重於提升人們每天生活購物的方便性及效率性，亦即 One Stop Shopping（單站購足）的概念。

超市在日本後來進化發展成兩種不同型態，一種是與百貨公司同樣匯集食、衣、住所有領域商品的綜合超市（GMS）；另一種則是將食品及日用雜貨予以獨特化的食品超市。

以 Daiei 及 Itoyokato 為代表的 GMS 業態，成為大量生產工業產品的日本國內高效率銷售通路，而獲致急速成長。1972 年時，GMS 最大業者 Daiei 的業績首次超越三越百貨。至此，GMS 在大量生產及大量消費為主軸的經濟發展背景下，成為企業及消費者都追求效率的時代象徵。

其後，GMS 持續維持其日本流通業的主角地位，但日本政府為保護零售小賣店，而於 1973 年將《百貨店法》修訂為《大規模小賣店鋪法》（《大店法》），藉以嚴苛限制大型店的展店。此舉使得 GMS 的成長不得不受到抑制，但同時也使得大型店業者間的相互競爭獲得抑制（緩解），其結果是，也使得 GMS 喪失其追求效率化的激勵要因。

之後，到 90 年代《大店法》被緩和後，效率化的潮流再度湧現。但此時的主角已經不再是 GMS，而是改為標榜「價格破壞」的新型折扣中心（discounter）業者。但此時，僅憑效率化及低價格化就能使事業獲得維持的時代已告結束。

（三）多樣化的時代

其實，多樣化發展的潮流，在作為效率化時代的主角 GMS 開始竄升，成為流通產業領導者的 70 年代前半就已開始萌芽。

促使時代邁入多樣化的背後最大原動力在於，伴隨所得水準提升的消費者需求水準的高度化，僅止於訴求便宜的店，已經無法滿足消費者。

容易購物的舒適店鋪、豐富多選擇的商品組合、專業資訊的提供、從未有過的新商品及服務的提供等；消費者本身的需求出現多樣化發展。流通產業從 70 年代初起，即開始出現便利商店、藥局（藥妝店）、家庭中

心、速食店、家庭餐廳等各種新業態，並使連鎖經營獲得加速推展。多樣化業態中，最典型的代表為1971年開幕的麥當勞一號店及1974年開幕的7-ELEVEN一號店。

引領效率化時代的主角GMS，在80年代末，因受《大店法》放寬後展店風潮影響，陷入其引發的消耗戰式價格競爭。此使得具有廣泛日用商品組合的GMS，很難再採行以獨特商品進行差異化策略，使其變得容易陷入價格競爭。

在展店規範較嚴苛的時代，此種特性倒是未被外顯化。但當《大店法》被放寬進入真正的競爭時代後，此缺陷即被外顯化。其結果使得以Mycal、長崎屋為首的許多企業陷入倒閉，從市場上黯然退場。相對於此，擔任多樣化時代主角的各種連鎖專門店，其所採行的主要策略，則是朝商品組合精選，及與其他店鋪差異化的方向發展，期望藉此提升其成長力及收益力。

上述對策，在競爭時代中確實獲得有利地位。在90年代，當GMS陷入消耗戰中時，家電量販店、大型男士西裝店、休閒服飾店、百圓商店等，多采多姿的連鎖專門店急速抬頭。

其中，在GMS急速成長時代中，較晚出現的食品超市連鎖專門店，也藉由在日常「食」領域的獨特化，使其地位獲得鞏固。在90年代抬頭的新業態及新興企業，已很少有人想僅用效率化時代的思考，或想要以超過GMS的效率性及低價格作為武器來發展。

但是，不具備低價格優勢的企業，則將被捲入消耗戰中，最終則將從市場消失。換句話說，效率化在多樣化時代中並不會消失，但是僅憑效率化則勢將無法存活。

（四）第四個時代潮流——「複合化」的時代

近代化與效率化的潮流雖已不再是這個時代的主流顯學，但作為各該時代主角的百貨公司和GMS，在進入多樣化時代後，作為其多樣性的一部分，仍占有主要地位。在嚴苛的競爭環境下，喪失競爭力的企業及店鋪將被淘汰，業界重排的程序將會持續進行，唯有殘存者才能有所利得。

現在，多樣化的潮流正從各種方面向全國蔓延擴展。在70年代以後登場的許多新業態，已從原本耕耘的所在地域開始向日本全國推展。

若將日本流通現況與其他流通先進國家相比，目前的日本現況比較接近英國的情況——多樣化發展。

　　現在的英國，主力是被稱為 Super Store 的大型食品超市 Tesco 及 Seins Belly，其他尚有服飾店的 NEXT、藥妝店（drug store）的 Boots、美護店（beauty care）的 The Body Shop 等，多采多姿的連鎖專賣店已在英國展開。此與日本現況很近似。

　　如果我們想要看得更遠，可以參考流通產業走在世界最前端的美國的情況，源自美國的連鎖專賣店多采多姿的展開力，事實上，則是超過英國，並在英國之上。

　　從進入日本市場的美國連鎖店即可略窺一二：McDonald、Toys "R" US、GAP、Starbucks、Office Depo 等不勝枚舉。

　　美國領先英國及日本的是「複合化」的潮流。

　　英國在都市核心商業區推展「High Street」。

　　美國則在推展各種型態的 Shopping Center 及 Shopping Mall，此以各種連鎖專門店為主體，進行各式商店整合的商業集積（integration），其想法在於藉由相乘綜效，來嘗試提升集客力。

　　在日本，「複合化」已成為日本流通業繼「多樣化」之後的第四波潮流，而其亦為日本商業集積發達的原動力之所在。

　　商業集積（複合商業設施）的多樣化，呈現於郊外的 Outlet Mall；多數專門店被加入電影院等娛樂設施中；都心再開發型購物中心（六本木的 Hills、2004 年開幕的 COREDO 日本橋）等。

　　在日常購物場所方面，則模仿美國 Walmart 進行新業態開發，例如：

　　「食品超市＋家庭中心（Home Center）＝超級中心（Super Center）」

　　以食品超市為核心店鋪，結合藥妝店及休閒服飾店，而成為「近鄰型購物中心（NSC）」。

　　現在，尚有更多企業在不斷嘗試開發中。

2 流通機能與流通研究

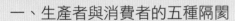

一、生產者與消費者的五種隔閡

事實上，生產者與消費者兩者間是存在一些隔閡的，因此，就需要流通業者來做中間的橋梁，使這些隔閡能夠打開或接合，這也發揮了流通的機能。

生產者與消費者雙方間，大致可以歸納出五種隔閡，如下所述：

（一）人的隔閡

生產者與消費者的工作性質及人格特質當然不同，因此有所隔閡。

（二）場所的隔閡（空間的分離）

生產工廠所在地與消費者住居消費所在地大不相同，此乃空間地理上的差距。

（三）時間的隔閡（時間的分離）

生產工廠的時間性與消費者購買需求的時間性顯然是不同的，此乃時間的分離。

（四）情報的隔閡

生產者所需的情報與消費者所知的情報，兩者也不相同，而且程度也不一。

（五）數量的隔閡

生產者是大量生產，提供全國性或地區性消費者購買，但是每個消費者都只購買自己所需的少量商品使用，故兩者在數量上也有不同。

圖 2-1 所示為生產者與消費者之間五種隔閡與不同。

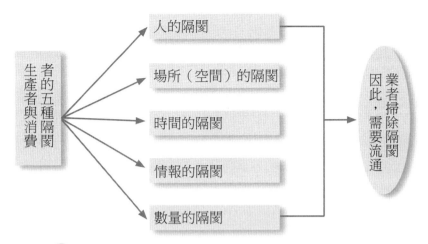

▶ 圖 2-1　生產者與消費者之間的五種隔閡

另外,亦可以用圖 2-2 所示的方式,表達流通的機能。

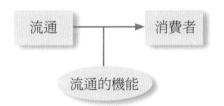

1. 解決時間的落差:保管、保存、貯藏
2. 解決空間的落差:運送
3. 解決所有權的落差:銷售出去
4. 解決情報的落差:廣告、宣傳的推廣

▶ 圖 2-2　流通的四大基本機能

二、流通機能的四種類型化

　　流通機能(distribution function)基本上可以區分為四種類型化,簡述如下。

@（一）商品的流通機能（商品流）

　　流通的第一種機能即是可以促進商品所有權買進與賣出的移轉及流動。商品所有權原本在工廠手上,但透過層層流通通路而到達顧客手上。如果沒有流通業者居間買進與賣出移轉,那麼消費者就必須向工廠個別買貨,

如此變得非常沒有效率，而且不太可能。因此，流通機能首要者，即完成了商品在工廠→流通業者→消費者三者之間的買進與賣出，以完成各層級的交易活動，此即「商品流」。

（二）物的流通機能（物流）

流通的第二種機能即是指「物流」，亦即指將商品透過運輸及配送，送到顧客指定的地方。這個地方可能是零售據點，也可能是消費者住處。

廣義的「物流」，還包括：進貨、倉儲、保管、庫存、組合、包裝、出貨等工作。

通常物流的據點，不太可能設在大都會區內，因為租金成本太高，據點通常設在大都市的郊區或偏遠的鄉鎮地區，比較有大規模坪數的空間可做物流倉儲據點。

像國內的統一企業及統一超商二家公司，在北、中、南均有自己的大型物流公司或物流中心，擔負著配送到全國各經銷商或各零售店的任務。

（三）資訊情報流通機能（資訊情報流）

有關流通經營過程中所產生的生產者情報、商品情報、銷售情報、店內庫存情報、訂貨情報、出貨情報、結帳情報、購買者動向及消費者需求情報等，均須透過完整周密的 IT 資訊科技與網際網路連線工具及設備，以及所賣出產品銷售數量及金額報表等，作為判斷與決策的根據，此即「資訊流」。

案例 1　漢神百貨 POS 情報系統：掌握前端銷售，行銷大作戰

1.高雄漢神百貨公司經營績效佳

穩坐南臺灣百貨業龍頭的漢神百貨，週年慶業績連創新高。2012 年全國百貨業總業績下降 10%，漢神百貨仍然維持高獲利，業績僅下滑 1%，展現極大的經營韌性。

2003 年起，展開全面大整裝，走精品百貨路線，發揮體驗式行銷的魅力，以及一連串創新的販促活動，是漢神百貨業績三級跳的功臣。不過，默默在幕後精準提供顧客消費分析的銷售時點（POS）情報系統，更是支撐漢神百貨長期成長，不容忽視的關鍵武器。

2.POS 情報資訊系統不斷更新貢獻大

漢神百貨協理凃佩勳分析，前臺的 POS 情報系統，可以迅速掌握前端的銷售情況，每一區專櫃的入帳金額，即時呈現在眼前，哪一區銷售狀況不佳，迅速回傳廠商，立刻推促銷活動，拉抬業績。

前臺的商品金額、數量與買賣資訊，透過 POS 情報系統送到後臺，還能進一步分析消費者行為，例如：不同顏色、款式的口紅銷售量，都能進行交叉比對，從中抓出有價值的資訊，應用於市場行銷。

除了 POS 情報系統，漢神百貨 2012 年起，投入 3,000 萬元架線及購買系統，增設 50 臺簡易收銀機，縮短週年慶的刷卡和收款時間。過去遇到週年慶，必須提早一、兩個月訓練七、八十位工讀生，自此已減少收銀員人事成本。

漢神百貨資訊管理持續創新，也可歸因於日籍總經理南野幸治的大力支持，推動 POS 情報系統升級，從原來的 DOS 系統，換成 Windows 介面，外包廠商也換成日商富士通。

■ 案例 2　日本 100 日圓商店 CAN DO 公司導入訂貨支援系統

根據日本 MJ（流通新聞）報導，日本百圓商店 CAN DO 在 2008 年 11 月導入訂貨支援系統。總公司會將 POS 系統所統計出來的暢銷商品資訊，指示各分店訂購最低數量，以確保不會發生缺貨。然後各個分店再依照區域性差異各自調整，不再像以往依照經驗和直覺訂貨，希望藉此可以防止業績下滑。

CAN DO 約 160 間分店都使用 POS 收銀系統，根據該系統，總公司每個月會計算出暢銷商品的預估銷售量，將最低訂貨量以電腦發送給各個分店。各個分店再依照自己的銷售方式、顧客層及店家周邊有無活動舉辦等考量去調整訂貨量。未來預計花 4 到 5 億將 POS 收銀系統引進所有分店，希望能更準確的預測需求量。

@（四）助成（補助）的流通機能

除上述主要的支援機能外，還有一些間接的補助機能。例如：資金貸款、資金融通、教育訓練、風險負擔、信用提供、票期長短、災難發生、匯率變動、標準化作業與規格〔例如：日本的 JIS 日本工業規格；國際標準化機構的 ISO、條碼（bar code）、無線 IC 卡等，此種標準化均能促進流通的效

率化及物品配送的效率化〕。

小　結

綜上所述，流通機能的四種類型化內容如下：

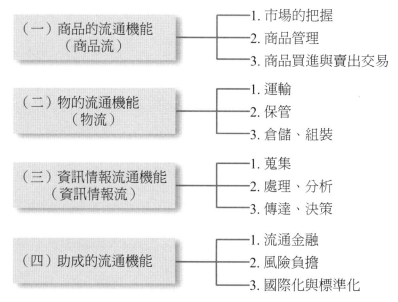

（一）商品的流通機能（商品流）
1. 市場的把握
2. 商品管理
3. 商品買進與賣出交易

（二）物的流通機能（物流）
1. 運輸
2. 保管
3. 倉儲、組裝

（三）資訊情報流通機能（資訊情報流）
1. 蒐集
2. 處理、分析
3. 傳達、決策

（四）助成的流通機能
1. 流通金融
2. 風險負擔
3. 國際化與標準化

▶ 圖 2-3　流通機能的四種類型化

另外，也有學者將流通區分成以下五種機能，如圖 2-4 所示。

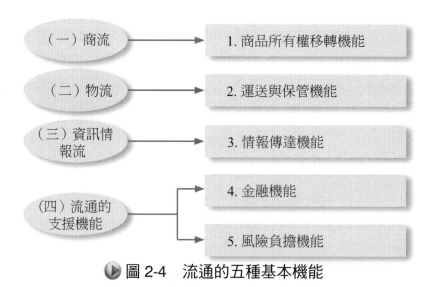

（一）商流
1. 商品所有權移轉機能

（二）物流
2. 運送與保管機能

（三）資訊情報流
3. 情報傳達機能

（四）流通的支援機能
4. 金融機能
5. 風險負擔機能

▶ 圖 2-4　流通的五種基本機能

三、流通的相關業者

現代流通的相關業者，大概可以依其不同的機能，而有如下幾種行業（見圖 2-5），包括：

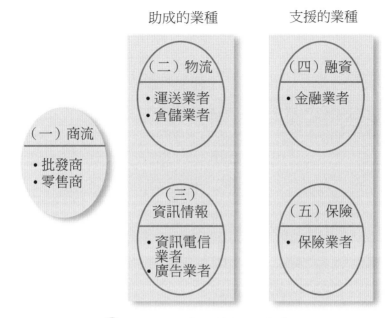

助成的業種　　　　　支援的業種

（一）商流
• 批發商
• 零售商

（二）物流
• 運送業者
• 倉儲業者

（三）資訊情報
• 資訊電信業者
• 廣告業者

（四）融資
• 金融業者

（五）保險
• 保險業者

▶ 圖 2-5　流通的相關業者

（一）商品流的業者

主要包括批發商、經銷商、零售商等，係以銷售功能為主的業者。

（二）物流的業者

主要是指提供運送及倉儲的業者而言。例如：統一超商旗下的關係企業，捷盟物流與統一物流等常溫及冷藏物流公司。

（三）資訊情報的業者

主要是指提供資訊化、e 化、電訊化及廣告宣傳的業者。

＠（四）融資的業者

主要是指提供資金借款營運周轉、信用卡的金融機構，如銀行、農會及信用合作社等。

＠（五）保險的業者

主要是指提供產物保險的公司，例如：廠房火險、營業中斷險、車險等。

另外，也有學者專家將相關的流通機構區分為三類：一為主力機構；二為次要機構；三為支援機構。如圖 2-6 所示。

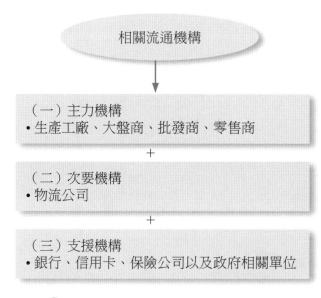

相關流通機構

（一）主力機構
• 生產工廠、大盤商、批發商、零售商

＋

（二）次要機構
• 物流公司

＋

（三）支援機構
• 銀行、信用卡、保險公司以及政府相關單位

▶ 圖 2-6　相關的流通機構三類別

 四、流通業界的業種

日本學者專家普遍將所謂的流通業種區分為以下二大類。

＠（一）批發業與經銷業

又包括：1. 綜合型批發業與 2. 專業型批發業二種。

＠（二）零售業

零售業的業種比較多一些，包括以下主要幾種，如下圖所示。

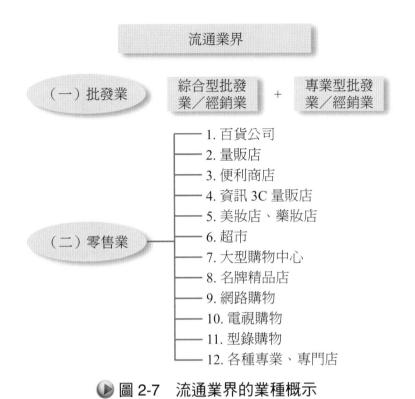

圖 2-7　流通業界的業種概示

五、流通構造的四種可能層次

流通構造的層次性，視不同的產業、不同的行業，甚至不同的國家，而有多寡不同階層。

基本上來說，流通構造的四種可能層次，如圖 2-8 所示，可以區分為四種模式。

（一）零階流通

亦即沒有透過任何零售店面，而直達消費者手上。

例如：1. 特殊農產品，由產地直送、直賣消費者手上；2. 有些無店面行銷業者，也沒有零售店面，但是消費者透過電視畫面、手機、網站、型錄、報紙預購、DM、直銷人員等管道，也可以買到產品。

@（二）一階流通

亦即由工廠送貨到零售店，再到消費者手上。通常這種不經過批發商而直達零售點，都是位在都會區內的大型零售商直接跟工廠進貨；或是進口代理商直接到百貨公司或購物中心設立據點；或是連鎖性零售商從自己工廠進貨。

@（三）二階流通

亦即產品到消費者手上，必須經過批發商及零售商這兩個階層的流通。

例如：麵粉、黃豆、蔬果等原物料體系，都是經過批發商管道。另外，在鄉鎮地區零售據點的日常消費品，由於工廠不容易直達零售點，因此，也會透過各縣市經銷商及批發商，再轉賣到零售據點。

@（四）三階流通

亦即產品到消費者手上，必須經過更長的通路才會到達，包括大盤商、中盤商、零售商等；這種模式在現代流通界是比較少了，除了特殊的進口原物料、食材、工業原料之外，是不易見到的。

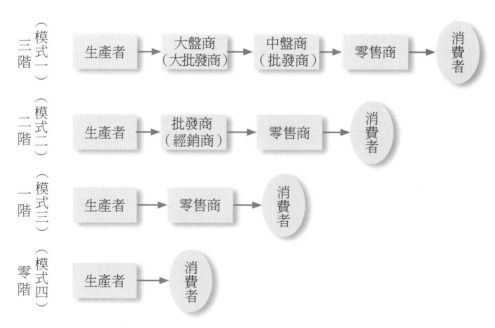

🔘 圖 2-8　流通構造的四種可能層次

但是，隨著零售商大型化、規模化及連鎖化的影響，傳統的流通層次已有縮短的現象，如圖 2-9 所示。美國 Walmart 超大型量販店，即大部分向生產工廠直接進貨。

1. 傳統商品通路層次

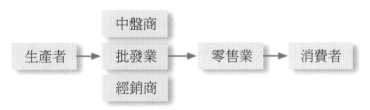

2. 現代縮短通路

▶ 圖 2-9　傳統商品通路層次與現代縮短通路比較

六、流通成本相關問題

（一）流通成本（或費用）的項目

產品從工廠製造完成後，送到最終使用消費者手上，必須經過各種流通體系及流通中間商人，而其間必然會產生各種成本或費用。

如果每個消費者可以自己到工廠去拿貨或買東西，那麼流通成本就是零，但這是不可能的事，因為您不知道工廠在哪裡，而且個人花費的交通成本也很高，是划不來的。流通過程中，各批發商、零售商、物流公司、倉儲公司、貿易商、代理商等，可能產生的成本或費用，包括：

1. 人員薪資費。
2. 販賣活動費。
3. 物流費（運輸費）。
4. 倉儲費。
5. 資訊與電信費。

6. 廣告費。

7. 市調費。

8. 報關費。

9. 其他各種雜費。

10. 流通商的利潤。

如圖 2-10 所示，由個別的流通公司所支出的成本與費用，合計多個流通公司的階層，就形成了總計全部的流通成本與費用。

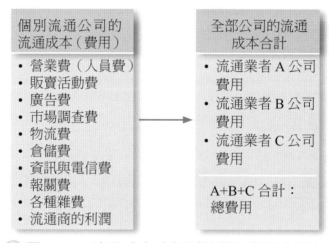

個別流通公司的 流通成本（費用）	全部公司的流通 成本合計

• 營業費（人員費）
• 販賣活動費
• 廣告費
• 市場調查費
• 物流費
• 倉儲費
• 資訊與電信費
• 報關費
• 各種雜費
• 流通商的利潤
	• 流通業者 A 公司
	  費用
	• 流通業者 B 公司
	  費用
	• 流通業者 C 公司
	  費用
	
	A+B+C 合計：
	總費用

▶ 圖 2-10　流通成本（個別的與全部的合計）

當然，這裡面也包括了各層次流通商的利潤在內。

所以，假設一瓶茶飲料工廠出貨價格是 10 元，但經過批發商及零售商通路，最後消費者買到時，可能是 20 元或 25 元。

＠（二）流通成本的削減

現代流通與市場的進步及競爭發展，以及平價與低價時代的消費者需求呼聲，特別是像量販店、全聯福利中心、折扣商店、暢貨中心、100 元商店等店家之崛起，使得大型及連鎖型的零售商都力求朝二個方向努力：

第一：建立自己的零售通路。

第二：削減過多的通路商，直接向工廠下單進貨，避掉大盤商及批發商。由於這些大型、連鎖型零售商的採購規模很大，因此，工廠都會配合出貨。如此就省下了中間通路商的利潤剝削，而零售價格可以下降。如圖 2-11 所示。

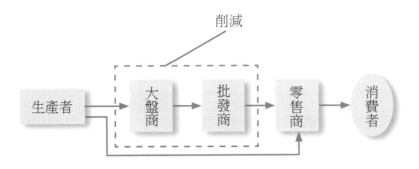

● 圖 2-11　流通成本的可能削減——削減過多層次的流通商

七、製造業與服務業的流通構造區別

製造業與服務業兩者間的流通結構，顯然是有很大不同的，如圖 2-12 所示。

1. 製造業

2. 直營店服務業

3. 加盟店服務業

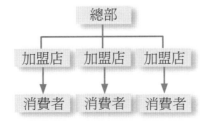

● 圖 2-12　製造業與服務業的流通構造

@（一）在製造業方面

如前面各節所述，主要仍是工廠→批發商→零售商→消費者的傳統流通結構。

@（二）在服務業的直營店行業方面

主要是有一個總店（旗艦店），然後下面有各地方的分店。當然，有時候有些公司未必有總店，而叫總公司或總管理處，然後下面有各分店或門市店。例如：燦坤、全國電子、大同 3C、全聯福利中心、新光三越百貨、SOGO 百貨、屈臣氏、康是美、誠品書店、家樂福、大潤發等，均屬於直營店或門市店、分館、分店的流通結構。

@（三）在服務業的加盟店行業方面

主要是有一個加盟總部或加盟總公司，然後下面有各地區的加盟店。例如：統一超商、全家便利商店、85 度 C 咖啡、吉的堡兒童美語、美而美早餐店、麥味登早餐店等均屬之。

八、製販同盟

製販同盟意指製造廠（生產者）與零售商（販賣者）兩者間，透過真心誠意、互利互榮，以及經營資源相互整合運用，而達到對雙方均有利的最終良好結果。具體來說，如圖 2-13 所示，製販同盟具有兩大項合作的方向。

生產者──○──零售商

```
  ┌─ 1. 達成管理機能的共有化（例如：下訂單、庫存量、
  │      配送等），以削減成本，提高效率。
  │
  └─ 2. 商品開發的協助（例如：生產者品牌及零售商
         品牌），以開創新市場。
```

ECR（Efficient Consumer Response）：效率性的消費者對應

EOS（Electronic Ordering System）：電子下單出貨資訊系統

EDI（Electronic Data Interchange）：電子化資料交換資訊系統

滿足消費者目標 ECR

消費者 ← 零售 ← 批發 ← 生產

EOS　達成效率化的銷售與訂單情報管理

EDI　資訊情報快速交換

▶ 圖 2-13　製販同盟（生產者與零售商之密切合作）

＠（一）在達成管理機能的共有化方面

這些管理機能，著重在資訊化、情報化、電子化的相互雙方連結。例如：EOS 系統、EDI 系統、ECR 系統等。這些資訊 IT 系統都有助於製販雙方間的營運效率提升、庫存成本下降、成本獲得有效控制或下降等績效。

＠（二）在商品開發協助方面

大型零售商有可能設計及規劃自有品牌的產品銷售，然後委託工廠做代工製造，增加生產線工作能量。另外，製造商既有的產品，也會在零售商的建議下，不斷加以改善。

現在，國內包括統一超商、全家、家樂福、屈臣氏、大潤發、康是美等連鎖零售公司，均積極與國內製造廠擴大自有品牌商品的開發上市，以及雙方資訊 IT 系統的全面連線，而使得雙方在銷售狀況、下單狀況、庫存狀況、送貨狀況、生產狀況等，均能從電腦上立即獲得最新的即時資訊情報，提高不少雙方的營運效率及創新效能。

九、傳統流通與網路時代流通的差異性

@（一）無店面銷售崛起

如圖 2-14 所示，隨著網際網路及資訊數位化時代的來臨，傳統的流通結構也產生了一些改變。

雖然傳統的實體通路仍然存在，也有它的重要性及占比；但是，另一方面，新興網路時代的無店面經營也快速崛起，成為不可忽視的流通變革與革命。如圖 2-14 所示。

1.傳統實體流通

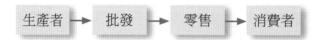

生產者 → 批發 → 零售 → 消費者

2.網路時代流通

生產者、販賣者 → 網站經營 → 消費者

▶ 圖 2-14　傳統流通與網路時代流通的差異性

@（二）虛實通路並進

現在生產者及販賣者都建立網站來經營生意與創造業績，包括電視、型錄、網站等均屬之。目前，在網站購物方面，比較大的有 yahoo! 奇摩購物網、PChome 網路家庭、momo 購物網、博客來網路書店、PayEasy、雄獅旅遊網、統一超商的 7-net、燦星旅遊網等。此外，像 SOGO 百貨、新光三越百貨、家樂福、誠品書店等實體零售店，也都同時經營網路購物。

@（三）網站購物的崛起，對傳統流通結構的影響

1. 縮短及削減了通路層次，使從前過多的通路層次與流通成本獲得下降。

2. 網購業務的快速成長，也帶動物流業及宅配業的快速成長。近十幾年來，國內宅配公司迅速進步與成長，是可以看得到的，包括：統一速達、臺灣宅配通、新竹貨運、大榮貨運、郵局等。

3. 網購使中小企業的商品可以秀出，讓他們過去不易上架到百貨公司及便利商店的現象，大幅獲得改善。

十、製造商不願採用批發商的原因

雖然批發商在行銷過程中，具有一定程度之功能，但是製造商有時卻出現不願採用批發商此一行銷通路，主要原因如下。

（一）批發商未積極推廣商品

通常批發商只對較暢銷的商品以及利潤較高的產品，才有推廣意願。

（二）批發商未負起倉儲功能

有些批發商不願配合廠商要求而積存大量貨品，因為缺乏大的空間以及不願資金積壓。

（三）迅速運送需要

當產品的特性必須快速送達客戶手中時，也不須透過批發商這一關。

（四）製造商希望接近市場

透過批發商行銷產品，對廠商而言，多少總感覺生存的根基控制在別人手裡，希望能改變狀況，加強自主行銷力量。此外，接近市場後，對資訊情報之獲得，也會較快且正確。

（五）零售商喜歡直接購買

零售商為了降低進貨成本，也喜歡直接跟工廠進貨。

（六）市場容量足以設立直營營業組織

由於產品線齊全且市場胃納量大，足以支撐廠商設立直營營業組織，展開業務發展。

　　例如：統一企業投資下游通路統一超商，以及家樂福量販店等，均為自己建立行銷通路。

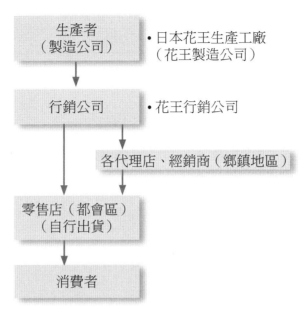

　　● 圖 2-15　生產者自建行銷公司或銷售公司的狀況

十一、通路階層的種類與案例分析

（一）通路階層的種類

通路階層的種類，可包括以下幾種，說明如下：

1.零階通路

又稱直接行銷通路，例如：安麗、克緹、雅芳、如新、美樂家等直銷公司或是電視購物、型錄購物、網路購物等均是。

▶圖 2-16

2. 一階通路

例如：統一速食麵、鮮奶直接出貨到統一超商店面銷售。

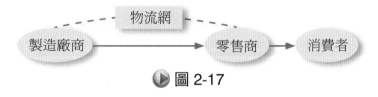

▶圖 2-17

3. 二階通路

例如：金蘭醬油、多芬洗髮精、味丹泡麵、金車飲料等經過各地區經銷商，然後送到各縣市零售據點銷售。

▶圖 2-18

4. 三階通路

例如：大宗物資、雜糧品、麵粉、玉米等特殊產品的通路階層，此通路階層最長。

▶圖 2-19

如下圖所示：

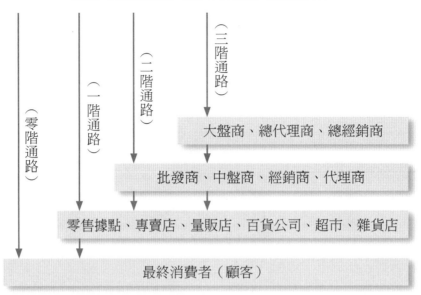

廠商（製造廠商／進口代理商／服務業者）

（零階通路）
（一階通路）
（二階通路）
（三階通路）

大盤商、總代理商、總經銷商

批發商、中盤商、經銷商、代理商

零售據點、專賣店、量販店、百貨公司、超市、雜貨店

最終消費者（顧客）

▶ 圖 2-20　通路策略——行銷通路的四種階層模式

5. 通路結構案例

■ 案例1　TOYOTA 汽車的銷售通路

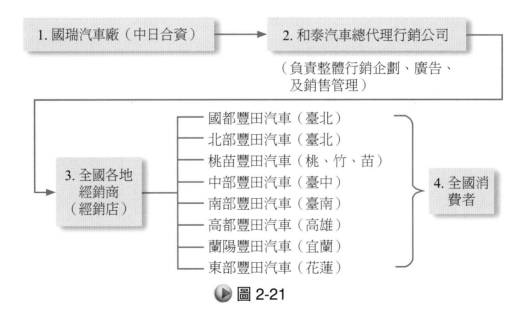

1. 國瑞汽車廠（中日合資）　→　2. 和泰汽車總代理行銷公司

（負責整體行銷企劃、廣告、及銷售管理）

3. 全國各地經銷商（經銷店）

國都豐田汽車（臺北）
北部豐田汽車（臺北）
桃苗豐田汽車（桃、竹、苗）
中部豐田汽車（臺中）
南部豐田汽車（臺南）
高都豐田汽車（高雄）
蘭陽豐田汽車（宜蘭）
東部豐田汽車（花蓮）

4. 全國消費者

▶ 圖 2-21

■ 案例 2　資生堂化妝保養品

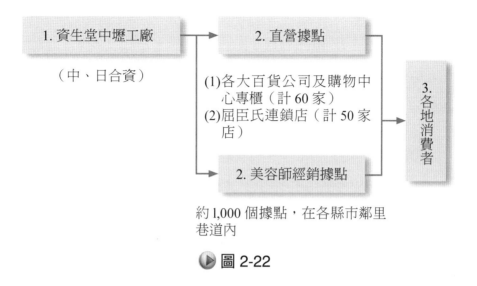

◉ 圖 2-22

■ 案例 3　Panasonic 家電產品（冷氣、電視機、電冰箱、洗衣機⋯⋯）

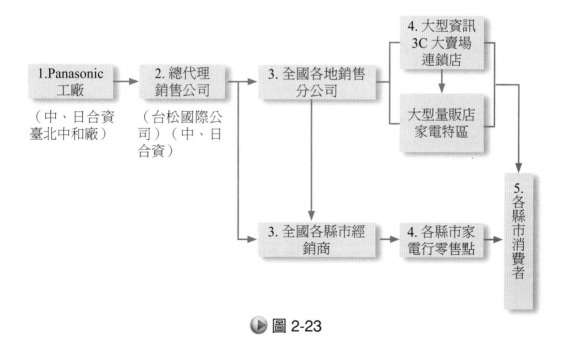

◉ 圖 2-23

■ **案例 4　味全食品公司（鮮奶、咖啡、味精、醬油）**

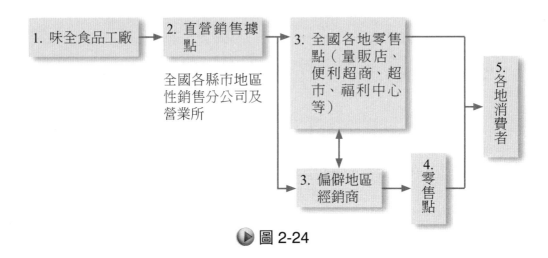

▶ 圖 2-24

■ **案例 5　統一企業（食品）公司（鮮奶、茶飲料、咖啡、優酪乳、豆漿、礦泉水、泡麵、醬油）**

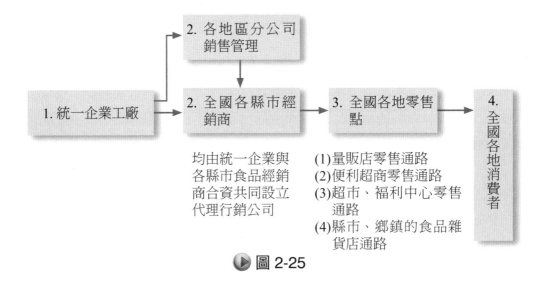

▶ 圖 2-25

案例 6　白蘭氏公司（雞精、蜆精等）

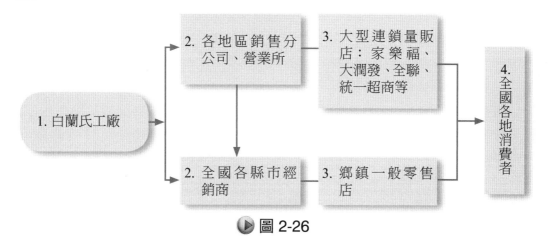

圖 2-26

案例 7　Big train 牛仔褲服飾

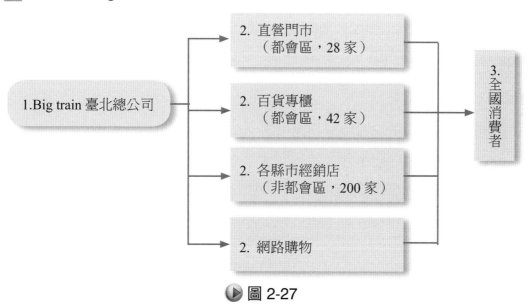

圖 2-27

■ 案例 8　奧黛莉內衣

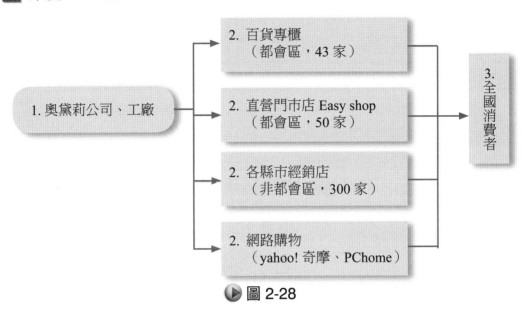

▶ 圖 2-28

■ 案例 9　福特汽車

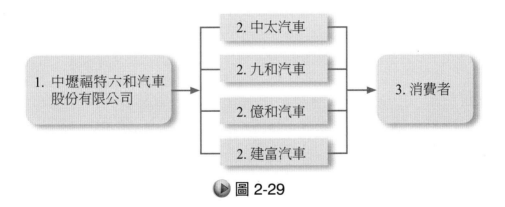

▶ 圖 2-29

案例 10　立頓奶茶

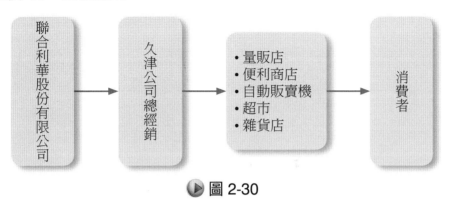

▶ 圖 2-30

案例 11　香蕉（農產品）

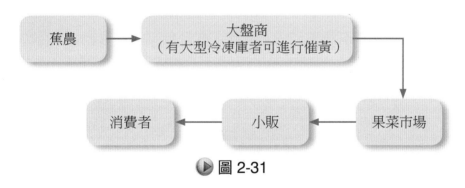

▶ 圖 2-31

案例 12　蘭蔻、迪奧、香奈兒、化妝保養品（進口品）

▶ 圖 2-32

案例 13　三星手機

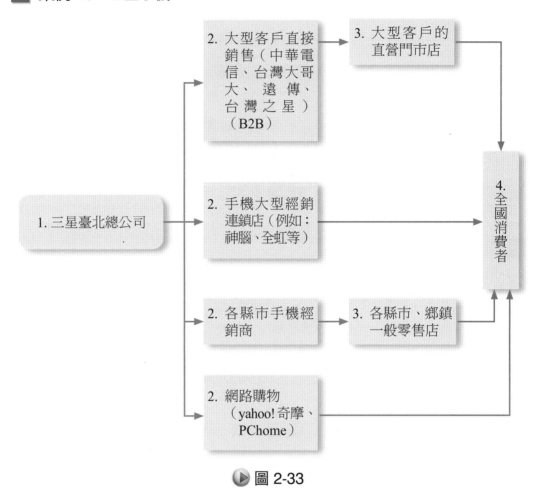

圖 2-33

案例 14 可口可樂碳酸飲料

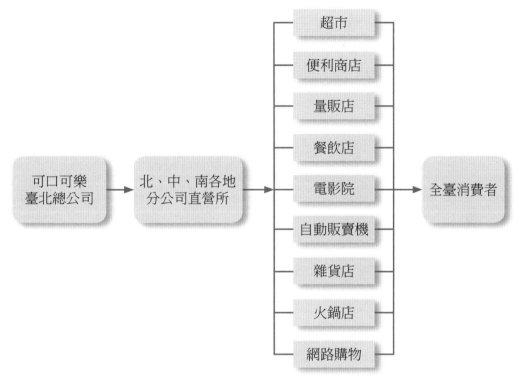

圖 2-34

案例 15 阿瘦皮鞋連鎖店（直營門市店）

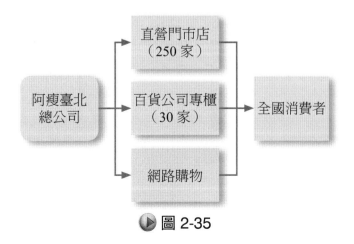

圖 2-35

第**2**篇

批發、經銷與零售

3 批發業的意義、機能及類型

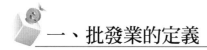

一、批發業的定義

@（一）批發業的定義

批發業（whole saler）即是指將商品再賣給更下游的零售商或一般商店，或者也有可能再賣給一般業務用途或產業用途的公司行號。例如：統一肉品事業部的批發商或經銷商，將肉品賣給火鍋零售店、燒烤店、香腸製造工廠、火鍋料組合工廠、牛肉麵店等均屬於後者。

總之，批發業者賣出的對象絕不是一般消費者個人，而是會再轉賣的下一手業者。

@（二）圖示

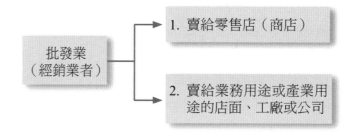

@（三）批發商與經銷商

在國內，有時候批發商也被稱為經銷商，其實兩者的差異並不大，只是名稱上的不同而已。例如：統一企業產品的行銷通路，有一部分是透過自己在各縣市的分公司銷售，另有一部分同時也透過各縣市的外圍經銷商協助鋪貨，銷售到各零售據點。

@（四）日本對批發範圍有更多元、周全的定義

1. 出售給各種零售店面。
2. 出售給產業使用者（例如：建築業、各種製造業、運輸業、飲食業、住宿業、加工業、醫院、學校、政府機關等），其銷售數量都比較大。
3. 出售給各種產品維修及物料等業者。
4. 出售給代理商或仲介商等業者。

二、批發業者存在的三種理論基礎

批發商或經銷商仍能存在今日現代化的行銷體系與行銷通路中，代表他們仍然存在一些「價值」，否則，這些業者即會消失無蹤。以下是他們仍得以存活的三種理論基礎。

（一）市場接近原理（principle of proximity）

批發商畢竟比工廠更接近市場，尤其是在幅員廣大的國家或市場中，工廠不太可能像各地與在地化的批發商，更接近市場與了解市場的發展。試想，一家臺南的食品工廠，怎麼可能依賴自己的人力，而將產品鋪貨上架到全臺灣幾萬個零售據點呢？這當然要依賴全國各縣市、各鄉鎮的批發商及經銷商的協助，才會有效率、更普及以及更能提升業績。

（二）交易總數最小化的原理（principle of minimum total transactions）

此原理的意義，如下圖所示：

1. 無批發商時

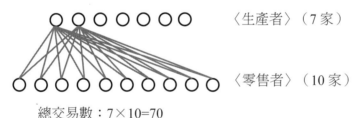

〈生產者〉（7 家）

〈零售者〉（10 家）

總交易數：7×10=70

2. 有批發商時

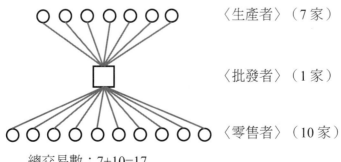

〈生產者〉（7 家）

〈批發者〉（1 家）

〈零售者〉（10 家）

總交易數：7+10=17

　　如上圖所示，如果沒有批發商的時候，每一家工廠必須面對 10 個零售者，如此總交易數為 7×10 ＝ 70 個，非常複雜且疲累不堪。反之，如果有一家批發商協助，則其交易數減為 7 ＋ 10 ＝ 17 個，故得到簡化及效率化，而可少掉 70 － 17 ＝ 53 個交易數，此即是商業活動上尋求交易總數最少化之原理。如此一來，各種交易的成本支出可以降低、人力也可以降低，而效率速度相對可以提升。

（三）集中貯藏的原理（principle of massed reserves）

　　批發商存在的另一個理論是可以貯藏較大量及多樣化的產品在倉庫裡，一方面可以供給零售店各種正常訂貨或急需之用。另一方面，也叮以提供較小量的零售店所需。

　　畢竟，每家零售店當然不可能在其店內上架大量商品項目，因為店內坪數不可能很大，故每天必須定量向批發商叫貨。

　　故批發商為其所在地理區域內的數十家、數百家零售商店，扮演了集中貯藏與分批、小量出貨給零售店的功能及角色。

三、批發業的機能

　　總的來說，如前述批發商存在的理論，批發業者的機能，主要有以下幾項。

（一）具有「集中」與「分散」的機能

　　如下圖所示：

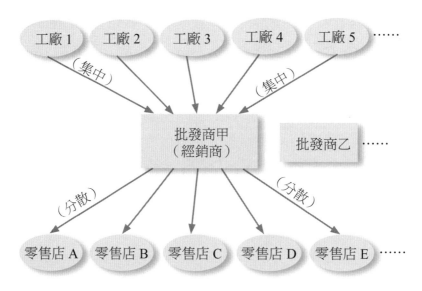

@（二）供需調節的機能

生產與消費兩者間的供需調節，也是在批發商的中間角色做一些調節機能。例如：消費力低的時候，批發商就會請工廠不必做太多產品，避免庫存太多或賣不掉。反之，市況景氣大好時，工廠即會接受批發商要求增加生產供貨。此種調節機能，可能會在景氣變化、時節、季節性變化、促銷活動或降價活動等情況出現。

@（三）對生產者援助機能

對大多數的中小企業工廠而言，他們並無大企業的資源可享，因此，很多方面仍須仰賴批發商提供支援協助，包括金融信用、付款期、資訊情報提供、生產指導機能、生產安定化機能以及市場開拓機能等。

@（四）對下游零售業者援助機能

對於中小型下游的零售商店而言，大型批發商也扮演了支援的功能，包括：結帳付款、情報提供、物流送貨、退貨、風險負擔、庫存管理、補貨、換貨、銷售指導及獎勵優惠措施等。

@（五）流通成本削減的機能

透過前述的「交易總數最少化理論」、「集中貯藏理論」以及「市場接近原理」等，整體產業的流通成本確實可以降低。如果沒有中間批發商這個環節，那麼對絕大多數的中小企業工廠及中小企業零售商是比較不利的，而且成本會增加很多。

另外，亦有學者專家提出對批發業機能的歸納，包括如圖 3-1 所示的四大機能。

1. 集貨再分散
2. 庫存量調整
批發業
3. 物流與配送
4. 金融負擔及風險負擔

▶ 圖 3-1　批發業的機能

1. 集貨再分散的機能。
2. 庫存量調整的機能。
3. 物流與配送的機能。
4. 金融負擔與風險負擔的機能。

四、批發業的分類

批發業者如果依其規模大小與功能大小來分類的話，大致上可以區分為以下二種。

@（一）綜合型的批發業者

像日本大型的綜合商社，其交易買賣批發的商品種類非常多，而且是多元化與多樣化的產品線。此種綜合型批發業者必須是大企業或綜合商社，才能做得到。

@（二）專業型的批發業者

像是日本的國內批發公司，專門以食品、酒類為主力產品；零食批發公司則是以加工食品為主力業務。另外，還有專門以醫療用品、日用品、雜貨品、原物料、米穀、水果、書籍、家電等，以各種專業產品線為主的專業批發公司。

五、日本批發業的三種趨勢

根據日本官方的統計，自 1990 年代以來，日本批發業從過去的極盛時期，亦逐步呈現衰退減少的現象。換言之，批發商的功能及角色，在日本的地位已急速滑落，主要有三種趨勢：

（一）批發商的商店數、從業員工人數及總營業額，均顯著大幅減少。
（二）中小規模的批發公司，亦顯著大幅減少。
（三）批發流通結構的零細化及小規模化。

六、批發業與中小型批發商陷入困境的原因

（一）批發業市場規模縮小的原因

根據國內外流通產業專家的分析指出，全世界批發業市場規模縮小的原因，包括：

1. 大型零售商向工廠直接進貨，不透過批發商。

2. 小規模零售店逐年減少，被現代化零售店所取代，而現代化零售店也較少向批發商進貨。

3. 網際網路的普及與資訊透明化，促使無店面銷售及網路購物、電子商務崛起。

4. 消費者要求低價時代來臨，因此批發商層次的利潤被去除。

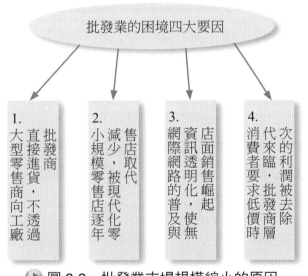

▶ 圖 3-2　批發業市場規模縮小的原因

（二）中小型批發商經營惡化的因素

如前所述，批發商空間雖然受到擠壓，但是大型批發商仍有存活空間，倒是中小型批發商面臨很大的經營壓縮。歸納其面臨經營惡化的四項因素，如圖 3-3 所示。

1. 傳統中小型零售商客戶經營不易，因此連帶也影響了向中小型批發商下單量的減少。

2. 大型零售商向工廠直接下單，跳過批發商層次。

3. 外部景氣低迷，各零售商業績衰退，故減少批發商進貨量。

4. 大型批發商組成，也壓迫到中小型批發商的生存空間。

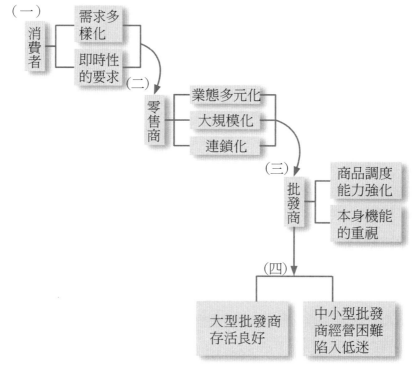

1. 中小型零售商客戶經營惡化，下單量減少

4. 大型批發商日漸成形，壓迫到中小型批發商的生存空間

中小型批發商經營不易要因

2. 大型、連鎖型零售商直接向生產工廠下單訂貨，跳過批發商

3. 外部景氣低迷，各零售商業績衰退

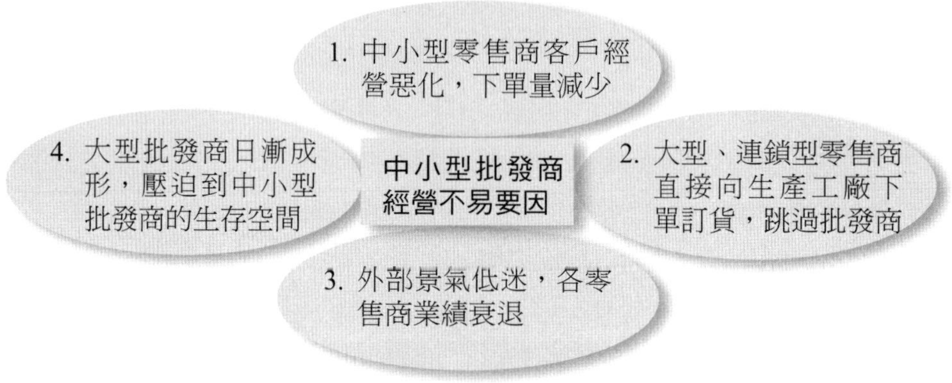

▶ 圖 3-3　中小型批發商經營惡化的因素

七、批發商面對業態革新與改革的壓力

現今批發商面臨著如圖示（圖 3-4）的各種改革壓力，包括：

（一）消費者
需求多樣化
即時性的要求

（二）零售商
業態多元化
大規模化
連鎖化

（三）批發商
商品調度能力強化
本身機能的重視

（四）
大型批發商存活良好
中小型批發商經營困難陷入低迷

▶ 圖 3-4　批發商面對業態革新與改革的壓力

@（一）來自消費者

1. 需求多樣化。
2. 即時性要求。

@（二）來自零售商

1. 業態多元化、革新化。
2. 大規模化。
3. 連鎖化。

因此，批發商今後須強化他們的商品調度能力，以及對本身各項機能的重視；另外，如何朝向大型化批發商發展，將是影響批發商存活的關鍵點。

八、批發商起死回生與革新的方向

@（一）中小型批發商五大革新方向

日本多位流通學者專家針對日本長期以來既存的中小型批發商，提出他們歸納出來的五大革新方向，如圖 3-5 所示。

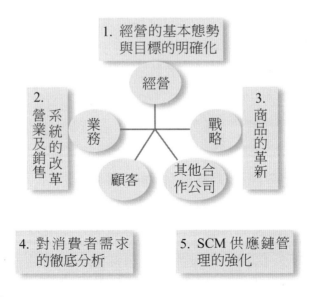

1. 經營的基本態勢與目標的明確化
2. 系統的改革（營業及銷售）
3. 商品的革新
4. 對消費者需求的徹底分析
5. SCM 供應鏈管理的強化

經營　業務　戰略　顧客　其他合作公司

▶ 圖 3-5　中小型批發商起死回生的五大革新方向

1. 在經營面

如何對經營的基本態勢及經營目標的再明確化。

2. 在業務面

如何對營業及銷售系統的再改革與再提升效能。

3. 在戰略面

如何強化對所批發與經銷商品的再革新。

4. 在顧客面

如何對消費者的需求，做更徹底的分析及滿足他們更多的需求。

5. 在其他公司合作面

如何與上游廠商及下游零售業者，建立 SCM 供應鏈的全面資訊化與自動化。

（二）未來批發業的強化重點

根據日本對批發流通業的一項調查顯示，未來批發業者將積極加強其存在價值的重點方向，包括以下幾點：

1. 對商品企劃與商品調度的能力加強。
2. 對特定商品領域與專門性強的商品領域要加強。
3. 對交易商品範圍的積極擴充。
4. 對自有品牌商品開發的加強。
5. 對物流效率機能的加強。
6. 對下游零售商支援機能的加強。
7. 對商品品質、安全管理的強化。

（三）大型批發商對零售商加強支援事項

今後大型專業批發商唯有對其零售商提供更有價值、更優質及更切合實際的支援事項，讓他們感受到不能沒有批發商，以及感受到批發商有貢獻與存在之價值才行。因此，今後大型批發商應全面性的強化自身體質，調整策略及做法，主要有如圖3-6所示的幾項具體事項，包括三大類及八小項。

一是商品情報的提供及活用。

二是能夠有迅速需求的對應。

　　三是自身經營體質的強化。

　　批發商唯有不斷提升自身對零售商服務的機能與價值，讓他們不必完全百分之百向工廠直接進貨，那麼批發商就有存活下去的正當性、必然性與價值性。

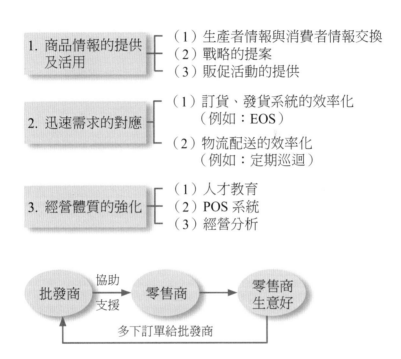

🔘 圖 3-6　大型批發商對零售商的加強支援事項

4 經銷商綜述

 一、何謂經銷商

　　經銷商是指在某一區域和領域只擁有銷售或服務的單位或個人，經銷商具有獨立的經營機構，擁有商品的所有權（買斷製造商的產品／服務），獲得經營利潤，多品項經營，經營活動過程不受或很少受供貨商限制，與供貨商權責對等。

 二、經銷商類型

@ （一）依品類多寡

　　經銷商若按所經銷的產品類型多寡來看，可以區分為以下二大類。

　　1. 單一品類的經銷商
　　例如：食品經銷商、飲料經銷商、手機經銷商、冷氣經銷商、電腦經銷商、肉品經銷商、文具經銷商、水果經銷商、雜誌經銷商等。

　　2. 多品類的經銷商
　　例如：綜合家電、綜合資訊 3C、綜合蔬果等。

@ （二）依不同品牌廠商多寡

　　1. 單一品牌廠商的經銷商
　　例如：專賣統一企業或大金冷氣的經銷商。

　　2. 多元品牌廠商的經銷商
　　例如：賣很多品牌廠商的茶飲料或賣很多品牌的手機。

 三、對經銷商及批發商改變的力量及對策

@ 經銷商面對五種不利的改變力量

　　近五年、十年來，扮演製造商或末端零售商店的經銷商，是行銷通路的

一環，如今也面臨著如下環境改變的力量。

1.不少全國性大廠商自己布建下游的零售店連鎖通路，以及建置自己的物流倉儲據點，擔任物流運輸工作

當然，其零售店也擔任著最終銷售給消費者的任務。如此可能會有部分的比例，取代了過去傳統經銷商的工作任務。此即被取代性，使經銷商生存空間愈來愈小。

2.資訊科技發展迅速

過去廠商與經銷商大部分靠電話、傳真、面對面的溝通協調及業務往來，如今已邁向現代化與資訊化，經銷商也被迫要提升經營管理水準與人才水準，才能呼應全國性大廠的要求與配合。

3.無店面銷售及網路購物管道的崛起

網際網路購物、電視購物、型錄購物、預購等無店面銷售管道的崛起，也影響到傳統經銷商的生意。

4.物流體系與宅配公司的良好搭配

由於物流體系及獨立物流宅配公司的良好發展，使經銷商這方面的功能也受到取代性，臺灣近十幾年宅配物流公司也發展得很成功。

5.大型且連鎖性零售的崛起

包括大賣場、購物中心、百貨公司、便利商店、超市、專門店等，這些公司大部分直接跟廠商叫貨、訂貨及進貨，比較少透過經銷商。這也減少了經銷商的生意空間。例如：全聯福利中心有 1,200 家店、7-ELEVEN 有 6,800 家店、家樂福有 342 家店、屈臣氏有 580 家店等。

四、經銷商可能的因應對策與方向

經銷商面對這些不利的環境變化及趨勢，他們可以採取的對策方向，可能包括以下各項。

（一）應思考如何改變過去傳統的營運模式（business model），亦即要考量如何革新及創新未來更符合時代需求性的新營運模式。

（二）應思考如何尋找新的方法、新的工作內涵及新的創意，而來創造

他們日益下跌的價值（value），要讓製造商覺得他們還有存在的利用價值，而不會拋棄他們。

（三）應更快速找出新的市場區隔及新的市場商機。

（四）應思考做全面性的改變，以脫胎換骨，展現新的未來願景及新的未來專業方針。

五、比較需要透過經銷商、代理商或批發商的產品類別

依目前國內來說，還是有不少產品在銷售過程中，仍然仰賴各地區的經銷商或批發商。由於有些全國性品牌大廠的產品，他們都想要密集地將商品遍布在全臺每一個縣市、每一個鄉鎮的每一個不同店面內銷售，但公司自然不可能到處設置直營營業所或直營門市店，這樣的成本代價太高，幾乎很少有人這樣做。因此，比較偏遠地區透過經銷商或代理商，也就成了必然的通路決策。

目前，國內仍仰賴經銷商運送到零售商的產品類別，包括：

（一）汽車銷售。

（二）家電銷售。

（三）電腦銷售。

（四）機車銷售。

（五）食品銷售。

（六）飲料銷售。

（七）手機銷售。

（八）工業零組件銷售。

（九）農產品銷售。

（十）大宗物資銷售（如小麥、麵粉、玉米、沙拉油、菸、酒等）。

（十一）其他類產品。

六、製造商大小與經銷商的關係

（一）大製造商對經銷商的優點及協助項目

1. 大製造商或全國性知名品牌製造商，例如：國內的統一、金車、味全、東元、大同、歌林、華碩電腦、光泉、味丹、桂格、松下、臺灣 P&G、臺灣花王、臺灣聯合利華以及臺灣金百利克拉克等公司均屬之。

2. 大製造商的優點有：（1）品牌大；（2）形象佳；（3）產品線多；（4）產品項目較齊全；（5）忠實顧客較多；（6）公司管理、輔導及資訊系統較上軌道；（7）有一定的廣宣預算，而這些優點對經銷商的銷售、獲利助益與貢獻，也會比較大。

3. 換言之，經銷商們都要仰賴這些全國性知名製造商的產品經銷，才能獲利賺錢，才能存活下去。

4. 另外，全國性大廠也比較能協助、輔導這些經銷商。包括：

（1）銀行融資上、資金上的協助及安排。

（2）資訊系統連線的協助及安排。

（3）產品、銷售技能及售後服務、教育訓練的協助與安排。

（4）實際派人投入經營管理與行銷操作上的協助及安排。

（5）對經銷商庫存（存貨）水準的協助及安排，以免庫存積壓過多。

因此，大型製造商對經銷商的影響力很大。

（二）中小型製造商對經銷商的影響力

由於中小型製造商或進口貿易商他們的資源力量，不論人力、物力及財力，均不如全國性大製造商，因此對旗下經銷商的協助及影響力就相對小很多。

七、全臺（全球）經銷商年度大會

（一）全臺（全球）經銷商大會的目的與內容

很多大型內銷公司或大型全球化跨國公司，幾乎每一年度 12 月底時或隔年的 1 月分，都會舉辦所謂的全臺或全球經銷商大會，其目的主要有以下幾點：

1. 檢討當年度的經銷商銷售績效如何？是否達成原訂目標？達成或不能達成的原因為何？
2. 策劃下一年度經銷商銷售預算目標，並昭示各經銷商努力方向。
3. 向各經銷商報告總公司在新一年度的經營方針、經營策略、新產品開發方向、品牌宣傳做法與投入、經銷商獎勵辦法、定價策略、教育訓練措施、資訊化作業、市場銷售推廣策略、人才培訓、輔導經銷商新措施，以及產業／市場／競爭環境變化趨勢等諸多事項。
4. 激勵、鼓舞及振作全臺（全球）經銷商的作戰士氣，展現宏偉壯大的產銷團隊力量，以利於未來年度業績的成長。
5. 聽取全臺（全球）主力經銷商對總公司各單位提出的建議、意見、反饋、反省、創新做法、創意，甚至是批評亦可。期使總公司能夠吸取第一線經銷商的寶貴意見，作為改善、革新與進步的強大動力及督促力量。
6. 另外，若有下年度新產品推出，亦可以藉此機會向全臺（全球）經銷商做初步介紹說明，並聽取意見。
7. 最後，大會結束後，大家可以順便餐敘聯誼，畢竟一年大家聚在一起只有一次而已，可以促進感情。

（二）案例

1.全臺經銷商大會

例如：統一企業、桂格食品、三星手機、Panasonic 家電、LG 家電、金車等諸多企業，在年底 12 月或次年 2 月過年春節前，都定期舉辦一年一度的全臺經銷商大會。

2. 全球經銷商大會

例如：臺灣的 acer、Asus、hTC、Giant（捷安特）等；以及韓國的三星手機、LG 家電；日本的 SONY、Panasonic、Canon、SHARP、TOYOTA 等，也都會在其國家首都或海外主力國家市場，舉辦大型全球各國聚集的經銷商大會。

八、通路經銷商產品介紹大會

大型品牌廠商每年度經常會推出新產品，必須一次對所有全臺經銷商做介紹或教育訓練，因此，就會舉辦全臺經銷商大會。

如下案例（以資訊業為例）：

@（一）議程

活動現場禁止錄音錄影	
13:00 ～ 13:30	報到
13:30 ～ 13:40	專題：市場趨勢剖析 & 未來願景
13:40 ～ 14:20	行動平臺未來趨勢
14:20 ～ 14:45	夥伴最新產品介紹
14:45 ～ 15:15	Intel 通路夥伴計畫／行銷活動及現場促銷、現場展示時間
15:15 ～ 15:45	現場交流
15:45 ～ 16:10	伺服器、SSD 與 McAfee 防毒解決方案
16:10 ～ 16:50	第 11 代 Intel Core 處理器平臺架構解析
16:50 ～ 17:15	QA & 抽獎

@（二）會議日期／地點

活動結束後，接待處提供免費停車券、入場問券兌換輔助物及到場禮			
6/11（二）	新竹	老爺酒店	新竹市光復路一段 227 號 4 樓宴會廳
6/13（四）	高雄	寒軒國際大飯店	高雄市四維三路 33 號 B2 國際廳
6/14（五）	臺南	臺南大飯店	臺南市成功路 1 號 7 樓國際會議廳
6/18（二）	臺中	全國大飯店	臺中市館前路 57 號 B1 國際廳
6/19（三）	臺北	喜來登飯店	臺北市忠孝東路一段 12 號 B2 福祿廳
6/20（四）	中壢	古華花園飯店	桃園市中壢區民權路 398 號 3F 國際宴會廳

九、品牌廠商對經銷商年度計畫簡報大會內容

　　全國性品牌大廠或國外大廠，大概每年一度都會在各種重大的經銷商會議上，向全臺經銷商們說明他們今年度的重大計畫與去年度的檢討事項，以讓經銷商們有一個總體的概念及信心。

　　一般來說，這些報告或營運計畫書的大綱內容，包括：

（一）去年度廠商與經銷商們績效的檢討、銷售預算目標的達成率及原因的分析。

（二）今年度的市場發展、技術發展、產品發展、通路發展、定價發展及競爭對手分析說明。

（三）今年度本公司將推出的新產品計畫說明。包括新產品的機型、功能、技術、製程、代工、品質、定價、時間點及競爭力等。

（四）今年度配合新產品上市計畫的全國性整合行銷廣宣計畫。包括媒體廣告、公關、媒體報導、參考、事件行銷、促銷活動、定價策略、宣傳品、店招、POP 等。

（五）今年度的經銷商銷售目標額、目標量、銷售競賽、獎勵計畫、訓練計畫、服務計畫、資訊連線計畫、市占率目標以及市場地位排名等。

（六）其他對經銷商要求與配合的事項說明。

十、經銷商的營運計畫書

全國經銷商們在參與及聽完品牌大廠商的報告及計畫之後，接下來，就應該由製造廠的區域業務經理們，安排他們與旗下區域內負責的經銷商們開會，或要求各地區比較大範圍的大經銷商們，提出他們各自區域範圍內的今年度營運計畫書。

就企業實務來說，大概只有知名大製造廠才會有此要求，中小製造商或中小型經銷商就不太可能寫出此種營運計畫書。

經銷商營運計畫書的內容，可能包括下列各項。

（一）去年度經銷業績檢討

包括：整體業績額、業績量，依產品別、依市場別、依品牌別、依零售商別、依縣市別等檢討業績狀況，或市占率狀況；或競爭對手消長狀況；或客戶變化狀況，或整體市場環境趨勢狀況等。

（二）今年度經銷業績目標

包括：整體業績額、業績量目標、各產品別、各品牌別、各縣市別、各市場別等業績目標。

此外，亦包括經銷區域內的市占率目標、市場排名目標、以及成長率目標等。

（三）今年度的 SWOT 分析

1. 優勢。
2. 弱勢。
3. 商機點。
4. 威脅點。

（四）今年度的區域內銷售策略及計畫

包括：
1. 業務覆蓋率。
2. SP 促銷。

3. 價格政策及彈性。

4. 對零售商客戶的掌握。

5. 獎勵計畫。

6. 銷售人員與銷售組織計畫及分配計畫。

7. 各計畫時程表。

8. 主打產品機型或品項計畫。

9. 地區性廣告活動及媒體公開計畫。

（五）請總公司、總部支援請求事項

以上經銷商年度營運計畫書的撰寫或規劃訓練，其原則應注意以下幾項：

1. 盡可能簡單統一，勿太複雜，最好由品牌大廠商統一撰寫格式項目及寫法。

2. 計畫與目標應注意到可行性及可達成性，目標及成長率勿高估而無法達成。

3. 大廠商及區域經理們，應定期每週及每月注意經銷商是否達成目標，並且與他們共同討論因應對策，及時監控、考核及調整改變，並以協助他們解決當前最大的困難為主。

十一、品牌大廠商區域業務經理應具備的十一項技能

品牌大廠商的區域業務經理應負起輔導及提升經銷商業績的協力工作任務。而區域業務經理（regional sales manager, RSM）若具備十一項技能，才比較能夠成功與合作順暢；包括：

（一）RSM 應向經銷商的老闆及採購、業務、服務等部門主管，完整的推銷及說明製造商的產品與計畫。

（二）RSM 應對經銷商進行業務、顧客服務、產品、市場、資訊科技知識及流程方面的教育訓練工作。

（三）RSM 應提供定期拜訪時所需的售後服務與技術服務的能力。

（四）RSM 應成為產品專家，對經銷商熱情與專業的推銷此系列產品項目。

（五）RSM 應與經銷商建立互助良好與深度友誼的人際關係。

（六）協調相關廠商的相關問題、糾紛或意見不同，例如：退貨服務、品質不良品、售後保障服務及銷售等。

（七）RSM 應協助經銷商完成現代化資訊系統，並與總公司連線完成，雙方同時互享相關資訊情報的流動，以增進雙方的同步作業。

（八）RSM 應對經銷商的財務進行完整與健全化的規劃及推動，希望所有經銷商的財務與會計管理均能有效的上軌道，避免財會出問題。

（九）RSM 應提供該區域內或跨區的相關市場情報、環境變化及其他經銷商的做法等資訊，讓經銷商參考。

（十）RSM 應提供總公司最新的銷售政策、行銷策略與管理政策給經銷商，讓經銷商能夠了解、遵守及有效使用。

（十一）RSM 應努力及有方法的激起區域經銷商的銷售動機、做法及熱情，讓他們努力達成總公司希望他們達成的業績目標。

十二、對經銷商的教育訓練

（一）經銷商的教育

廠商對於經銷商的教育訓練，應該秉持以下幾項原則：

1. 應將教育訓練目標，放在經銷商整個地區性事業發展目標上，並且提升他們的整個經營管理與銷售水準。

2. 應將教育訓練與他們所面臨的各種困難問題及狀況連結在一起，目的很清楚，希望能迅速解決他們的問題，讓他們好做生意。

3. 應將教育訓練以年度培訓計畫為主，用一整年的事前安排及規劃來對待，而不是片段性、偶爾性、即興性的方式。

4. 應有一套考核制度，以確保教育訓練能夠達到預定的成效，而非只是虛應故事而已。

5. 應有獎勵誘因，從正面激勵下手，可以提升教育訓練良好的成果。

6. 應安排一流的優秀講師，不管是內部講師或外部講師，都要是一時之選，對學員們的收穫的確有幫助。

7. 最後，經銷商教育訓練除了正規式與嚴肅性之外，還要考慮到啟發性及有趣性，讓學員們樂於吸收。

（二）全臺經銷商教育訓練地點安排

全臺經銷商教育訓練地點安排，大致上有幾個場所可以考量安排或規劃，包括：

1. 總公司大型會議室所在地。
2. 總公司附近的大飯店高級宴會場地。
3. 各大學附屬推廣教育中心的教室場所。
4. 專業企管公司或人資培訓機構的教育場所。
5. 各種遊憩景點附近附設的會議室場所。
6. 國外總公司也可能是一個考量的場所。

（三）對經銷商教育訓練的課程安排，基本上要著重的項目

1. 對總公司本年度的經營方針與經營目標要有所認識。
2. 對總公司本年度的經營策略與行銷策略要有所認識。
3. 對總公司本年度的業績預算目標與達成率要求。
4. 對本年度主力新產品的介紹、參觀及說明。
5. 對本年度總公司行銷推廣、廣告宣傳、媒體公關與店頭行銷支援投入的介紹說明。
6. 對本年度總公司在後勤管理作業支援投入的介紹說明。
7. 對經銷商銷售技巧與提案寫法的傳授。

（四）經銷商教育訓練的方式

對經銷商教育訓練的方式及做法，可以彈性及多元化一些，其方式如下：

1. 傳統的單向授課方式。
2. 採取個案式（case study）互動討論的方式。
3. 赴實地、現場參觀訪問及座談的方式。
4. 演練及角色扮演（role play）的方式。

（五）訓練評估方式

總公司及區域業務經理對於經銷商的教育訓練，事後當然也要進行考核評估，如此才知道到底經銷商有沒有吸收進去。

訓練評估的方式，包括如下幾種：

1. 請經銷商撰寫上課學習心得報告，此為事後書面性的報告。
2. 可以做課後的隨堂考試測試。
3. 可以指定一些專題，請他們分組討論後，提出專題研究報告，並且進行分組競賽。
4. 亦可以用口試或口頭表達的方式，進行課後學習心得的綜合表達，並上臺報告。
5. 最後，在一段時間後，要觀察學員們在自己工作單位上的績效是否有所精進、進步與改善。

十三、理想經銷商的條件

如果品牌廠商站在強勢的全國性品牌立場上，自然有優勢去挑選理想經銷商的條件，條件包括下列項目。

（一）產品線的適合度

即這個經銷商是否以本公司產品線的販售作為他的專長產品。

（二）經營者的信譽（信用）

這個經銷商老闆過去以來的十年中，在此地區做生意，是否已贏得好名聲、好信譽，大家都喜歡跟他做生意。

（三）地區包括性

該地區是否為我們比較弱的地區，而他又能填補我們的迫切需求性。

（四）業務能力

該經銷商過去以來，在該地區的業務拓展能力，是否表現得很理想，包括有很強的業務人員、業務組織、業務人脈關係與業務客戶等。

（五）財務能力

經銷商老闆過去是否有穩定且充足的資本與財務能力，也是一項關鍵，如果財務能力夠強，就能配合公司大幅拓展市場的要求能力。如果財務能

力不穩定或較弱，則隨時會倒閉。

（六）售後服務能力

光有業績開發力，但售後服務力不佳，也不會得到顧客滿意度及忠誠度，故服務能力也是經銷商整合能力之一。

（七）負責人與總公司老闆的契合度

有時候，兩個老闆在工作及個人友誼上也很契合、投緣，成為患難之交或好朋友，此亦成為評選指標之一。

十四、激勵通路成員

品牌大廠商通常對旗下的通路成員，包括經銷商、批發商、代理商或最終零售商等，大抵有幾種激勵各通路成員的手法，包括：

（一）給予獨家代理、經銷權。

（二）給予更長年限的長期合約（long-term contract）。

（三）給予某期間價格折扣（限期特價）的優惠促銷。

（四）給予全國性廣告播出的品牌知名度支援。

（五）給予店招（店頭壓克力大型招牌）的免費製作安裝。

（六）給予競賽活動的各種獲獎優惠及出國旅遊。

（七）給予季節性出清產品的價格優惠。

（八）給予協助店頭現代化的改裝。

（九）給予庫存利息的補貼。

（十）給予更高比例的佣金或獎金。

（十一）給予支援銷售工具與文書作業。

（十二）給予必要的各種教育訓練支援。

（十三）協助向銀行融資貸款事宜。

十五、對經銷商績效的追蹤考核

（一）對經銷商績效考核的十四個主要項目

品牌廠商對經銷商拓展業務績效的考核，大概如下：

1.最重要的，首推經銷商業績目標的達成。業績或銷售目標，自然是廠商期待經銷商最大的任務目標。因為，一旦經銷商業績目標沒有達成，或是大部分旗下經銷商業績目標都沒有達成，那麼廠商的業績目標也會受到很大影響，這會連帶影響到財務資金的調度與操作。此外，也會影響到市占率目標的鞏固等問題。

2.其次，對於經銷商拓展全盤事業的推進，還必須考核下列十三個項目：

（1）經銷商老闆個人的領導能力、個人品德操守、個人的正確經營理念與個人的財務狀況變化如何？

（2）經銷商的庫存水準是否偏高？

（3）經銷商的客戶量是否減少或增加？

（4）經銷商的業務人員組織是否充足？

（5）經銷商的資訊化與制度化是否上軌道？

（6）經銷商的店頭行銷及店面管理是否良好？

（7）經銷商對總公司政策的配合度如何？

（8）經銷商給零售商的報價是否維持在一定範圍內，而未破壞地區性行情？

（9）經銷商及其全員的士氣及向心力如何？

（10）經銷商是否求新求變及不斷的學習進步？

（11）經銷商是否正常性的參與總公司各項產品說明會或各種教育訓練會議？

（12）經銷商下面的零售商，對他們的服務滿意度如何？專業能力提供滿意度如何？

（13）經銷商是否定期反映地區性行銷環境、客戶環境與競爭對手環境的情報給總公司參考？

@ **（二）經銷商績效的處理與調整**

對經銷商績效不佳的，或是配合度、忠誠度不夠好的，品牌廠商可能會對旗下的經銷商採取一些必要的處理措施與調整做法，包括：

1. 必要性的調降此地區經銷商的業績目標額或相關預算額。
2. 適當的協助、輔導、指正、支援該地區經銷商，改善他們過去的弱項及缺失，希望能夠強化他們的經銷能力與工作技能。
3. 對於少數工作表現真的不行的經銷商，那麼可能要採取取消他們的資格、找另一家取代，或增加另一家經銷商等措施。
4. 最後，可能總公司會評估是否要改變通路結構。例如：建立自己的地區銷售據點（營業所）、門市店、直營店等，直接面臨大型販售公司或直接由門市店面對消費者等，或是透過網路銷售等改變做法，也是可能的措施之一。

十六、製造商協助經銷商的五項策略性原則

不管是中小型或大型製造商，基本上都會想到如何協助旗下經銷商增強他們的策略、行銷與管理能力。製造商如果期望他們與經銷商合作成功，應考慮以下五項策略性原則。

@ **（一）應該讓行銷與業務策略盡可能的簡單**

太複雜的策略，經銷商可能無法消化。

@ **（二）強調自身的差異化**

應清楚展現相對於競爭對手們，製造商產品或服務性產品的優點、差異性及特色所在，好讓他們比較容易把產品推銷出去。

@ **（三）應使策略保持一致性**

製造商對經銷商的指導及要求策略，應盡可能的一致性、單純性，不要經常性的改變行銷及業務策略，免得過於混亂。

◎（四）應選擇適當的推出（push）與拉回（pull）策略比例

push 行銷策略的重點在 push 經銷商多賣產品，pull 行銷策略則是拉回消費者買我們的產品。

pull 策略比較著重在要製造商運用大眾媒體廣告來提升知名度或做促銷型活動拉回顧客；而 push 策略則比較著重於經銷商在店頭的銷售努力、直效行銷活動或密集性的銷貨活動。

◎（五）更為重視經銷業務執行力

最後一項策略性原則，希望將製造商的全國性大眾傳播行銷計畫，轉換為經銷商在第一線業務拜訪及推銷的機會與努力。

十七、安排各項活動，讓經銷商對製造商有信心

企業實務上，有時候是各大品牌製造商反過來拉攏全國各地有實力的區域經銷商，例如：臺灣地區的手機銷售，就是透過各縣市有實力的經銷商來銷售手機，而這些優良經銷商也很有限，因此，各手機品牌大廠也都搶著跟這些優良手機經銷商示好及拉攏。

一般來說，大概可以使用以下幾種手法。

◎（一）請經銷商們參訪他們在海外的總公司及工廠

例如：三星及 LG 手機在韓國、MOTO 在美國、SONY 在日本等，而且是全程免費招待，包括機票、飯店、聚餐、參觀及附加的旅遊參觀活動等。由於國外總公司、工廠規模及研發中心都頗具規模，因此都令這些經銷商們大開眼界。

◎（二）訂定更具激勵性的各種獎勵措施與計畫

包括各種競賽獎金、折價計算、海外旅遊等誘因。

◎（三）舉辦全國經銷大會

兼具教育型、知識型、工作型、團結型及娛樂型等多元型態，以凝聚經銷商們的向心力及戰鬥力。當然，有時候經銷商大會舉行的地點，並不一

定在大都市的市區內，也會移到風景優美的旅遊地點，以提高不同的感覺。

十八、廠商對經銷商誘因承諾及爭取

優良的經銷商畢竟不是處處有，有時候處於相對弱勢的中小企業廠商，較不容易找到地區好的、優秀的、強勢的地區經銷商。因此，這些廠商經常也會提供下列比大廠更為優惠的誘因條件及承諾，包括：

（一）全產品線經銷承諾。

（二）快速送貨承諾。

（三）優先供貨承諾。

（四）不包底、不訂目標達成額度承諾。

（五）價格不上漲承諾。

（六）廣告補貼承諾。

（七）店招補貼承諾。

（八）促銷活動補貼承諾。

（九）付款及票期條件放寬承諾。

（十）協同銷售支援。

（十一）加強培訓支援。

（十二）展示支援。

（十三）庫存退換方案承諾。

（十四）其他特別承諾。

十九、經銷商合約內容

有關一份地區性經銷商合約的內容，其範圍項目，大致可能包括下列項目：

主題	考量
產品	授予分銷商購買和銷售附件所列出之產品的權利，附件的內容可能不時更新。
地域	授予分銷商權利，在附件中所界定的地域、市場或責任領域，販售製造商的產品，附件內容可能不時更新。製造商可以保留在該地域增加其他分銷商的權利。
表現標準	詳細說明雙方將盡最大努力去達成附件內指明的表現標準，而附件內容可能不時更新。
定價與條款	詳細說明在不用預先知會的情況下，價格可能變動。
合約期限	永久（evergreen）或固定期限（fixed term）。
直接銷售	製造商保留直接銷售和全國客戶的權利。
商標的使用	說明預期和指導方針。
可適用的法律	確認該合約受哪個地方的法律規範。
終止合約	詳細說明原因、時間和利益。
限制	配合產業和環境。

資料來源：陳瑜清、林宜萱（譯），《通路管理》，頁 106。

 二十、對經銷商經營管理的二十項要點

（一）銷售額增長率

　　分析銷售額的增長情況。原則上而言，經銷商的銷售額有較大幅度增長，才是優秀經銷商。對銷售額的增長情況必須做具體分析。業務員應結合市場增長狀況、本公司商品的平均增長等情況來分析、比較。如果一位經銷商的銷售額在增長，但市場占有率、自己公司商品的平均增長率不漲反降的話，那麼可以斷言，業務員對這家經銷商的管理並不妥善。

（二）銷售額統計

　　分析年度、月別的銷售額，同時檢查所銷售的內容。

如果年度銷售額在增長，但各月分銷售額有較大的波動，這種銷售狀況並不健全。經銷商的銷售額呈現穩定增長態勢，對經銷商的管理才稱得上是完善的。平衡淡旺季銷量，是業務員的一大責任。

@（三）銷售額比率

即檢查本公司商品的銷售額占經銷商銷售總額的比率。

如果本企業的銷售額在增長，但是自己公司商品銷售額占經銷商銷售總額的比率卻很低，業務員就應該加強對該經銷商的管理。

@（四）費用比率

銷售額雖然增長得很快，但費用增長超過銷售額的增長，仍是不健全的表現。

打折扣便大量進貨，不打折扣即使庫存不多也不進貨，並且向折扣率高的競爭公司退貨，這不是良好的交易關係。客戶對你沒有忠誠，說明你的客戶管理工作不完善。

@（五）貨款回收的狀況

貨款回收是經銷商管理的重要一環。經銷商的銷售額雖然很高，但貨款回收不順利或大量拖延貨款，問題更大。

@（六）了解企業的政策

業務員不能夠盲目地追求銷售額的增長。業務員應該讓經銷商了解企業的方針，並且確實地遵守企業的政策，進而促進銷售額的增長。

一些不正當的做法，如擾亂市場的惡性競爭、竄貨等，雖然增加了銷售額，但損害了企業的整體利益，是有害而無益的。因此，讓經銷商了解、遵守並配合企業的政策，是業務員對經銷商管理的重要策略。

@（七）銷售品種

業務員首先要了解，經銷商銷售的產品是否為自己公司的全部產品，或者只是一部分而已。

經銷商銷售額雖然很高，但是銷售的商品只限於暢銷商品、容易推銷的商品，至於自己公司希望促銷的商品、利潤較高的商品、新產品，經銷商

卻不願意銷售或不積極銷售，這也不是好的做法。業務員應設法讓經銷商均衡銷售企業的產品。

另外，經銷商在進貨時，通常都以重點產品、培育產品、系列產品等加以分類。為了強化對經銷商的管理，業務員應該設法不讓對方將自己公司的產品視為重點產品、培育產品。

（八）商品的陳列狀況

商品和經銷店內的陳列狀況，對於促進銷售非常重要。業務員要支持、指導經銷商展示、陳列自己的產品。

（九）商品的庫存狀況

缺貨情況經常發生，表示經銷店對自己企業的商品不重視，同時也表明業務員與經銷商的接觸不多，這是業務員嚴重的工作失職。

經銷商缺貨，會使企業喪失很多的機會，因此，做好庫存管理是業務員對經銷商管理的最基本職責。

（十）促銷活動的參與情況

經銷商對自己公司所舉辦的各種促銷活動，是否都積極參與並給予充分合作？

每次的促銷活動都參加，而且銷售數量也因而增長，表示對經銷商的管理得當。經銷商不願參加或不配合公司舉辦的各種促銷活動，業務員就要分析原因，據以制定對策。沒有經銷商對促銷活動的參與和配合，促銷活動就會浪費錢而沒效果。

（十一）訪問計畫

對經銷商的管理工作，主要是透過推銷訪問進行的。業務員要對自己的訪問工作進行一番檢討。

許多業務員常犯的錯誤是，對銷售額比較大或與自己關係良好的經銷商經常進行拜訪；對銷售額不高卻有發展潛力，或者銷售額相當高但與自己關係不好的經銷商，訪問次數便少。

這種做法是絕對應當避免的。

@（十二）訪問狀況

業務員要對自己拜訪經銷商的情況進行分析。

一是制定的訪問計畫是否認真執行。如計畫每天拜訪幾家經銷商，然後與實際情況進行對比，如果每個月的計畫達成率不高的話，業務員就要分析原因。二是業務員要做建設性的拜訪，即業務員的每次拜訪，都會對經銷商的經營管理工作有幫助，經銷商歡迎業務員的拜訪，不認為業務員的拜訪是麻煩，這樣才算是成功的拜訪。

@（十三）人際關係

業務員和經銷商之間有良好的感情關係，會促進銷售工作。與經銷商保持良好的關係，是推銷工作的重要內容。業務員要經常檢討自己與客戶的關係如何，設法加深與客戶的感情關係。

@（十四）支持程度

業務員應該確定經銷商到底是支持自己的公司，還是競爭對手。如經銷商是否優先參加自己公司的促銷活動？新產品的推廣是否按照自己公司的規定而做？

在競爭愈來愈激烈、商品與交易條件又無太大差別的情況下，業務員能否贏得經銷商的支持，這對產品銷售影響很大。因此，業務員得到經銷商的積極支持，則是相當重要的管理工作之一。

@（十五）訊息的傳遞

所謂「訊息的傳遞」，是指業務員要將公司制定的促銷計畫傳達給經銷商，然後，業務員再了解經銷商是否確實按照公司規定的方法進行，或者是否積極地推銷自己公司的產品。

如果發現經銷商未能按照公司的規定去做，這便表明經銷商的營運體制發生了問題。有時，業務員必須針對「追蹤的問題」設法改善管理經銷商的辦法。

@（十六）意見交流

業務員應經常與經銷商交換意見。業務員不妨反省一下，自己與一些重

點的經銷商是否經常交換意見？如果不曾有過這種機會的話，業務員就要考慮如何改善與經銷商之間的人際關係。

意見交流與商談應同時進行，這樣可強化彼此之間的關係。

（十七）對自己公司的關心程度

經銷商對自己公司的關心程度，對自己公司是否保持積極的態度，這也是對經銷商管理的一個重要層面。

業務員要經常向經銷商說明自己公司的方針和政策，讓對方不時抱有關心和期望。

（十八）對自己公司的評價

自己公司的地位對經銷商來說是否舉足輕重？換句話說，經銷商是否積極的期望增加銷售額？業務員應該確立自己在經銷商心目中的地位。

（十九）建議的頻率

業務員負責的經銷商各有特色，因此對經銷商的管理也應配合其特點，才能夠做到事半功倍的效果。

每個經銷商應該採取什麼樣的戰略，根據這個戰略，業務員應該提出什麼樣的建議等，都必須事先加以分析。

業務員如果積極地實行經銷商管理的話，對經銷商提出建議的頻率也會大大地增加。

（二十）經銷商資料的整理

業務員對於經銷商的銷售額統計、增長率、銷售目標等，若能如數家珍的話，即表明他對經銷商的管理工作做得很好，同時對經銷商的管理也很完善。

相反地，業務員如果對經銷商的各種資料一無所知，只知道盲目推銷，即使銷售額有增加，也是短期現象。因此，記錄、整理經銷商資料是相當重要的工作。

二十一、對經銷商管理的方法工具

（一）經銷商資料卡：業務員必須定期地檢查經銷商資料卡。上述事項是否確實地記錄、整理、追加？

（二）分析經銷商資料：凡是與經銷商有關的資料，都要詳細地進行分析。

（三）經銷商訪問：可從與經銷商的交談及觀察店頭情況中發現問題，找出對策。

（四）利用經銷商到公司走訪、業界訊息、銷售會議等機會進行管理工作。

（五）資訊電腦化連線管理：現在很多大型廠商對其經銷商已全面要求電腦即時連線管理，包括進貨、銷貨、庫存及結帳等四項重點數據的資訊化連線同步管理，這是最現代化的經銷商管理制度。

二十二、案例

金酒公司積極進軍中國市場，廣徵中國各地經銷商，計畫中國營業額在未來十年內由現行的人民幣 6,100 萬元（約新臺幣 2.9 億元），提升到人民幣 50 億元（約新臺幣 235.7 億元）。

金酒公司董事會 2010 年 8 月初修正通過新的經銷商管理辦法，希望新的經銷辦法能有效打開中國市場，同時金酒公司也抱持「市場開放、百花齊放、百家爭鳴」，讓更多經銷商來參與，成為金酒新夥伴。金酒副總經理游鴻程表示，伍豐科技轉投資的采瑞貿易（上海）公司搶頭香，簽訂三年合約，在中國東北、華東經銷金酒，第一年營運目標為人民幣 6,000 萬元，第三年目標人民幣 1.04 億元。

游鴻程表示，金酒 2009 年在中國市場的總營業僅人民幣 6,100 多萬元，不到金酒公司全年營業總額新臺幣 114 億元的 2%；仍有很大的中國市場待開發。

金酒公司強調，金酒在中國的定位是中、高價位白酒，一瓶至少人民幣 300 元，經銷資本與通路規模必須要大；修正的新辦法希望走向「大資大商」參與，資本額須達人民幣 1,500 萬元，且能承諾年銷量人民幣 6,000 萬元以上，審核通過就可成為金酒經銷商。（2010.8.24，中央社）

二十三、經銷商在乎什麼

從品牌廠商角度來看，應該要思考到底全臺經銷商他們在乎些什麼呢？根據實務界人士的多年經驗，他們比較在乎下列品牌廠商的幾點：

（一）他們的產品力強不強？他們的產品在市場好不好賣？

（二）他們的價格訂得好不好？合不合理？合宜不合宜？

（三）他們有沒有廣告宣傳助攻？他們是不是有名的品牌？

（四）他們有沒有更好的獎勵措施？有沒有更好的利潤可得？

（五）他們有沒有新產品不斷推出？

（六）他們公司可不可靠？有沒有未來性及成長性？

（七）他們有沒有良好的合作默契及良好互動性？

（八）他們有沒有提供完整的教育訓練課程？

（九）他們公司未來會不會成為上市櫃好公司？成為中大型公司？

（十）他們公司有沒有提供好的資訊 IT 連結系統？

（十一）他們的供貨是不是不會中斷或延遲？

二十四、全臺經銷商年度總檢討會議議程內容

（一）舉辦全臺經銷大會之目的

一般中大型的品牌廠商，每年到了 12 月底時，都會邀集全臺各縣市經銷商到臺北總公司，找一個五星級大飯店或到某一個景點很好的地區，舉行一場一年一度的「全臺經銷商大會」（全名：全臺經銷商年度總檢討會議）；一方面招待全臺經銷商遊玩，另一方面舉行年度經銷商總檢討會議，以檢討今年業績狀況及策勵明年業績目標達成。

總之，品牌廠商舉辦全臺經銷商大會之目的，包括：

1. 招待全臺經銷商景點遊玩。

2. 檢討經銷商今年度業績狀況。

3. 策勵明年度業績目標達成。

4. 聽取全臺經銷商的改革、改善意見、建議與心聲。

5. 向全臺經銷商說明明年度總公司在各方面的計畫及做法。

6. 凝聚全臺經銷商的向心力、奮戰力及團結心。

@（二）全臺經銷商大會的議程內容

議程內容，可包含下列幾點：

1. 董事長和總經理發言。
2. 頒獎（頒發給全臺業績優良的各縣市經銷商）。
3. 今年度全臺經銷商業績總檢討報告（由總公司業務部主管提報）。
4. 明年度總公司各項計畫說明：
   （1）預計明年度全臺銷售目標說明。
   （2）產品發展策略計畫說明。
   （3）定價策略計畫說明。
   （4）廣告宣傳策略計畫說明。
   （5）全通路拓展計畫說明。
   （6）業績獎金修正說明。
   （7）教育訓練計畫說明。
5. 全臺經銷商（北、中、南、東區）代表發言。
6. 互動討論時間。
7. 會議結束及聚餐。

二十五、如何做好經銷商的十二個問題

品牌廠商或進口代理商應如何做好經銷商呢？主要須思考到下列十二個問題：

@（一）產品

到底要放給經銷商經銷哪些產品、品項、品類、品牌？

@（二）定價

各產品的零售價要訂多少？定價政策為何？定價策略為何？

@（三）經濟區域

全臺經銷商要如何劃分經銷區地呢？是按各縣市或北、中、南、東區呢？或是不同品項有不同的經銷區域呢？

@（四）經銷利潤

每個產品到底要給經銷商多少經銷利潤呢？這個利潤對經銷商是否有足夠誘因呢？

@（五）經銷獎金

當經銷商達到一定銷售量時，應該給予多少的經銷獎金激勵呢？

@（六）倉儲物流

各經銷商的自備倉儲物流及送貨地點如何？

@（七）培訓

總公司對各地區經銷商的教育訓練（產品知識及銷售知識）的規劃、安排與執行如何？

@（八）業績目標

總公司對各縣市／各地區經銷商每年度業績目標訂定多少？當超過或不足時該如何？

@（九）資訊系統

總公司與全臺各經銷商的資訊連線問題為何？如何能夠即時了解進貨、銷貨、存貨等資料數據及處理狀況？

@（十）廣宣協助

總公司在廣告、宣傳及打造品牌力方面，如何協助全臺經銷商呢？

@（十一）鋪貨陳列

有些經銷商的工作是負責將產品運送到零售據點，並負責上架陳列，此方面的規定及要求如何？

@（十二）合約書

總公司在每年底 12 月時，經常會舉辦一年一次的全臺經銷商會議，檢討今年度業績狀況及明年度的營運計畫與目標討論。

最後，總公司會與各經銷商簽訂「經銷合約書」，以確定各項規範要求，促使全臺經銷工作能夠正向發展。

二十六、如何做好全臺經銷商經營的四大面向

要如何做好全臺經銷商的整體經營呢？從宏觀來說，主要有四大面向須思考及擬定計畫與做法，包括：

（一）應如何管理全臺經銷商？

（二）應如何協助全臺經銷商？

（三）應如何激勵全臺經銷商？

（四）應如何改善／增強全臺經銷商？

二十七、經銷商整體營運暨管理制度

品牌廠商總公司想要做好全臺經銷商營運，就應該先想好、規劃好、建立好下列各項經銷商管理制度，包括：

（一）經銷商「業務管理制度」。

（二）經銷商「獎勵管理制度」。

（三）經銷商「行銷管理制度」。

（四）經銷商「資訊管理制度」。

（五）經銷商「年度總檢討會議管理制度」。

（六）經銷商「經營改善管理制度」。

（七）經銷商「倉儲／物流／配送管理制度」。

二十八、通路拓展策略規劃報告撰寫大綱

作為一個負責銷售通路業務的主管人員，每年應該對最高長官（董事長／總經理）提報一次有關「通路拓展策略規劃報告書」，其內容的大綱項目，應該包括下面幾點：

（一）本行業（或本產品）通路現況說明與 SWOT 分析。

（二）通路拓展總目標說明。

（三）全方位（全通路）上架之架構說明，包括：

1.實體通路上架。

2.虛擬通路上架。

3.KOL/KOC 網紅導購。

4.全臺經銷商。

（四）通路拓展主力策略及優先方向說明。

（五）未來三年預計全通路據點數統計。

（六）未來三年預計各通路營收額統計。

（七）通路拓展組織暨人力分配說明。

（八）通路拓展預算經費說明。

（九）通路拓展預計時程表。

零售業業態發展理論

一、日本零售業業態五大階段的發展──流通大轉換時代的原因

日本流通零售業業態近幾十年來，有了很大的變化，各年代有其不同的成長型業態，例如：

（一）百貨公司盛行年代（約 1960 ～ 1970 年代）。

（二）綜合超市盛行年代（約 1970 ～ 1980 年代）。

（三）便利商店連鎖盛行年代（約 1980 ～ 1990 年代）。

（四）低價折扣型量販店或專賣店盛行年代（約 1990 ～ 2000 年代）。

（五）大型購物中心（2000 年代起）。

上述此種變化，日本人稱之為「流通大轉換的時代」或是「日本型流通崩壞的時代」，此即指流通業的型態不斷在轉換之中，舊的業態呈現無情的下滑。例如：現在百貨公司或超市，在日本已走向成熟飽和且微幅衰退的現象，並不是一個熱門或成長型的流通業。反之，一些低價折扣型的量販店或專賣店，則日益受到歡迎。

這有一大部分因素是受到日本大環境的影響，因為，自 1990 年開始，日本經濟步入零成長期，出現市場景氣低迷、存款利率低到零、消費不振、GNP 經濟成長率只有 1%，以及國民所得停滯不增等狀況。這些狀況促使走平價或低價的零售流通業者有了崛起的機會，例如：像一些低價的資訊 3C 連鎖店、低價的藥妝／美妝連鎖店、100 日圓專賣店、低價的大型量販店、低價的二手貨中心等，均在 2000 年以後有了迅速成長。

二、零售業業態展開的三種理論假說

有關零售業業態發展的理論中，比較知名的有以下幾種。

@（一）「零售之輪」理論（wheel of retailing）

1. 此理論是 1958 年麥克‧奈爾（M. P. McNair）所提出的

他主要是以知名的經濟學家熊彼得（J. A. Schumpeter）所提出的「創造性破壞」（innovative destruction）為基礎，認為資本主義經濟的發展型態，

即是均衡→革新與破壞→新的均衡形成。此概念亦適用於零售業。

2. 零售之輪理論的簡單意義

主要是指零售業的業態發展，就如同車子的輪子一樣，會循環輪轉再輪轉。

第一：剛開始的零售業業態及主訴求，是以低價為訴求，它們位在低廉的地區、產品毛利低、裝潢不講究、服務不講求，全力控制不必要的成本，東西便宜就好。因此，早期美國倉儲型量販店與折扣商店極受歡迎，即為此類型店面。

第二：然後，隨著國民所得提高，人民知識教育水準提升，消費需求水準也提升，此時，零售店走向高級化路線，包括裝潢新、外觀佳、坪數大、商品數量多、各種服務精緻化及廣告宣傳強力促銷、位處精華地點，以及展現出有魅力的零售點。

此時，各種高級百貨公司、高級超市、高級精品店／專賣店，或是現代化便利商店／連鎖店、速食餐廳等均出現了。

此係指「零售之輪」轉動了，到了輪子的第二階段，此與前述的第一階段有所不同。

第三：最後，隨著時代環境的一再巨變，市場商品供過於求，市場景氣逐漸低迷，市場競爭激烈，人民所得高到某一點之後即停滯不前；因此，此刻零售業者訴求的是價格競爭力，訴求低價競爭、訴求經常性促銷活動之舉辦，以及低價經營模式的零售業態出現，但此與第一階段的低價、低品質不同。第三階段的零售之輪，已進步到「低價、高品質」、「平價奢華」或「平價時尚」的 21 世紀新零售時代了，也就是今天我們所處的時代。

茲圖示「零售之輪」之三階段發展：

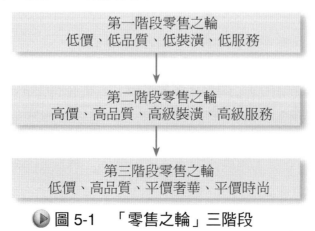

第一階段零售之輪
低價、低品質、低裝潢、低服務

第二階段零售之輪
高價、高品質、高級裝潢、高級服務

第三階段零售之輪
低價、高品質、平價奢華、平價時尚

▶ 圖 5-1　「零售之輪」三階段

3. 「零售之輪」六大形成要因

美國 Eleanor G. May 學者曾經歸納及分析，美國零售型態展開的六大要因如下：

（1）經濟變化要因。

（2）技術改革要因。

（3）生活狀況改變要因。

（4）消費者自身變化要因。

（5）行銷活動要因。

（6）經營者的任務與策略要因。

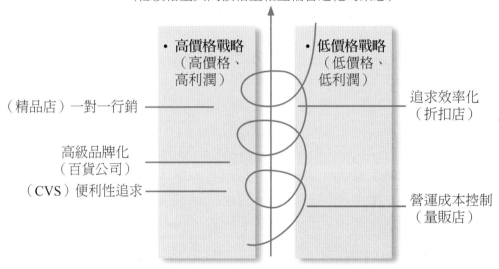

〈低價格型與高價格型相互輪替進化的業態〉

圖 5-2　「零售之輪」理論與零售業態的進化

4. 美國及日本零售業至今仍強調低價格

直到今天，美國量販店（如 Walmart）、倉儲式折扣店（如 COST-CO）、居家用品中心（如 Home Report）、折扣商店、超市、便利商店、折扣百貨公司等，大都強調低價趨勢。

日本也是一樣，除了少數高級百貨公司及名牌精品店外，一些美妝店、藥妝店、資訊 3C 店、服飾連鎖店、便利商店、量販店、購物中心、超市等，亦強調低價訴求。

@（二）零售業生命週期理論

第二個零售業態的理論是「生命週期理論」（retail life cycle），此與大家所熟知的「產品生命週期」意思大致相近。

亦即，零售業的市場發展生命，其實也歷經了四個週期：

1. 零售的創新導入期。
2. 零售的加速成長與普及期。
3. 零售的成熟飽和期。
4. 零售的衰退期或消滅期。

當然，對大部分存在的零售業態而言，都是處在成熟飽和期，其次則是成長期，最後則是導入期與衰退期。

例如：臺灣的百貨公司、大型購物中心、便利商店等，都算是處在成熟飽和期的，因為幾乎已供過於求了。又如巷道內的傳統商店已步入衰退期，愈來愈少了。

另外，像量販店、資訊 3C 賣場、全聯福利中心、美妝連鎖店等，則仍在持續擴張成長中。

@（三）零售業的適者生存論（進化論）

第三個零售業態的理論，即「適者生存法則」的生態競爭與進化理論。

此理論係指零售業的發展，其實是反映了整個外部大環境的變遷、改變，以及競爭者出現。這些改變，包括了消費的結構、技術革新、流通的公共政策、文化環境、人口結構、家庭結構、供應商與競爭者、消費者價值觀、所得與教育的提升、全球化發展、都會區形成、交通與物流配合、資訊與網際網路的普及等影響下，唯有快速因應環境而改變、創新、進步，並滿足每一個時代消費者需求，這些零售業態及零售公司即能存活下來；反之，不能適應及進步的，就會被時代與消費者淘汰。

6 零售業的型態、功能及主要成員介紹

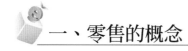

一、零售的概念

@（一）零售的意義

零售（retailing）即是指零售店對最終的消費者個人，展開銷售實體商品或服務性商品的活動過程。

例如：您到便利商店買一瓶飲料、買一份報紙，或到量販店買一箱泡麵、一打洗髮精；或到百貨公司買一套衣服或一雙鞋子等，這些均屬於零售。

@（二）批發的意義

批發（whole saling）則是指銷售的對象並非是消費者個人，而是為了再銷售目的的商人或公司行號。例如：某大型飲料工廠賣 10 萬瓶茶飲料給某地區的飲料批發商，然後這些批發商再把飲料銷售給各地方的零售商店。此即「批發」之意，即把貨批進來，然後再發送出去。

@（三）零售與批發簡介

1. 零售：即是 B2C（Business to Consumer），企業對個人消費者。
2. 批發：即是 B2B（Business to Business），企業對企業的生意。

二、零售的功能

零售或零售業者在行銷通路架構中的功能，主要有以下幾項：

（一）市場調查與商品計畫。

（二）小量、少量的銷售機能，例如：一瓶、一個、一雙、一份、一套、一本的賣，而非一打在賣。

（三）品質控制的機能。

（四）庫存適當的保有量。

（五）向批發商或工廠進貨、叫貨的機能。

（六）資訊情報提供給上游製造商或批發商的機能。

（七）價格的訂定（最終零售價）。

（八）店址的適當性及相關店內設備的提供。

（九）為地區的人力僱用提供機會。

（十）相關售後服務的提供。

（十一）據點盡可能增多，以提高消費者購物的便利性。

另外，也有學者專家提出不完全相同的零售業任務或者機能，如下圖6-1 所示。

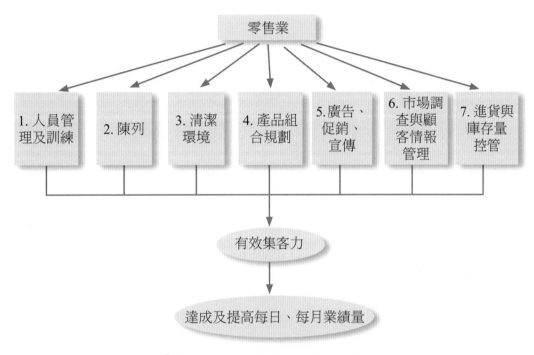

⦿ 圖 6-1 　零售業的任務或機能

三、日本與美國零售業的分類

（一）日本零售通路的分類

日本政府對零售業的分類標準，分述如下：

1. 各種商品零售業
百貨公司、購物中心、量販店、便利商店及超市。

2. 服飾品零售業

女裝、男裝、童裝、傳統服飾、寢具。

3. 食品飲料零售業

酒品、鮮魚、肉品、飲料、食品、餅乾、麵包、蔬果、其他等。

4. 汽車與自行車零售業

汽車、自行車。

5. 家具及機械工具零售業

家具、建築工具、機械工具。

6. 其他零售業

化妝品、醫藥品、文具用品、書籍、運動用品、娛樂用品、樂器、影印機、眼鏡、鐘錶、電腦、數位家電、其他等。

（二）美國零售通路的類型

美國零售業態可區分為店鋪型態及無店鋪型態二大類。店鋪型態又可分為食品與非食品兩種；而無店鋪型態又可分為自動販賣機、直接銷售及直接行銷等三種，如圖 6-2 所示。

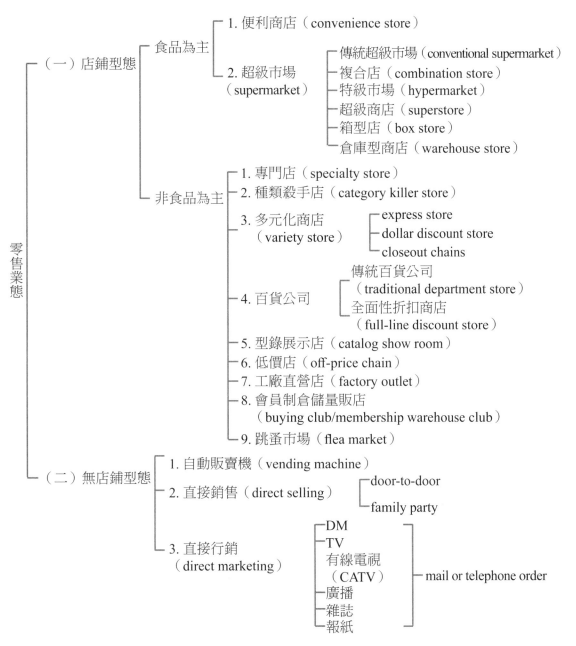

圖 6-2 美國主要零售業態簡介

四、零售的業態分類

零售的業態分類，大致有以下幾種：

（一）百貨公司（新光三越、SOGO 百貨、遠東百貨、微風百貨）。

（二）專賣店、連鎖店（麥當勞、星巴克、屈臣氏、康是美、王品餐飲）。

（三）量販店（家樂福、大潤發、愛買、COSTCO）。

（四）超市（全聯、city's super、美廉社）。

（五）便利商店（7-ELEVEN、全家、萊爾富、OK）。

（六）居家用品店（B&Q、特力屋）。

（七）大型購物中心（遠東新竹巨城、微風廣場、大遠百、高雄夢時代）。

（八）電視購物（東森、富邦、viva）。

（九）網路購物（momo、PChome、yahoo! 奇摩、蝦皮、博客來）。

（十）型錄購物。

（十一）直銷（人員訪問販賣）（雅芳、安麗、葡眾）。

（十二）自動販賣機（飲料居多）。

（十三）傳統菜市場。

（十四）資訊 3C 大賣場（燦坤、全國電子、順發 3C、大同 3C）。

（十五）名牌精品店（LV、GUCCI、Dior、Cartier）。

國內各類型零售業總產值					
1. 百貨公司	2. 便利商店	3. 超市	4. 量販店	5. 其他業者	估計
4,000 億	3,600 億	2,000 億	2,000 億	1,500 億	12,500 億

註：百貨公司，係含括大型購物中心及 Outlet 在內。

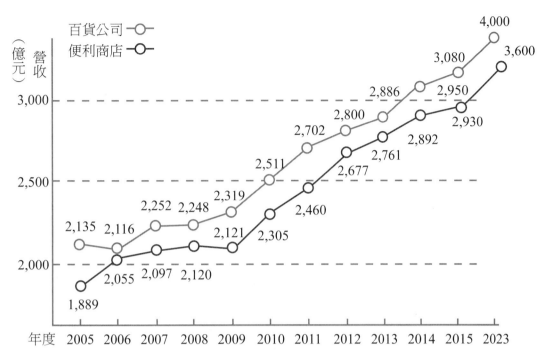

▶ 圖 6-3　國內二大零售行業別之年產值成長趨勢圖

五、消費者對零售店的選擇基準

一個比較理想的零售店或店址，應該具備下列幾項特性：

（一）立地的便利性（利用道路、交通狀況、時間距離、有無停車場）。

（二）商品的適合性（品質、品項、商品多樣性）。

（三）價格的妥當性（價格與其他店鋪的競爭性、消費者的接受性）。

（四）銷售的努力及服務性（店員的專業、店員的禮貌、廣告宣傳、配送、安裝）。

（五）商店的快適性（商店的裝潢、陳列、動線、燈光）。

（六）交易後的滿足感（使用後滿足感、物超所值感）。

六、零售通路的成員介紹

（一）便利商店

便利商店已成為國內重要的零售通路，全國大約有 1.4 萬家左右，其中連鎖店占 1.3 萬多家，已成為飲料、食品、菸酒、書報、麵包、便當等商品最有力的銷售通路。

1. 意義（特色）

便利商店（Convenience Store，簡稱 CVS）係指營業面積在 25 至 60 坪之間，商品項目在 1,000 種以上，單店投資在 200 萬元之內的商店。

便利商品之特色，乃提供消費者以下特色：

（1）時間上的便利：24 小時營業，全年無休。

（2）距離上的便利：徒步購買時間不超過 5 〜 10 分鐘。

（3）商品上的便利：所提供之商品，均係日常生活必需常用之物品。

（4）服務上的便利：人潮不群聚，不必久候購物或付款。

2. 類別

目前國內的超商體系，依其來源區分，可分為以下三類：

（1）美國系統：如統一超商（7-ELEVEN），但 7-ELEVEN 美國總公司的股權，已大部分被日本伊藤洋華堂零售集團買走，因此，美國 7-ELEVEN 的幕後大股東及操控者，其實已屬日本 7-ELEVEN 公司。

（2）日本系統：如全家超商（FamilyMart），為日本伊藤忠大商社所投資。

（3）國產系統：萊爾富超商（Hi-Life），屬光泉食品公司所有。

3. 臺灣四大便利商店總店數突破 13,000 店，統一超商幾乎占一半

四大超商 2023 年總店數高達 13,000 家，首度突破 12,000 家大關。其中，以統一超商淨增加數百店最多，統一超商自 1978 年成立至今，維持快速展店的策略不變，2023 年總店數已突破了 6,800 家大關。

4. 國內四大超商公司店數比較表

國內四大超商連鎖店資料表（已突破 13,000 店）

2023 年國內便利商店發展數據		
超商名稱	總店數	營收額
（1）統一超商	6,800	1,800 億
（2）全家便利商店	4,200	900 億
（3）萊爾富便利商店	1,424	200 億
（4）OK 便利商店	920	100 億

5. 全臺便利商店突破 1.3 萬店，並改裝新店型，朝向大型店

據最新統計數字顯示，全臺便利商店總數正式突破 1.3 萬家，依舊是全世界便利商店密度最高的國家。雖然密度高，但國內四大便利商店，包括 7-ELEVEN、全家、OK、萊爾富，仍信心滿滿地對外喊出展店及改裝新店型計畫。一場通路移轉革命，也將正式引爆。

臺灣便利商店密度高，並早已滲透國人的生活，而便利商店從一開始的美式風格到日式風格，從大坪數到小坪數，現在又回到大坪數店型，全臺總店數一度停留在 10,000 家左右很長的時間，如今終於突破 1.3 萬家。而隨著大店型的增加，商品結構也逐漸轉變，鮮食已成了最重要的主角，關東煮、飯糰、咖啡是基本配備，現在連有沒有廁所也成了便利商店之間較勁的條件之一。

據各大便利商店的業績來看，新店型（較大店，至少 40 坪以上，有座位）的門市，較一般傳統門市營收至少多二至三成左右，也因此，三、四年前，7-ELEVEN、全家、萊爾富就已著手改裝新店型。目前新店型的占比，7-ELEVEN 已占八成，全家占七成，萊爾富也占了五成左右。

7-ELEVEN 展店速度快，目前已達到 6,800 家，突破 6,000 家大關，目前九成門市有座位區，40 坪以上的門市則占六成。統一超商表示，未來基本上會以展大店為主，但還是會考量商圈屬性。

四大超商店數比一比				
連鎖店名	7-ELEVEN（統一超商）	FamilyMart（全家）	Hi-Life（萊爾富）	OK-Mart（OK）
成立時間	1979	1988	1989	1988
店數	6,800 店	4,200 店	1,424 店	920 店
新店型比重	8 成	7 成	5 成	3 成

資料來源：各公司。

6. 各公司努力創造差異化，提升店體質

在規模競爭優勢的帶動下，統一超商 2023 年營收超越 1,800 億元大關，開始發展自有品牌來提升整體毛利，而相對缺乏優勢的便利商店業者，則發揮差異化商品的策略，希望能提供消費者不同的服務。

7. 便利商店不斷成長原因

臺灣便利商店的密度與普及度是全世界最高的國家，帶給消費者相當的便利性。

雖然臺灣四大便利商店連鎖公司的總店數已超過 1.3 萬家，但過去及現在仍然呈現持續的態勢，並沒有呈現飽和停滯現象。以下茲列示便利商店家數及業績不斷成長之原因。

（1）24 小時無休營業

24 小時不休息營業，甚至過年春節也無休，帶給消費者時間上的高度便利性。

（2）密布各地，非常便利

此外，還有地點上的高度便利性，因為，全臺密布 1.3 萬家便利商店，尤其臺北都會區，幾乎只要走個 3 ～ 5 分鐘，就可以看到便利商店，為消費者省下走路消耗體力的好處。

（3）商品不斷創新改變，迎合消費者需求

在商品組合供應上，便利商店也不斷的調整改變，以更符合消費者的每月生活需求。尤其，在吃的方面，各種口味便當、義大利麵、三明治、飯糰、漢堡、小火鍋、關東煮、咖啡、霜淇淋、炸雞、珍珠奶茶、手搖

飲等非常多元化；此外，還有 ibon 可以買票、ATM 可提款轉帳。

（4）服務品質佳

在服務水準方面，服務品質也訓練得不錯，消費者有好的感受。

（5）推出平價自有品牌

在推動自有品牌產品方面，各家便利商店也不遺餘力，不斷以各種平價推出自有品牌產品，滿足消費者對平價的需求。包括 7-ELEVEN 的「UNIDESIGN」及「iseLect」自有品牌，全家便利商店的「Fami-collection」自有品牌等均是。

（6）推出餐飲座位區

最後，便利商店近幾年創新推動的餐飲座位區也很成功，帶動了來客數及總業績的增加。

（7）以上服務的不斷創新

求變的舉動，造就了為何便利商店產業持續保持成長動能，而不會飽和與衰退。

8. 國人喜愛便利商店，年來客數達 29.2 億人次，年消費 3,600 億元

公平會統計，2023 年主要連鎖便利商店總來客數達 30 億人次，較 2022 年增加 3,000 萬人次，消費總額高達 3,600 億元，顯示便利商店已成為國人日常生活高度依賴的零售通路。

公平會表示，近年來便利商店不斷開發各式新商品，並採用大店鋪策略設置座位區，讓便利商店除了購買日常用品，也可讓顧客留下來用餐、休憩。

為了拓展服務品項，便利商店積極異業結盟，並以電子商務平臺整合商流、物流、金流及資訊流，提供商品與服務的多元化與多樣性，以吸引新客源、增加客戶黏著度及消費金額。

從民眾消費習慣來看，購買食品類比率最高，服務項目則以購買休閒旅遊票券類最熱門。

9. 便利商店行業經營成功八大基本功

（1）物流配送能力（須設有大型倉儲中心及配送車隊）。

（2）IT 資訊能力（包括 POS 資訊情報系統建置等）。

（3）商品持續創新能力（包括：各式各樣鮮食便當、麵食、咖啡、霜淇淋、ibon 多媒體服務機器等）。

（4）服務達到一定水準能力。

（5）商品品質穩定保證。

（6）廣告宣傳與品牌形象打造能力。

（7）現代化店面裝潢呈現能力。

（8）找到好據點、好位址的持續展店能力。

10. 便利商店業的毛利率與獲利率

依據統一 7-ELEVEN 及全家便利商店二家上市公司所揭露的每年度損益表來看：

（1）毛利率：均在 30 ～ 35% 之間。

（2）稅前淨利率：均在 3 ～ 6% 之間。

上述財務指標，大概也是一般零售百貨業的產業平均水準。一般來說，零售百貨業的淨利率不是很高，大致在 3 ～ 6% 而已，但是，因為營業額較大，故算下來年度獲利額還可以。例如：

統一 7-ELEVEN 年營收 1,800 億元 ×5% = 90 億元年獲利。

11. 便利商店產品銷售結構

（1）食品 （含鮮食便當）	（2）飲料 （含酒）	（3）香菸	（4）其他
30%	34.6%	20%	16%

從上表看來，目前便利商店的銷售結構，以食品加飲料為最大宗，合計占比近 65%，若再加上香菸，則占比接近 85%；這三大類也是便利商店創造營收的主力來源。

12. 便利商店總營收，進逼百貨公司業

經濟部統計處發布，便利商店在國內零售市場的重要性日漸增高，繼去年營收創下歷史新高後，2023 年便利商店營收上看 3,600 億元，進逼百貨公司 4,000 億元營業額。

經濟部官員表示，仰賴「多點」與「多樣」兩具引擎同時發動，近年來

便利商店營收持續飆升，去年占綜合商品零售業營收比重 26.1%，只落後百貨公司 1.6 個百分點，成為緊追百貨公司營收的第二大零售業態。

近年便利商店營運成長概況				
年度	營業額（億元）	年增率（%）	營業店數（家）	年增率（%）
2008	2,120	1.1	9,195	1.64
2009	2,121	0.0	9,233	0.41
2010	2,305	8.7	9,424	2.07
2011	2,460	6.7	9,739	3.34
2012	2,677	8.8	9,868	1.32
2013	2,761	3.1	9,958	0.91
2014	2,892	4.8	10,131	1.74
2023	3,600	3.6	13,000	2.8

資料來源：經濟部統計處。

13. 統一超商持續第一名的關鍵成功因素

（1）**不斷創新、不斷改革**

例如：推出 CITY CAFE、CITY PRIMA、CITY TEA、珍珠奶茶、ibon、iseLect 自有品牌、餐廳座位區、鮮食便當、小火鍋、辣味關東煮、義大利麵食、小包裝蔬菜、小包裝水果等。

（2）**持續展店產生規模經濟效應**

目前全臺店數已突破 6,800 家，遙遙領先第二名全家便利商店的 4,200 家；由於總店數龐大，因此產生各種層面的規模經濟效益。

（3）**持續店內人員的高服務水準，以贏得好口碑**

（4）**廣告宣傳成功**

7-ELEVEN 擅長外在的廣告宣傳，總能形成話題行銷。

（5）**經常舉辦促銷活動及公仔贈品行銷活動，有效吸引買氣**

（6）發展自有品牌，以降低價格，迎合平價時代來臨

目前有 iseLect、7-ELEVEN、OPEN 小將等自有品牌系列產品銷售，占整體銷售收入約 10% 左右。

（7）7-ELEVEN 品牌形象優良及高回購率的品牌忠誠度

14. 統一超商自有品牌品項系列

（1）UNIDESIGN

① 光柔發熱衣。

② 輕肌著涼感衣。

③ 吸溼排汗衣。

④ 日用品系列。

（2）iseLect

① 洋芋片系列。

② 經典茶飲系列。

③ 隨手包零食。

④ 微波冷凍食品。

⑤ 即食元氣杯湯系列。

⑥ 暢銷零嘴系列。

⑦ 茶攤手搖風系列。

⑧ 風味小點系列。

⑨ iBEER 系列。

15. 7-ELEVEN 持續扎實五大元素基本功

統一超商營收獲利雙成長具有五大策略與基本功，分述如下。

（1）人

推動達人制，如達人級加盟主、咖啡達人、單品管理達人等。

（2）店

提高大型店比重，並增加特色門市。

（3）商品

聚集咖啡、鮮食、差異化商品開發，延伸 ibon 商品與服務。

（4）物流與系統

大智通樹木物流中心第三期啟用，提升後勤物流速度。

（5）制度與文化

增加社區活動，如受歡迎的小小店長活動，拉攏消費者。

16. 統一超商八大永續成長策略

（1）穩定的加盟秩序

① 複製單店自主與單品管理的經營能力，單店績效持續成長。

② 透過系統的優化及省力化設備的導入，提升門市作業效率。

③ 持續優化加盟制度，加盟主報酬及加盟占比逐年提升。

④ 因應勞動法令變革，協助加盟主招募人力，落實合法排班。

（2）安心、美味、便利的鮮食專門店

① 強化食安機制

透過契作、產地管理、食材溯源機制與系統、供應商管理與評鑑制度、物流中心及門市端查核、原物料及商品抽驗等做法，持續強化從產地到門市的全流程溯源機制。

②優化鮮食 infra

18℃與 4℃商品的轉換與整併：

A. 增加商品多樣化與美味度，並提升保存安全性。

B. 於門市導入雙溫櫃，提升空間效益。

C. 推動鮮食 DC 整併與雙溫共配模式。

③技術提升，商品升級

A. 引進日本素材，並與日本技術合作，提升商品的口感與價值感。

B. 單品精品化、結構齊全化。

C. 透過體驗行銷，強化與消費者的溝通。

（3）持續升級的 CITY 品牌

① 持續提升 CITY CAFE 品質

A. 2016 年 CITY CAFE 營收突破 110 億元，連續 12 年成長。

B. 透過咖啡豆、咖啡機持續升級、咖啡達人培訓、結合藝文元素及周邊商品開發，持續成長。

②持續開發新結構

A. 導入新品，打造新成長曲線。

B. 加速現萃茶導入，並透過精選在地好茶、容量升級、包裝升級，強化品牌識別度。

C. 流程優化，簡化門市作業。

（4）不同**體驗**的 7-ELEVEN 門市

① 展最適店格：大店占比達 71%；40 坪以上店型占比達 31%。

② 建構特色門市：Experiential（體驗性）、Entertaining（娛樂性）、Educational（教育性），運用多樣化材質、模組化方式，控制成本。

（5）**差異化的精選商品**

① 以自有品牌 iseLect 及 UNIDESIGN 推出食飲、用品，滿足消費者追求品味與自我風格的生活態度。

② 精選國際商品，讓消費者享受「免出國，即時購」的異國小奢華，並透過集團資源與國外廠商深度合作，搭配商圈特性，豐富商品差異化。

③ 獨家性、高價值商品的最佳合作平臺，讓 7-ELEVEN 門市更具有新鮮感。

（6）**全方位的數位服務平臺**

① Rewards（資訊流）

A. 2020 年 OPENPOiNT 會員數增加約 85%。

B. 成長動能：

　a. 點數價值的提升／會員數增加。

　b. 手機禮贈平臺的強化。

②Payment（資訊流）

A. 2020 年 icash 活卡數及聯名卡發卡量成長皆超過一倍。

B. icash 在 7-ELEVEN 門市消費占比持續增加。

C. 成長動能：icash 持卡數及支付金額持續提升／行動服務。

③Delivering and Pick-up（物流）

A. 2020 年交易筆數持續成長，其中 EC 到店取貨為成長主力，交易突破 1 億筆。

B. ibon App 提供貨態查詢服務。

C. 成長動能：

　a. 強化物流基礎建置，提升 EC 運能，加強作業處理效率。

　b. 擴大與其他平臺合作、服務項目增加。

④Multi-media Application（金流）

A. ibon/ibon App 交易筆數持續成長，突破 2 億筆，帶動佣金收入增加。列印、交貨便為成長主力。

B. 成長動能：行動運用的強化／服務項目增加。

（7）穩健經營及快速成長的轉投資事業

① 國內穩健經營轉投資

2023 年稅後淨利達億元規模以上的國內權益法 BU（利潤中心）共有 16 家，包括統一生活（康是美）、統一速達（宅急便）、博客來、統昶、大智通等。

②海外快速成長轉投資

A. 菲律賓 7-ELEVEN 店數已突破 3,000 店。

B. 上海 7-ELEVEN 門市端已達 BEP（損益平衡），將持續強化經營體質。

（8）幸福企業、共好社會、永續地球

PCSC（統一超商集團）的營運策略融合幸福企業、共好社會、永續地球的理念，透過對夥伴的重視、門市的開展、創新的商品與服務，對企業及社會產生正向循環。

① 幸福企業

重視加盟主與員工的福利，統一超商是帶給夥伴幸福的企業。

②共好社會

A. 建立嚴謹的食品安全防護網，近兩年來，每年投資食安相關金額約 1 億元。

B. 將食安、環安、勞安納入供應商評鑑項目，並進行實地檢視，以進一步管理供應鏈企業社會責任。

C. 統一超商為顧客便利、安心、歡樂的商圈生活中心。

③永續地球

A. 落實節能減碳，每平方公尺用電度數與電費下降。

B. 綠色採購金額持續增加。

17. 全家加速開「複合店」，業績增加

全家推出複合店型後，單店業績大幅提升，2020 年包含藥局型、有機超市、外食型業態複合型超商都將加速展店，目標未來總門市中 10% 為複

合型店。

全家 2015 年底與天和鮮物合開有機超市的複合店型後，單店業績提升超過 40%，日前又在有機一級商圈天母展出第二店，董事長葉榮廷表示，除了複合店型外，也陸續在部分門市引入冷凍櫃、麵包櫃銷售天和產品，約 10 家門市已有銷售天和產品，未來在營運模式穩定後，會在適合商圈尋找一定坪數地點，連續展出複合店。

全家的複合店型共有「全家 × 大樹藥局」、「全家 × 天和鮮物」和「全家 × 吉野家」三種業態，全家總經理薛東都表示，已規劃有機超市型複合店要展到 5 家店，並規劃在 100 店引入天和鮮物冷凍櫃，10 店引入天和的烘焙麵包。

（1）10 門市銷售天和產品

除了有機超市以外，薛東都說，與大樹藥局合作的藥局型門市，2020 年展至 10 店，與吉野家合作的外食型也要展到 5 家。但他表示，展出複合店型，不只是門市的坪數有很高的要求，商圈適合與否也非常重要，人員更需要培訓，因此很難將速度拉得太快。至於對未來複合店型的規模預期，薛東都則希望能夠達到 400 家規模，占比達到 10%。

（2）藥局型門市展至 10 店

對於與全家的合作，天和鮮物董事長劉天和表示，與全家的策略聯盟營運模式，原本就是要利用自身產品健康的優勢，配合全家廣大的通路，帶給消費者安心便利的服務，也希望讓大小家庭都能吃到安全的食材。

18. 超商再掀空間革命——一店一特色

國內超商求新求變，這幾年掀起「空間革命」，全臺超商門市紛紛從小店格改成大店格，座位、廁所幾乎成了標準配備，果然成功吸睛，業績大幅成長。如今標準化已經退流行，超商早已悄悄展開一店一特色的經營策略，二次「空間革命」點火，即將全面蔓延。

統一超董事長羅智先曾對外指出，全臺 7-ELEVEN 都一樣，多開一家 7-ELEVEN 對消費者而言，沒有太大感覺，未來希望跳脫既有模式，讓大家有不同的感受跟感覺，也許有一天消費者會說：「7-ELEVEN 變漂亮了喔！」

7-ELEVEN 自 2008 年就展開大店格（30 坪以上）的改裝工程，至今已有七成門市設有座位及廁所，方便消費者使用，成了名副其實的「好鄰居」。由於門市的改變，商品結構跟著調整，加重鮮食比重，成功吸引上班族、

小資女到店用餐，7-ELEVEN 也成為全臺最大的連鎖速食餐飲通路。全家、萊爾富、OK 也全面大動作進行改裝，全臺幾乎五成以上超商門市都設有座位。

不過，大店格局已成標配，超商漸漸玩起空間設計，加入更多美學養分，一店一特色成了市場話題。統一超表示，今年將聚焦在四大重點標的：在地化物色、大廳外空間、藝術家創作展示平臺、自建特色屋。而在 2016 年新開店中，有超過 30% 為特色門市，年底全臺特色門市突破 300 家。

統一超表示，特色門市結合當地人文風情元素，跳脫制式化的 7-ELEVEN，不僅深受當地居民喜愛，許多家特色門市更成為觀光景點，每到假日人山人海。尤其以 OPEN 小將為主題設計的 OPEN STORE 門市現在已達 17 間，總能吸引粉絲到店消費。

此外，在全臺有 900 間門市的 OK 超商，其中約有四成為新型態門市，OK 超商表示，新型態門市不僅有座設，更以「世界餐飲專賣店」及「文藝咖啡廳」為概念，提供各式鮮食及飲料，讓消費者有如進到咖啡廳般舒適；同時因應門市所在區域調整裝潢，給民眾耳目一新的感受。

OK 表示，新型態及特色門市因其舒適的氛圍及感受，自推出後即深獲民眾青睞，同時帶動業績成長兩成，未來將會持續打造。

萊爾富也表示，依門市立地，將當地文化特色做設計元素融入，這樣的特色門市約 20 幾家，其業績也比一般門市來得好。

19. 統一超商董事長羅智先經營 7-11 的觀點

統一超商董事長羅智先在 2023 年 5 月 30 日舉辦的統一超商股東大會上，有以下的經營觀點，茲說明如下：

（1）去年／今年經營績效好

2022 年度及 2023 年上半年，統一超商的營收及獲利營運成果，都比過去二、三年更好、更成長，算是滿安心的，節奏掌握得還不錯。

（2）如何吸引顧客多來消費

做 7-11，一定要思考消費者進入門市店後，如何讓他們能多花點錢，那就要有理由及條件。

（3）單店日均銷售額提升

PSD sale（per store per day sale，單店每日平均銷售額）尤其重要，一

定要提升消費者有理由做更多的消費，分析消費數據，幫助就很大。如何讓消費者更能滿足需求，都是團隊在思考的事情。

〈附註〉本書作者提出如何增強顧客到統一超商的消費金額及消費頻次，有如下 10 點吸引來客的做法誘因。

① **促銷誘因**
顧客因為各種節慶做促銷折扣、優惠、好處、省錢而到 7-ELEVEN。

② **新產品誘因**
有新產品推出吸引人，或是既有產品好吃、好喝、好用、好看而一再回購。

③ **服務誘因**
店長及店員服務態度良好，有好印象而再回購。

④ **熟悉誘因**
家住附近，熟悉此店、此店員而會固定回購。

⑤ **就近、方便誘因**
因距住家最近，方便就好、近就好而常回購。

⑥ **廣告誘因**
之前看到電視及網路的 7-ELEVEN 廣告而來。

⑦ **口碑誘因**
各大社群媒體、行動媒體、網路論壇對 7-ELEVEN 的某些產品有好評。

⑧ **價格誘因**
雖通膨漲價，但 7-ELEVEN 沒漲價，價格比別人低，故來買。

⑨ **紅利集點誘因**
OPENPOiNT 有紅利集點的好處，故過來買與集點。

⑩ **集點送公仔誘因**
7-ELEVEN 每年一次集點送公仔活動，為求拿到可愛公仔而經常來買。

（4）對景氣看法
沒辦法預料下半年景氣變化如何，去年底看今年上半年的景氣狀況，沒有一樣準的，只能好好過好每一天。

（5）對 7-11 漲價看法
對通膨漲價看法，如果以原物料價格當標準，會一直漲不完，但對組織解決問題沒有幫助，透過各種方法努力降低成本，會比直接漲價好。

20. 全家超商：面對三大挑戰與三大因應策略
（1）全家超商董事長葉榮廷表示，目前超商產業面臨三大挑戰，即：
① 高齡人口。
② 大缺工。

③ 強競爭。

此即「高、大、強」的三大挑戰。而全家將以三大策略來因應,即:

① 鮮食。

② 會員。

③ 智能化。

(2) 全家超商在「會員」經營上要更加努力,提升會員的「黏著度」。

(3) 在大缺工時代,則以智能化因應,利用新的科技協助面對挑戰。

(4) 全家超商全臺約有 100 家門市沒有 24 小時營運,主要原因並非缺工,而是門市地點屬於封閉商圈。他認為,門市經營可以思考人力投入及產出效益,去調整營業時段,可以彈性處理。

(5) 葉董事長表示,在 2020 ～ 2022 年疫情期間出現營收衰退,主要靠著鮮食(便當、三明治、飯糰、麵食、關東煮、冷凍食品)的快速成長,才讓損益表不太難看。2023 年鮮食類營收已突破 30% 占比,成為超商業的第一重要品類;未來全家仍要投入 100 億元布局鮮食工廠及物流設備。

(6) 葉董事長表示,超商的主要競爭力,仍來自「便利」,不論時時間、距離與購買,都強調便利與方便。除此之外,現在超商比的是「差異化」,包括代收服務差異化、品項差異化、門市店裝潢差異化等。

(7) 此外,超商過去在電商(網購)運作上不夠努力,今後將加強「線下 + 線上」的全通路行銷,以期更方便消費者。

21. 統一超商:率先投入 ESG 永續經營的模範生

(1) 獲得國際 ESG 公信力評比得獎

國際 ESG 最具公信力評比的道瓊永續指數(Dow Jones Sustainability Index, DJSI),2022 年評比出爐,統一超商在全球 62 家食品零售業者中,脫穎而出,在 8 個永續面向拿下產業第一。

此顯示統一超商長期以來,在① 源頭管理;② 材質替換;③ 鼓勵自帶;④ 回收利用等四大方向深耕減塑,因此獲得國際級永續經營評比肯定。

(2) 成立「永續發展委員會」,推動 ESG

統一超商早在 2020 年,即在董事會下,設立「永續(ESG)發展委員會」,跨單位成立:

① 減塑小組。

② 減碳小組。

③ 惜食小組。

④ 永續採購小組。

在以下項目共同推動各項永續專案：

A. 環境（E; Enviroment）。

B. 社會（S; Social）。

C. 公司治理（G; Governance）。

三大永續面向展向營運線實力。

（3）2022 年是統一超商「永續行動年」

統一超商訂定自 2022 年開始，是統一超商貫徹「ESG 永續行動年」的開始。包括：

① 減塑品項大幅增加；包括：涼麵、燴飯、飯糰、三明治、輕食便當等減塑品項提升二倍。

② 以「天素地蔬」素食品牌，推廣低碳飲食。

③ 以「i 珍食」專案，減少食材浪費。

④ 推動自帶環保杯，可折 5 元活動，減少塑杯使用。

⑤ 設立臨櫃還杯服務系統，以回收塑杯。

⑥ 推動「AI 鮮食訂購系統」，協助降低鮮食便當的廢棄數量。

22. 統一超商：發布永續發展路徑，率先零售業承諾 2050 年零碳排

為響應 2023 年 9 月 16 日聯合國國際臭氧層保護日，統一超商率零售業之先，承諾 2050 年淨零碳排目標，不僅響應《巴黎協定》升溫不超過 1.5℃全球氣候策略，更領先同業積極回應金管會「上市櫃公司永續發展路徑」，承諾完成 7-11 超商本業營運內溫室氣體盤查範疇一與範疇二，實踐 2050 年淨零目標。

相關資訊均已主動揭露於統一超商永續官方網站與《2023 年永續報告書》內。

ⓐ（二）百貨公司（department store）

百貨公司產值規模在國內零售百貨行業中，始終位居第一位，目前每年百貨公司所創造的年產值已超過 4,000 億元，領先超商、量販店及超市行業。

1.意義

百貨公司是指以專櫃銷售產品為主的一種現代化賣場，並且至少有五個層樓的賣場，每個樓層有不同的產品銷售。

2.主要營運者

百貨公司的主要營運者，包括：

（1）連鎖百貨公司

排名	名稱	店數	年營業額
1	新光三越	19 店	880 億
2	遠東 SOGO	12 店	470 億
3	遠東百貨	9 店	550 億
4	微風百貨	7 店	300 億

（2）單一百貨公司

包括：漢神百貨、統一時代百貨、京站百貨、明曜百貨、誠品生活、高島屋百貨等。

3.特色

（1）以專櫃賣場進駐為主。

（2）具有高級裝潢。

（3）坪數空間大。

4.前三大營收品類

（1）餐飲營收額最大。

（2）化妝保養品次之。

（3）精品為第三。

5.收入來源

（1）百貨公司收入來源，主要向各進駐專櫃收取抽成收入，一般在 30% 左右。例如：假設資生堂專櫃一年營收額為 10 億元，則抽取三成，即 3 億為百貨公司收入。

（2）除純抽成外，另外也有百貨公司採取「包底＋抽成」的混合方法。此即百貨公司跟廠商約定某一個月營收額，按此金額乘上一定比例，作為百貨公司收入，但不管實際營收額是多少，此即包底之意。

（3）此外，專櫃廠商每年尚須繳交一定額度的管理費、行銷贊助費等給百貨公司。

（4）由於百貨公司的通路成本頗高，因此，在百貨公司銷售的產品，價位都比較高一些，很少有號稱平價的百貨公司。

6.獲利率

百貨公司不是一個暴利的行業，經營得也很辛苦，它一般的獲利率大致在 3～6% 之間，也是一般零售行業的水平而已。例如：新光三越年營收額為 880 億 ×5% 獲利率＝44 億獲利額。

7.收入集中在三大節慶

百貨公司最大收入來源，集中在三大節慶促銷活動期間，包括：

（1）週年慶（10～11 月）。

（2）母親節（5 月）。

（3）春節（1 月）。

這三大節慶的收入，占了全年 50% 的收入，因此，是非常重要的活動日期。其中，又以週年慶更是重要，占約 30% 收入來源比重，是關鍵檔期。

8.臺北信義區是最激烈的百貨公司戰場

臺北市信義區內，計有：新光三越、微風、遠東百貨、統一時代、ATT 4 fun 及 101 精品百貨等七家百貨公司及十一個館，可以說是全臺競爭最激烈的百貨公司戰區。若再加上 2023 年底開始營運的 SOGO 百貨大巨蛋館，則競爭將更加激烈。

9.主要異業競爭對手

除了百貨公司同業競爭對手外，百貨公司尚有一些異業的強力競爭對手，包括：

（1）電子商務業者（網購業者，主力為 momo）。

（2）快時尚業者（如：優衣庫、ZARA、GU）。

（3）Outlet 業者（如：三井 Outlet、禮客、華泰 Outlet 等）。

（4）大型購物中心業者（如：三井 LaLaport）。

10. 未來發展與趨勢

（1）加速引入餐飲類別。

（2）多舉辦藝文、展覽活動，以吸引人潮。

（3）投入智慧零售裝置。

（4）做出差異化及特色。

（5）定位在生活平臺（living center），而非購物平臺。

（6）加速改裝，引進新品牌專櫃。

（7）加速升級裝潢到最高等級。

（8）鞏固自己的既有會員回購率。

11. 面對的挑戰問題

（1）電商強力瓜分市場。

（2）年輕族群、客層的流失。

（3）百貨公司營收成長已遇到瓶頸，成長不易。

（4）美國、日本、中國的百貨公司受到衝擊更大，關店的不少；臺灣百貨公司行業算是比較好的，還能平安存活。

12. 每年產值規模

全臺百貨公司的年總產值大約在 3,600 億元左右，超過便利商店。

13. 主要百貨公司概況

目前，國內幾家百貨公司的狀況如下：

排名	百貨公司	2023 年營業額	備註
1	新光三越	880 億	有 19 家大店
2	遠東 SOGO 百貨	470 億	有 8 家大店
3	遠東百貨（含大遠百）	550 億	有 11 家大店
4	微風百貨	300 億	有 7 家店
5	臺北 101 精品百貨	120 億	單店
6	統一時代百貨（臺北）	100 億	雙店
7	京站百貨（臺北）	80 億	雙店
8	高雄漢神百貨（高雄）	100 億	雙店

14. 臺灣百貨公司行業 2023 年總營收額突破 4,000 億元，持續保持 3～4% 成長率

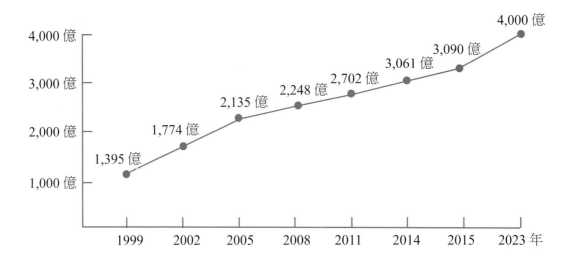

15. 臺灣百貨公司行業近年來持續保持良好穩定成長率的四大原因

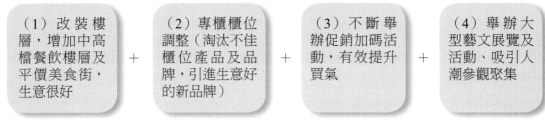

16. 近年來百貨公司改變，改革方向，持續成長

近年來，百貨公司受到電子商務及國外服飾連鎖店來臺的衝擊影響，全世界的百貨公司業種都呈現緩慢成長趨勢，甚至衰退的負面現象。唯有臺灣百貨公司仍能保持不錯的成長趨勢，主要有以下幾點改革創新：

（1）**大量引入餐飲店，大力提高業績**

由於國內外食人口非常多，國人又愛吃，因此，百貨公司地下樓層及高樓層都成了平價美食街及中高檔餐飲專門樓層。結果也很好，吸引了大量人潮，讓百貨公司起死回生。目前，餐飲業績已經進入百貨公司前三大業種。包括：化妝保養品、精品及餐飲，是百貨公司三大業績來源。

（2）**持續改裝**

百貨公司基於每個層樓的效益考量，已經把效益低的專櫃撤掉，而換成

可以創造業績的專櫃。

（3）大量舉辦藝文活動，吸引客群來逛百貨公司

百貨公司每年都舉辦至少 50 場以上大型展覽活動、藝文活動、休閒活動、特展活動等，確實吸引了更多人群到百貨公司，也間接帶動消費。

（4）大量舉辦促銷活動，拉抬業績

百貨公司了解促銷活動的重要性，尤其，每年年底的週年慶，占全年總業績近 1/3，非常重要。因此，年終慶、年中慶、母親節、父親節、春節、情人節、中秋節、耶誕節、端午節等，都是重要的促銷節慶時機點。

17. 百貨公司的抽成收入來源

百貨公司的商品及專櫃大部分都不是自己的（非自營），都是外面廠商來承租的。因此，百貨公司的每月收入來源，即是：

（1）按各專櫃每月營業額抽取 30% 的費用。例如：SK-II 專櫃某月在某百貨公司營收額為 1 億元，則抽成 30%，即要 3,000 萬收入，這叫抽成法。

（2）另外一種更加嚴格的是「包底 + 抽成法」。此即百貨公司先與此專櫃約定每個月營收額，並按固定比例抽成，若未達成此營收額，仍照此約定金額抽成。

18. 百貨公司的毛利率及淨利率

百貨公司的財務指標，大致為：

（1）毛利率：30 ～ 35%。

（2）淨利率：3 ～ 6%。

例如：新光三越百貨公司年營收額約 880 億，乘上 5% 淨利率，每年獲利約在 44 億左右。百貨公司行業的獲利率，如同其他零售行業也不高，大致在 3 ～ 6% 之間，但其營收額較大，故整體仍有利潤。

19. 微風百貨黑馬躍起，2024 年挑戰年營收 300 億

看好微風信義於 2015 年年底開幕效益，微風廣場總經理岡一郎表示，在積極展店效應下，2016 年營收由 2015 年的 170 億元大幅成長至 240 億元，並在 2024 年挑戰 300 億元大關，拉近與龍頭新光三越、遠百及 SOGO 的距離。

目前店數包括：微風廣場、微風臺北車站、微風南京、微風臺大醫院、微風松高、微風三總、微風信義共 7 店。

20. 遠東 SOGO 及遠東百貨，餐飲業績占比，高達近 40%

百貨業近三年來一窩蜂引進大型餐飲店，也使得餐飲規模愈擴愈大、業績占比亦提升 30 ～ 40%。遠東 SOGO 百貨敦化館全面大改裝，光是 6 ～ 7 樓引進漢來海港餐廳、維多利亞牛排等，即挹注餐飲規模大幅提升。

板橋大遠百繼鼎泰豐之後，再引進添好運 100 坪大店，預計年營業額 1 億元，可挹注全年餐飲業績成長 7 ～ 8%。遠百營運長林彰豐強調，遠百全臺 11 店中，臺中、板橋大遠百的餐飲（含超市）營業面積均為 25%，業績占比約 20%，板大在添好運進駐後，可望再提高餐飲營業規模往上約 26% 左右，可居全臺遠百之冠。

遠東 SOGO 百貨在敦化館改裝之後，餐飲營業規模翻倍增加，餐飲營業占比更高達三成，居全臺 SOGO 百貨之冠，原本 SOGO 復興店業績占比為 20%，也希望藉由改裝而再創營業佳績。

SOGO 強調，敦化館餐飲大店包括漢來海港餐廳、UCC 精品研磨咖啡旗艦店，以及早午餐女王店 Sarabeth's 等，可望帶動餐飲業績大幅成長。

21. 遠東 SOGO 百貨，全臺大改裝——除了傾聽，更要讓客人一走進，就發出「哇」的讚嘆聲！

（1）提供差異化與美好購物體驗

百貨零售業與人息息相關，人會隨著時代而改變，百貨因時而動，也是應運而生的新思維。個人化時代，也是消費者主權崛起的時代，百貨要爭取消費者，是否能提供超乎消費者預期且舒適、愉悅、新奇的購物環境，成為脫穎而出的關鍵。遠東（原太平洋）SOGO 百貨傲立三十多年（1986 ～），它不緬懷過去擁有的黃金歲月，而在全臺大舉改裝，提供差異化與美好購物體驗，東區百貨之王已開始出招搶客。

（2）獨門服務，留住消費者

這幾年百貨、購物中心、Outlet 逐年興起，加上電子商務、手機購物鋪天蓋地襲來，零售業正興起一場革命，進入虛實結合的全通路時代。網路資訊透明、消費者 24 小時皆可購物、購物通路選擇多元，都讓百貨面臨「客人跑到哪去」的隱憂，百貨能否具備獨特的吸引力，把客人找

回來、留住消費者，成為首要當務之急。

遠東 SOGO 百貨董事長黃晴雯表示，SOGO 是許多臺灣四、五年級生童年的回憶，在特別的日子或與家人、重要的友人一起逛 SOGO 留下美好回憶，但隨著網路購物的便利性發展，身為實體通路不能活在「緬懷過去」的美好年代，應該主動打造更為舒適、時尚的購物空間，讓客戶願意走進實體通路，感受優質的服務與消費經驗。

（3）人心出發，做到客製化

SOGO 向來以服務力為傲，也是多年來讓老主顧持續支持、習慣到 SOGO 消費的關鍵。黃晴雯指出，三十多年來，SOGO 除了傾聽客戶聲音，更要與時俱進，讓客戶走進 SOGO 的一剎那，發出「哇」的讚嘆聲，這樣的改裝才是打動人心的關鍵。以敦化館大改裝為例，從「東區珠寶盒」的概念規劃出發，強化商品力、擴大營業面積、增加餐飲服務等，打造「東區新地標」藍圖，不但讓臺北城市更美麗，也讓消費者來 SOGO 繼續訴說生活故事，畢竟，一個城市要靠故事才會偉大，SOGO 樂意成為城市故事的幸福平臺。

SOGO 總經理汪郭鼎松表示，集團董事長徐旭東認為，SOGO 要堅持走日本精緻服務的路線。百貨服務人，改裝最重要的也是「人」，不論科技、數位化如何進展，百貨最終還是要回到以人、以心為出發。像是復興館為了提供 VIP Lounge 一個舒適的視野，就在外面蓋了間日式庭園，將購物的內外情境做到極致。在數位時代，只有百貨公司有本事做到一對一、深度的客製化服務，讓消費者產生信任、享受購物的愉悅。

（4）拉攏年輕人

百貨消費力最強的大約是 50 歲的主顧客，百貨目前流失最主要的年齡層則是剛畢業踏入社會、單身或剛組成家庭的 30 歲世代。為了吸引年輕人，SOGO 也做了許多調整，忠孝館 6 樓變身得更時尚、年輕化；在 7 樓設置手機充電器，讓手機不離身的年輕人購物更便利；12 樓的誠品書店加入更多設計配件、文具，不只賣書，也賣生活品味。復興館 5 樓流行女裝調整原有的少女路線，加入更多生活風格配件。高雄店進行 6 個樓面改裝，強化休閒運動業種，將運動樓層打造如運動公園，空間更開闊舒適。新竹巨城擴大 1 樓女鞋，是全新竹百貨最齊全的女鞋區。

22. 百貨公司 VIP 貴賓服務大升級——搶攻金字塔頂端顧客

面對全球奢侈品電商交易額愈來愈高、Outlet 來臺開店加碼，動搖百貨業中高單價消費族群，各家百貨業爭相為鞏固會員、貴賓忠誠度，改裝或增設 VIP 貴賓室。像是遠東 SOGO 忠孝店原來與復興共用貴賓室，改而增設忠孝 VIP 貴賓室，而新光三越貴賓卡已逾 350 萬張，信義等 4 個店獨立運作貴賓室，就是期以二成貴賓衝出八成業績貢獻。

事實上，從 2016 年第四季起，新光三越、遠東 SOGO、遠百等三大連鎖百貨即發現，高單價珠寶的千萬元客單已不復見，多數分散為百萬元的消費主力，為了讓貴客在館內購物「附加價值」與貴賓禮遇更高，會員卡普級與尊榮級也分得更清楚。新光三越在信義區有 4 家店（A4、A8、A9、A11），自 2016 元月起全部獨立，4 店店長與貴賓服務也大不同，就是為了做好主顧客的生意。

遠東 SOGO 百貨的會員卡，主要以遠東集團旗下鼎鼎行銷所統籌的 HAPPYGO 卡為主，一向是零售業發行量最大的。但相關大數據恐怕還要自己掌控，SOGO 陸續攜手 Edenred 宜睿智慧跨入電子禮券市場，逐步將 SOGO 禮券電子化等，依然撼動不了日益龐大的電商交易。

遠百包括板橋大遠百、臺中大遠百，近三年業績年增幅均有兩位數，主要是貴賓會員鞏固得宜。以板橋大遠百來說，年消費力百萬元的貴客，從春裝上市到週年慶，都為貴賓們專設預約提前鑑賞派對，光是預購就可穩住八成業績。

23. 百貨公司推獨家品牌櫃位，吸引人潮，成為賣場焦點

各百貨獨家櫃位				
百貨	統一時代百貨	微風南京	三井 Outlet	臺北 101
全臺獨家櫃位	• 日本神戶唯美時尚系飾品「JewCas」 • 日系少女服飾「titty&Co.」 • 西班牙的設計飾品「Silent Hello」	• 法國咖啡老字號「MAISON KAYSER PARIS」 • 法式創作時髦甜點「L'appart」 • 漢堡排名店「橫濱物語」	• 美國前總統歐巴馬也食指大動的「KUA`AINA」 • 日本豚骨拉麵冠軍「博多長濱拉麵田中商店」	• 號稱地表最美味的爆米花「Garrett Popcorn」

資料來源：各百貨業者。

（1）獨家櫃位成為百貨吸客的必備武器，更名後的統一時代百貨，引進三間全臺獨家櫃位，果然吸引人潮湧進，來客量激增一倍，突破 10 萬人。其他如三井 Outlet 來自夏威夷的人氣餐廳「KUA `AINA」，微風南京的「MAISON KAYSER PARIS」烘焙坊，都成為專賣焦點。

從新一季開出的新賣場觀察，既有熱門專櫃只是基本品，全臺獨家櫃位才是維持人潮不間斷的保證。

（2）以 2016 年 1 月開幕的三井 Outlet 觀察，來自夏威夷的人氣餐廳「KUA `AINA」，不僅在夏威夷有「最好吃的漢堡」之美稱，連美國前總統歐巴馬也喜愛，開業至今，每天排隊人潮從早到晚沒斷過。

（3）統一時代百貨更名引進三間全臺獨家櫃位，包括日本神戶唯美時尚系飾品 JewCas、日系少女服飾 titty&Co. 以及來自西班牙的設計飾品 Silent Hello 等，滿足喜歡追求時尚設計的年輕客層；以及 2015 年在阪急設臨時櫃，一舉創下特賣會場 13 天銷售 4,000 頂、日賣最多超過 500 頂帽子的 Money Hat 也正式進駐。

24. 微風百貨信義店：六成都是獨家專櫃

微風信義 2015 年 11 月 5 日開幕，微風少東廖鎮漢首度以集團董事長身分強調，斥資 17 億元打造的地下樓至 4 樓總計引進 106 個櫃位，有六成是信義商圈獨家，其中包括臺灣首發 DIOR HOMME 等男裝時尚、Baby MADISON 集結 FENDI 等精品童裝，以及美式生活居家 Crate&Barrel、香港演藝界大哥曾志偉欽點港點名店「點點心」等；其中，「點點心」更位於捷運連通口，正面迎戰統一時代的「添好運」，商戰一觸即發！

廖鎮漢指出，微風信義等在堅持「獨家、最新、最大」前提下，招商過程頗曲折，原定頂級腕錶與珠寶、快時尚等大店均成過往，在國泰置地裙樓 1 樓，從入門就可看到微風行銷總監廖曉喬打造的超大型水晶燈，1 樓四大門面精品店除了 LV、DIOR HOMME 配合春夏裝上市而延後開店，BV、Tiffany 等均如期上場。

廖鎮漢強調，所有櫃位精品占五成、餐飲 25% 為兩大主力；其中全臺獨家品牌有三成，信義獨家有六成，其中 1 樓包括 GIVENCHY 女裝、三宅一生 BAOBAO 包專賣店、FENDI 與 DIOR 男裝等，均為全臺獨家；2 樓專

為女性設計專區，則涵蓋為老婆孫芸芸引進的內衣愛牌 Agent Provocateur、3.1 Phillip Lim、義大利時尚部落客同名潮牌 Chiara Ferragni（經典眨眼鞋），以及 3 樓 COVA 巧克力、集結 FENDI 等五大精品童裝的 Baby MADISON 等也是全臺獨家。

25. SOGO 百貨，共榮臺北忠孝復興商圈

SOGO 忠孝復興商圈黃金三店發展概況		
SOGO TAIPEI 1.0	SOGO TAIPEI 2.0	SOGO TAIPEI 3.0
代表意義： 忠孝館首度與外資合作日系百貨 2023 年業績目標： 150 億	代表意義： 敦化館首家精品百貨 2023 年業績： 20 億	代表意義： 復興館首家捷運共構百貨 2023 年業績： 200 億
SOGO TAIPEI 4.0	三店合體全面數位化、行動化，2023 年業績目標 300 億	

SOGO 臺北 4.0 三大館轉型特色	
館別	轉型特色
忠孝館	• 深耕三十年來的 VIP 及主顧客群 • 透過品牌調整、提升服務及賣場氛圍改善，滿足全方面購物需求
復興館	• 持續透過品牌升級，一線精品到位、餐飲特色，專門主題大店，成為同步國際接軌的臺灣百貨代表
敦化館	• 以東區珠寶盒概念大規模變身，提供精品生活概念的商品與服務 • 透過時尚精品名品改裝、話題餐飲一一進駐，打造一日生活圈

資料來源：SOGO 百貨。

26. 百貨公司：四大招，週年慶搶客

〈招數一〉專屬優惠，綁住主力會員

不論實體、網路，消費者到處都可以購物，忠誠度已不如以往。百貨爭取消費者，除了開發新客源拉攏成為百貨主顧客，另一頭則透過優化購物環境、專屬優惠，和消費者建立粉絲關係鞏固好主顧客。以「人」為核心的出發點，善加利用行動載具智慧化，讓購物也智能化，打造更個人化的服務，提供更便利、更有效率的購物環境。

　　百貨零售業的本質就是強調商品力與服務力，2016 年新光三越提升週年慶購物品質與便利性，讓消費者兌換禮券享有「快速通關」，透過貴賓卡或綁定新光三越 App 的行動貴賓卡，即可直接累計、兌換滿千送百金額，消費者省去跑一趟人擠人的禮券兌換處，讓購物更方便、省時。以第一波開打的百貨來看，帶動貴賓卡新辦卡數量呈現倍數成長，南西店換出的滿千送百禮券總額，已有 25% 使用貴賓卡兌換。

　　百貨積極建構屬於自己的會員資料庫，新光三越則以衝刺貴賓卡為大方向，進而推出貴賓卡專屬優惠，週年慶貴賓卡獨享名品、大家電滿萬送千，一舉拉動週年慶高客單商品買氣，信義新天地週年慶也將針對貴賓卡友，推出特價再享貴賓價商品。讓消費者了解成為貴賓會員的好處後，櫃上都有貴賓卡申請表格，加上增設的貴賓卡申辦處，3 分鐘即可申辦會員，誘因與便利性都充足。

　　微風廣場全新的微風積點會員也趁週年慶上線，透過下載手機 App 打造行動會員卡，提供消費累積會員點數與購物折抵，會員可搶先收到折扣優惠與活動內容，精品優先鑑賞或專屬服務，一個多月來申辦數超過 2 萬名。

　　遠東 SOGO 百貨為滿足更多 VIP 需求與購物品質，擴大復興館 VIP Lounge 空間，座位數增加一倍，提升季節飲品、按摩椅、iPad 以及專屬更衣間、修容室讓 VIP 使用。臺北 101 購物中心針對尊榮會員推出「私人陪購服務」，精通時尚品牌的精品顧問可依 VIP 出席活動的造型需求提供諮詢，並陪同一起購物，一般貴賓每筆消費達 25 萬元亦可預約。

〈招數二〉趨勢商品，強調個人特色

　　千禧世代（1980 ～ 2000 年出生的世代）生長自數位社群時代，勇於嘗鮮也熱衷分享，想要吸引他們的注意力，不能讓他們在龐大的商品資訊尋找，百貨要為他們分類、篩選、找出趨勢，把合適的商品送到個人面前，讓他們認同並選擇。

　　百貨過去 DM 大多以業種分類，大同小異的商品不易引起購物欲。百貨在議題的策動、DM 的推薦更下了工夫。週年慶的商品力，除了要動員廠商，百貨更要動腦想議題，像是觀察到日圓貶值、國人瘋日本旅遊，以及陸客來臺大量採購的現象，新光三越推出「東京同步價」、「團購一手價」商品與科技家電議題，帶動膠原蛋白吹風機首日即賣到缺貨、電子鍋一天賣百個、保溫瓶一天賣千支，吸塵器可日賣百臺。

　　信義新天地週年慶 DM 有如趨勢懶人包，讓消費者輕鬆瞄準需求，在單身族、小家庭變多的個人經濟時代，推出小空間適用的家電；颱風停水導致家庭用水混濁，推出濾水器專區。看好時尚聯名趨勢與快閃店熱潮，一整頁 DM 整理好聯名商品與週年慶期間推出的快閃店資訊，讓粉絲朝聖。

　　主打年輕世代的微風松高店，週年慶鎖定年輕人最愛的時尚潮牌祭優惠，以「有感」促銷創造需求。像是 H&M 同慶滿 2,000 送 200 的 H&M 購物金，全智賢代言的 rouge&lounge 包款推出 5 折優惠價，PANDORA 折扣 8 折起，購買 6 件 1 件免費，適用姊妹淘團購，EdHardy 全面 8 折、agnès b. 秋冬新裝 6 折，朋友逛街聚會最愛的餐飲，刷微風聯名卡全面 85 折優惠。

〈招數三〉美食新亮點，吸引潛在客群

　　日本展一向是百貨集客力、吸金力最強的商品展，2016 年新光三越週年慶將日本展擴大巡迴北中南，臺北南西店隨著週年慶同步展開，規模歷年最大，集客策略奏效，不僅吸引購物人潮往高樓層走，上樓兌換贈品的消費者也容易被吸引前往，一天吸引 5 萬來客，南西店日本展檔期進帳 2,000 萬，業績翻倍成長。

　　SOGO 忠孝館最賣座的和風展，首度以京都展為主題，獲得京都府協力舉辦，並號召京都百年名店來臺，國人免飛京都，就可在百貨買到京都名物與風味商品，開展以來，會場天天人潮爆滿，人氣有如週年慶般熱絡，人潮與業績暴增二成。

　　以美國知名漫畫「花生漫畫 PEANUTS」（史努比）旗下人物為主角的 Charlie Brown Cafe，百貨首店坐落於新竹大遠百 7 樓，新竹店以美式運動風格為主題，將原區分時段的供餐，調整為全時段供餐型態，開幕期間正值週年慶，成為館內最吸睛、高人氣的餐廳。新光三越信義 A8 館 4 樓的麵包超人專門店，開幕 20 天就創造近 500 萬業績。

〈招數四〉免費經濟，卡友禮衝買氣

　　百貨提供可愛、精緻的卡友禮，透過免費商品操作的「免費經濟」，是週年慶一大吸客利器，消費者為了得到免費贈品，所產生的消費行為或誘發更多消費，可創造更多商機，如何創造讓消費者難以抵擋的魅力贈品，是百貨刺激消費的重要課題。

　　SOGO 卡友禮向來走浪漫夢幻路線，與日本知名攝影師蜷川實花合作推出聯名卡友禮，SOGO 表示，不論是授權費、卡友禮印刷與材質，都是下重

本,就為了一年一度的週年慶感謝客人。

新光三越卡友禮以大人小孩都愛的 LINE 遊戲 Disney TSUMTSUM 為主角,以旅行為主題推出毛毯、雨傘、隨身杯、手提袋、行李箱等 38 款系列贈品。豐富的卡通人物角色,各店各擁獨家圖騰,滿足消費者的收藏欲。

遠東百貨卡友禮與香港人氣插畫品牌雲朵家庭合作,藍、白、紅鮮明的配色,加上造型充滿療癒感的白雲先生、彩虹妹妹、小雨點、熊、小雞仔等人物,充滿溫暖氣息。

27. 百貨公司年度行銷活動行事曆

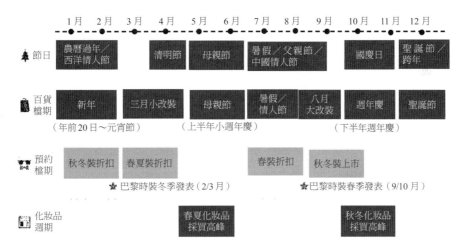

28. 新光三越門面大革命

新光三越執行副總吳昕陽發動「revolution(革命)」計畫,以臺北信義新天地 A11 館為首發店,打破百貨 1 樓以化妝品、精品為主,迎請「四神」助陣,包括電動「車神」特斯拉、英國「廚神」奧立佛、義大利「花神」咖啡、日本「豚神」Maisen 豬排,要顛覆過往百貨經營型態。

2016 年因華泰 Outlet、三井 Outlet 及大魯閣高雄草衙道等新商場助陣,國內前八月百貨零售業績成長 4%,但傳統三大百貨表現趨緩,新光三越前八月營收僅年增 1%,為力求年目標業績 800 億元達陣,決定引進「新渦輪」催出馬力。

吳昕陽說:「新光三越正在做一些別人不敢做的事情。」繼之前引進劇場,再向「百貨門面」A11 館 1 樓動刀,移走業績貢獻力最強的精品、化妝品,改為哈雷、蘋果專賣店 iStore、NESPRESSO 咖啡、TESLA 電動車等時

下潮流的品牌當新門面；未來還將陸續在全臺各館進行。

　　SOGO 百貨復興館為了高調衝精品買氣，請出香奈兒、愛馬仕、LV、卡地亞等國際頂級精品四大天王；新光三越反璞歸真，鎖定年輕人最具話題的品牌入館。

新光三越門面大革命	
信義 A11	信義 A8
導入項目	
• 電動「車神」特斯拉 • 英國「廚神」奧立佛 • 義大利「花神」咖啡 • 日本「豚神」Maisen 豬排	開設 2 樓空橋開放櫃位，引進日本 nana's green tea、南韓吉拿棒
目標效益	
• 首家特斯拉門市，引爆話題帶動人潮 • 超人氣帥廚掌鍋，吸引迷姊迷妹點餐 • 三百年咖啡史，掀東區精品咖啡風 • 豬排界上乘之作，具集客效益	匯集市政府站到臺北 101 站，兩站之間的流動人潮，能駐足停留在新光三越，增加來客數

資料來源：新光三越。

29. 百貨公司：四大創新生存法則

（1）五感體驗，跟生活結合

面對電子商務的虎視眈眈，實體百貨絕對不是待宰羔羊。不像線上購物看著螢幕指令下單，實體店購物體驗是有生命力的，實體百貨最大的優勢，就是電子商務做不到的「真實體驗」。消費者可以在百貨專賣店親自感受布料的觸感、剪裁，擁有專業人員的說明與建議，與享有售後服務的保障。不只是滿足購物需求，現代百貨更是生活風格的提案者與體驗平臺。新光三越是百貨體驗經濟的佼佼者，美麗超市有如歐洲市集的開放性、主打食材裸賣，消費者購物可感受到色、聲、味、觸等五感體驗，消費者逛市集之餘，還能愜意的喝杯咖啡，周邊熟食區隨時可以坐下來享受美食。另常態性與藝術家、設計者合作，讓百貨各角落、櫥窗成為藝術展演空間。在百貨打造劇場與劇團合作、定期推出攝影展、設

計展，吸引文青客。用音樂、展覽培養年輕客層，搖滾名人展、搖滾舞臺、不插電音樂大賽動靜合一，暑期在百貨打造親子主題樂園、全臺兒童藝術季活動，提供展覽與手作、表演活動。

（2）趨勢主題，迎接快時尚

快時尚需要大空間、租期長、抽成低，都讓百貨對迎接快時尚品牌的效益大打問號，但遠百打破過去百貨坪效的堅持，臺中大遠百繼 GU 後，再迎來 H&M、GAP。H&M 在臺單店一年業績約 6 ～ 7 億、GAP 約 3 億、UNIQLO 約 3 億、GU 約 2.5 億，加上有吸引人潮作用，讓百貨也開始調整心態迎接快時尚。

但 SOGO、新光三越對快時尚則有另一番見解，汪郭鼎松總經理認為，到後來會是快時尚品牌彼此的競爭、稀釋業績。周寶文協理表示，快時尚是兩面刃，一方面會吸引人潮，但另一面可能會犧牲百貨其他品牌。新光三越對快時尚的實踐有另一套做法，不將快速流行寄託於特定快時尚品牌，新光三越要將百貨變為趨勢的主導者。定調為時尚潮流集中地的信義店 A11，繼 B1、4、5 樓改裝格局，可見這是一個打破傳統百貨布局、呈現千禧世代喜愛的多變混搭風格，改裝工程延伸至 1 ～ 3 樓，1 樓的化妝品將不再是主要業種，提供的商品將以快速、多變、不同元素為原則，1 樓將是不斷呈現新趨勢與話題的空間。

（3）吸金力強，餐飲力當道

景氣掉、房市差，各大百貨業者口徑一致表示，「高端商品表現疲弱」，消費者可以少買一件衣服、配件，但對吃的，大家不會虧待自己。相較於化妝品、精品在特定檔期才有好表現，餐飲一年四季客源都很穩定。餐飲在百貨地位舉足輕重，百貨給的面積也愈來愈多，餐飲層次也愈來愈多元。

新光三越信義新天地 2015 年餐飲業績占比創新高達 15%，僅次於名品、化妝品，屬前三強業種。A4 美麗市場、鼎泰豐開幕後，帶動 B2 業績成長二倍以上，數千元一份的教父牛排，不提前預約還吃不到，颱風天百貨延遲至下午營業，開店前一堆人排隊，就為了吃位於 A8 的添好運。遠東百貨營運長林彰豐表示，餐飲、化妝品、女裝、精品為遠百全臺四大業種，彼此互有領先。臺中大遠百餐飲三強：city's super 400 坪、鼎泰豐 150 坪、添好運 100 坪空間，平日來客數可吸引 5,000 人、假日更達

上萬人。鼎泰豐一個月創造 2,000 萬業績、添好運月營業額達 1,700 萬，吸金力十足，難怪百貨願意釋出百坪空間養食客。

餐飲長期的營業力道好，在百貨的比率會加重，SOGO 對餐飲訴求獨家、精緻化，避免餐飲品牌過多重複。像是敦化館改裝迎來漢來海港、維多利亞酒店西餐廳，打造二層樓景觀餐廳。復興館引進的紅花鐵板燒日營業額約 30 萬、勝勢豬排單日業績 20 萬、杏桃鬆餅單日超過 10 萬。

（4）改裝求變，強化競爭力

新光三越包括臺北南西、信義、天母、臺中中港、臺南西門的調整改裝，幅度超過 10 個樓層。臺北南西店三館共調整 42 個品牌，以運動、時尚個性潮流品牌為主，一館 6 樓兒童館將全面翻新，營造兒童時尚氛圍與強化體驗娛樂。臺北站前店近百家櫃位以全新裝潢呈現。信義 A11 營造全館成為與生活態度、潮流趨勢與時俱進的風格大店。

SOGO 忠孝館 10 樓玩具區改裝擴大後，主題區分更明確，也多了創意手作區與新品體驗區，強化商品與消費者的互動體驗，帶動業績成長 50%，NIKE 改裝擴大品項業績直接成長一倍，誠品書店進駐 12 樓。復興館 5 樓流行女裝已調整三分之二品牌，引進許多設計師飾品、配件品牌，強調都會女性重視的商品實用度與個性化、質感，呈現全新活力，帶動樓層業績成長一成。敦化館改裝進行中，內部可看出有別於以往的明亮風格。SOGO 改裝進度不會受到景氣影響，百貨要持續創造有趣的內容與貼心服務才是生存關鍵。

30. 新光三越百貨的改革創新策略
（1）面對四大挑戰

近幾年來，國內百貨公司有了很大變化，主要是面對下列四大挑戰：

①面對電商（網購）瓜分市場的強烈競爭壓力。尤其，電商業者在網路上的商品品項多，宅配快速到家，以及價格較低，受到年輕消費者的歡迎。

②面對快時尚服飾品牌的強烈競爭，例如 UNIQLO、ZARA、H&M 等瓜分百貨公司 2 樓服飾專櫃的生意。

③面對國內連鎖超市、連鎖大賣場、連鎖 3C 店及連鎖美妝店大幅展店而瓜分市場的不利影響。

④面對近幾年國內經濟成長緩慢，景氣衰退，買氣也縮小之影響。

（2）因應的各大應對策略

新光三越身為國內百貨公司的龍頭老大，其應對外部四大挑戰之策略，如下：

① 重新定位及區隔

新光三越百貨面對外部環境的巨變及競爭壓力，展開了重新定位及區隔：

A. 總定位：不再是純粹買東西的百貨公司，而是提供顧客體驗美好生活的平臺與中心（living center）。

B. 臺北信義區四個分館的區隔定位：

　a. A11 館：以年輕族群為對象。

　b. A9 館：以餐飲為主力。

　c. A8 館：以家庭客層為對象。

　d. A4 館：精品館。

② 擴大餐飲美食，變成百貨公司最大業種

餐飲是可以吸引消費者上百貨公司的主要業種，因此，新光三越在改裝上，就刻意擴大餐飲美食的坪數，目前它的營收額已超越 1 樓化妝品的精品品類，成為百貨公司內的最大業種別，營收價比已達 25% 之高。

③ 多舉辦活動及劇場

新光三越為吸引人潮到百貨公司，近年起，每年舉辦超過數十場次的舞臺劇、表演工作坊，及大大小小的展覽活動等；專業證明也達到了效果。

④ 空間設計創意突破

新光三越把 2 樓天橋連接四個館，將每個百貨公司的牆面打開，並設立新專櫃，讓往來行人能一眼看到館內的品牌商品陳列，由過去冷冰冰的玻璃，提高消費者入門誘因及觀賞，不只是路過而已。

⑤ 打破 1 樓專櫃邏輯

過去 1 樓部是化妝品及精品的專櫃陳列，現在則是改為汽車展示、設咖啡館、快閃店等突破性做法。

⑥ 驚喜打卡活動

例如：在聖誕節新光三越與 line friends 合作，布置 17 公尺超大型聖誕樹，吸引人潮打卡上傳 IG 及 FB，以吸引年輕人潮及做好社群媒

體口碑宣傳。

（3）面對臺北信義區 14 家百貨公司的高度競爭看法

新光三越高階主管面對前述四大挑戰，以及臺北信義區面對 14 家百貨公司高度競爭之下的未來前景有何看法時，表示以下意見：

① 若追不上顧客需求，就會被淘汰。

② 雖面對競爭，但可以把市場大餅共同做大。

③ 競爭也會帶進更多人潮，市場總規模產值更會成長。

④ 不怕競爭，隨時要機動調整改變。

⑤ 要快速求新求變，滿足顧客的需求。

⑥ 要加速改革創新的速度，走在最前面，超越市場挑戰。

⑦ 重視第一線銷售觀察，精準掌握顧客需求。

31. 百貨公司的停留經濟學

（1）不只經營「買賣」，更要經營「場域」

在電商襲擊下，實體通路慘澹經營早已不是新聞，2018 年，美國連續傳出知名連鎖西爾斯（Sears）及邦頓（Bon-Ton）百貨聲請破產消息，全球零售通路前景一片陰霾。

不過，在前景不容樂觀下，臺灣綜合商品零售通路還是殺出一條血路，今年營業額成長率為 4.3%，相較去年同期的 2% 成長率，人潮及營業額慢慢回來了。

實體通路不能再只是經營「買賣」，更要經營「場域」，讓賣場有更多功能；當生活中的社交、娛樂、體驗等活動都能在這裡發生，吸引顧客上門並停留，停留時間愈久，消費就更多。這就是實體通路都在拚的「停留經濟」。

目前，將「停留經濟」發揮得最多元與精彩的通路，當屬百貨公司；包括餐廳、咖啡廳、電影院、劇場、夜店、體驗式廚房、快閃店等功能，已全被吸納進去，並在位置與動線安排上摸索出一套「新空間配置學」。以往餐廳多半是賣場附屬功能，現在在停留經濟操作下，一躍變成主要角色。

將餐廳功能發揮得極致的是微風百貨，從一代店微風廣場、二代店微風信義與微風松高，到新開幕的三代店微風南山，賣場內的餐飲面積占比都不斷往上提高，三代店甚至達到 40% 以上。

向來重視坪效的 SOGO 百貨，現在也設法在有限空間內營造停留經濟效果，力圖將非週年慶期間的營業額年增率維持在 5% 以上。SOGO 最明顯的停留經濟做法，則是 2017 年在 3 樓時尚女裝區硬擠出 30 坪黃金中高櫃位，讓 Nespresso 咖啡進駐，增添咖啡香氣與高雅氛圍。

年輕女性在整個樓層到處走走看看之後，可以先嘗杯咖啡，思考過後，再決定要購買那些衣服。單單這個微幅改變就讓同期樓層業績成長 5%，為過去五年受快時尚品牌打擊的少淑女裝生意注入強心針。

SOGO 臺北復興館則不定時在頂樓廣場舉辦 3D 壁貼、畫展等，讓民眾驚喜連連打卡。

另外，高雄市漢神巨蛋購物廣場也設法創造深度停留的空間。2018 年，五樓淑女裝賣場改裝完成，加入 SPA、美容、美甲、頭皮保養、修容服務、假髮等體驗型商店，讓顧客每次一待長達 1～2 小時，改裝後，營業額成長了 20%。

（2）「新空間配置學」達成四效果

停留經濟的新空間配置學，能細分成四個效果，如下：

① 集客：增加餐飲及娛樂設施，提高社交功能，有人潮就有消費。

② 留客：多元設施及舒適環境，民眾走走停停，效率與休閒兼具。

③ 導客：將新奇打卡點、驚喜快閃店、熱門餐廳設置在不同位置，把人潮平均導流到各個角落。

④ 提袋：現場觸摸、試用及解說，更能刺激衝動消費與感動消費。民眾停留愈久，感受愈豐富，提袋率就愈高。

（3）要潮也要文青，招手藝文新客群

百貨龍頭新光三越以「娛樂、社交、體驗」為三大改裝重點。A11 館將 6 樓中挑高九米及 400 坪面積，改造為 600 人座的「信義劇場」，將活動式座位與舞臺設計，與流行音樂展演單位「永豐 Legacy」聯手經營；平日舉辦歌手演唱會、見面會、舞臺劇等活動，購物旺季則當作商品展場使用。這讓百貨公司吸納了看戲、聽演唱會的藝文與新世代新客群。再加上美食街、時裝樓層陸續整裝完成，A11 館營業額創下新高。

32. 百貨公司呈現「消費 M 型化」

SOGO 百貨董事長黃晴雯表示，近來臺灣有消費 M 型化趨勢，百貨業

態也呈現 M 型化，即高端精品與民生消費品部很受歡迎，都很熱銷。

（1）高端：名牌精品、名牌汽車、名牌鐘錶、名牌包包、豪宅等。

（2）低端：平價的民生消費品，例如：空氣清淨機、吸塵器、氣炸鍋、便利商店咖啡、便當等。

33. 遠東百貨臺北信義區 A13 館開幕

遠東百貨在臺北最精華商業區的信義區，開出該區域的第 14 家百貨公司，即 A13 館。

該公司總經理徐雪芳表示，該百貨公司為後發品牌，主要有四項特色，做出差異化如下：

（1）強勢品牌進駐：如蘋果、樂高玩具、威秀頂級影城亮相。

（2）深夜食堂聚客：餐飲型態多元、專寵夜貓子。

（3）智慧型商場：App + 行動支付。

（4）打造第三空間：創意空間配置，留客久一些。

34. SOGO、新光三越週年慶怎麼打

（1）成長率低的原因

2020 年百貨業預估業績成長率僅 1% 而已，非常低，其原因有下列五點：

①中美貿易戰，美國對中國大部分品項都提高 10 ～ 25% 的關稅，引起臺灣外銷訂單的衰退。

②臺灣電商（網購）及快時尚的快速成長，瓜分掉不少百貨公司服飾類的生意業績。

③臺灣少子化、老年化快速演變，使消費人口顯著縮減。

④軍公教年金改革，使軍公教人口減少外出消費。

⑤百貨公司產業的生命週期，已到達成熟飽和期階段，要再大幅成長已屬不可能了，能不大幅衰退已是萬幸了。

（2）SOGO 百貨週年慶怎麼打

①在週年慶之前的準備：SOGO 百貨在週年慶來臨之前的三個月，就已經積極尋求各廠商專櫃，要求提出能給最大幅度的折扣優惠及提出最佳新品準備販賣，這就是 SOGO 喊出「only SOGO」（只在 SOGO 百貨販賣的獨家產品的意思）。

②同業週年慶進行中：SOGO 百貨在同業週年慶進行中，通常會由資

深副總吳素吟帶領小團隊到主力對手新光三越百貨，去各樓層現場觀察及蒐集消費者情報，每次一待就是三個小時之久，主要看三件事：

A. 人潮多不多，提袋率高不高，哪一層樓人潮最多及最少。

B. 整體買氣如何。

C. 消費者眼神落在哪些產品上、興不興奮。

這就是「現場市場力」的實戰觀察。

③ 自家週年之前的媒體宣傳：SOGO 百貨在自家週年慶之前與之後的媒體宣傳，主要有六項宣傳做法：

A. 強力播放 20 秒電視廣告，總費用約支出 500 萬元，播放費用以使週年慶訊息得到大量曝光，吸引消費大眾。

B. 印製及寄出大本 DM，針對去年週年慶有來購物的顧客，都會寄出大本商品 DM，每年至少寄出 10 萬本，成本也高達 200、300 萬元之多。

C. 平面報紙的廣告，則是集中在週年慶的前一天及當天，刊登全二十大幅日報廣告。

D. 官網及粉絲專頁亦會張貼週年慶優惠訊息。

E. 舉行記者會，在週年慶前三天會舉行記者會，以做公關宣傳。

F. 另外，亦會協調各大電視媒體、平面媒體、網路新聞媒體，多方面刊登 SOGO 週年慶的訊息，以尋求更多的曝光聲量。

④ 自家週年慶開跑時：SOGO 百貨在週年慶正式開始後，每天下午一、三、五、七、九點，每二個小時，吳資深副總都會拿到一張「銷售明細表」，即時知道哪裡賣得好、哪裡賣得不好；賣不好的樓層或專櫃，就立即找各樓面主管及商品各課課長討論如何改善，隔天早上，就要提出補救措施，一切以「行動要快」為要求原則。

（3）新光三越週年慶怎麼打

新光三越在週年慶之前的半年，已將 190 萬會員卡的會員，依照下列二項原則，區分為 20 個群體（group），此二原則為：

① 依過去三年在新光三越的消費紀錄。

② 依平日 EDM 電子報的點擊產品興趣。

根據實際狀況顯示，這 20 個群的商品 DM 寄出，會回來週年慶購買的

比例（即回應率）高達五成之多，算是有效的直效行銷及精準行銷操作。此外，新光三越 2019 年開始，亦極力開展 App 與行動支付（skm-pay）的數位行銷操作，希望能爭取年輕客群到新光三越購物。

35. 新光三越：2022 年營收達 886 億，創下史上新高分析及未來展望

（1）886 億史上新高年營收 4 項分析原因

2022 年，臺灣經過新冠疫情解封之後，沉寂了兩年多的百貨公司業績終於面向陽光。

2021 年，臺灣最大連鎖百貨公司的新光三越，因新冠疫情的關係，年營收跌到 797 億元；到 2022 年，疫情解封後，年營收快速成長 11%，回復到 886 億元，創下史上新高。

新光三越總經理吳昕陽分析 2022 年營收成長的四大原因如下：

①疫情解封，下半年來客大量回流消費。

②百貨實體館持續改裝，把業績不好的專櫃退掉，引進新的產品專櫃，開創新營收。

③線上商城功能改善，線上業績明顯增加。

④會員人數已達 300 萬人，會員努力經營看到成果，會員黏著度提升的效果出現。

（2）年營收成長的主力業種分析

2022 年營收成長，主要歸因於下列業種專櫃的成長，包括：

①精品、名品：大幅成長 28%，因兩年疫情不能出國，故在國內購買歐洲名牌精品取代。

②餐飲：大幅成長 17%。因疫情期間不能、不敢在店內用餐，解封後，大量消費者回來用餐。

③男性商品：成長 15%。

④戶外休閒：成長 13%。

（3）年營收成長的三力：改革力、執行力、應變力

在 2020 ～ 2022 年的新冠疫情期間，新光三越在吳昕陽總經理帶領下，以及全體員工努力下，以三力克服萬般困境，終於苦盡甘來，這主要歸因於新光三越的三個力：

①改革力；找出新局、找出新出路。

② 執行力；在疫情困難期間，仍努力貫徹執行到底。

③ 應變力：應變疫情衝擊，快速應變成功。

（4）獎勵全體員工

由於 2022 年營收及獲利都創下史上新高，因此，吳昕陽總經理決定獎勵大家，包括：

① 全員加薪（自 2023 年 1 月起）。

② 年終獎金平均 2.5 個月，比過去平均 1.5 個月，多出 1 個月獎金。

（5）對 2023 ～ 2024 年未來展望的八要點

吳昕陽總經理對 2023 年的展望，如下重要八點：

① 穩中求好

總體來講，希望「穩中求好」。

② 申請 IPO

2023 年營收挑戰 920 億元，並且規劃 2024 ～ 2026 年能夠順利 IPO，申請上市櫃公司成功。

③ 增加新店型

除百貨公司外，新增加高雄市的 Outlet 新店經營，以及新增加臺北市東區中小型店經營新模式。

④ 線下＋線上，兩方向同時並進

線下（實體店面）＋線上（商城網站）持續兩方向推動，增加總營收。

⑤ 會員人數突破 350 萬人

會員數已突破 350 萬人，其中，App 下載數也已達 250 萬人，將持續深耕會員黏著度／忠誠度；以及努力增加新會員人數，總目標朝 400 萬會員努力邁進。

⑥ 持續改裝、引進新專櫃／新餐飲

每年持續改裝、引進新產品專櫃，保持新鮮感、創新感，並滿足更多顧客、會員對新產品、新專櫃、新餐廳的需求與期待性。

⑦ 吸引更多年輕客群

持續穩固主顧客、常客，但也努力思考引進更多年輕新客群，永遠保持客群及新光三越百貨公司的年輕化及活力化形象目標。

⑧ 快速應變、有效應變

面對 2023 ～ 2024 年不穩定、不確定、有變化的外部大環境，如何快速

與有效應變，是在面臨大挑戰環境下的根本思維。

36. 2020～2023 年外部大環境五項變化，對零售百貨業的影響與衝擊

全球及臺灣在 2020～2023 年面臨外部大環境的動盪不安，影響了對零售百貨業的不利影響與衝擊包括如下各項。

（1）全球新冠疫情

2020～2022 年上半年，全球新冠疫情對全球及臺灣經濟的不利衝擊；還好自 2022 年下半年起，全球新冠疫情漸趨解封及好轉，零售百貨業才回復正常。

（2）俄烏戰爭

2022～2023 年，俄烏戰爭導致全球原物料、天然氣短缺及物價上漲（通膨）。

（3）美國升息與全球通膨

2022～2023 年，美國為抑制通膨，故大幅採取升息到 5～6% 的高利率，影響企業借款利息成本及民眾房貸利息成本。

（4）中美科技大戰及相互競爭對立

自 2022 年起，美國開始對中國的高科技及半導體設備、人才的出口實施管制措施，並聯合美國、日本、臺灣、韓國對中國高階晶片及半導體產品管制輸出。

（5）臺灣電子業出口衰退

臺灣在 2022 年下半年到 2023 年上半年，由於全球電子、電腦、3C、面板等庫存過多、需求不振，使得臺灣的電子業出現史上以來的首度出口連續衰退，影響出口廠商的營收及獲利。

以上五大項是外部大環境不利變化與衝擊，使得臺灣各行各業及零售百貨業都面臨「大挑戰」來臨。

37. 2023～2024 年多家新商場、新購物中心加入開幕營運

在 2023～2024 年間，由於全球新冠疫情已漸過，因此，國內多家大型商場及購物中心，紛紛開張營運，使得國內大型商場及百貨公司競爭更加激烈；有如下新商場加入：

（1）臺北三井 LaLaport 大型購物中心。

（2）新光三越在東區的「Diamond Towers」新商場。

（3）臺北大直的「NOKE 忠泰樂生活」。

（4）新北市新店的「裕隆城」購物中心。

（5）新竹竹北市的「豐生活購物中心」。

（三）超市（supermarket）

1.意義

超市係指以銷售乾貨及生鮮產品為主力的中型賣場，大概介於大型量販店及小型便利商店中間的連鎖賣場。

2.主要營運者

（1）最大者為全聯福利中心，擁有 1,200 家連鎖超市，年營收額達 1,700 億元。

（2）其次為頂好超市，擁有 150 家超市，年營收為 100 億元。（註：頂好已於 2020 年 12 月正式被家樂福收購，目前已不存在。）

（3）再次為美廉社的小型超市，擁有 800 家小店，年營收為 110 億元。

（4）其他還有 4 家高檔超市，包括：

① city'super（港商）。

② JASONS（港商）。

③ 微風超市（臺灣）。

④ SOGO 超市（臺灣）。

（5）另外，還有中部的楓康超市等其他店家。

3.特色

（1）超市的坪數大致在 300～400 坪左右。

（2）主力商品為：

① 乾貨（奶粉、洗髮精、洗衣精、衛生紙、咖啡等）。

② 生鮮（魚、肉、菜）。

③ 冷凍品。

④ 食品與飲料等。

4.收入來源

　　超市的收入來源，在寄賣商品零售價格的毛利率 30 ～ 40% 之間；按每月銷售額多寡來結帳付款給產品供應商。例如：賣一罐克寧奶粉 300 元，則每月結帳給付 210 元（300 元 ×70% ＝ 210 元），剩下的三成（90 元）則由全聯超市所賺。

5.獲利率

　　超市的獲利率，除去高檔超市不計外，一般也都很低，大致在 2 ～ 5% 之間而已，高檔超市的獲利率則有 10 ～ 20%。

6.主力客層

超市的主力客層大致為：

（1）40 ～ 60 歲顧客居多。

（2）家庭主婦、女性居多。

（3）年輕顧客較少，但現在也慢慢增多（全聯超市）。

7.年產值規模

（1）超市一年產值大約在 1,800 億左右。

（2）超市年產值排名在百貨公司（含購物中心）、便利商店及量販店三者之後。

8.未來發展與趨勢

（1）全聯福利中心大者恆大，已持續展店突破 1,200 店，遙遙領先其他超市，成為全臺幾近獨大的領導地位。

（2）超市客層有些老化，應加強吸引年輕客層。

（3）超市發展兩極化，高檔超市仍有存活空間，而平價超市仍將占大部分市場。

9.超市分類與定位的不同

目前，國內超市就其價格變數作為定位的不同，大致可以區分為：

（1）高級、高檔超市：如 city's super、JASONS、微風、SOGO 超市等。

（2）平價超市：如全聯、美廉社。

（3）獨特定位：freshONE（有機超市）。

10. 定位圖示

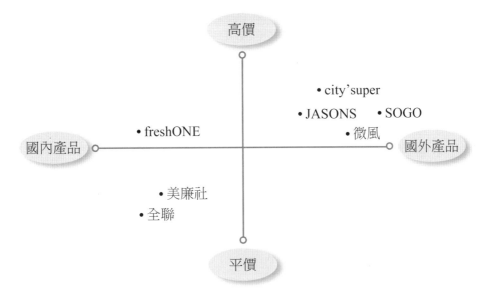

11. 全聯福利中心快速成長

　　以前，國內超市並沒有特殊的領導品牌，但近年來，以最低價、最平實為訴求的全聯福利中心快速展店成長，目前全臺已有 1,200 家店，成為超市的領導老大。未來的目標將是展店到 1,500 店，以年營收 2,000 億元為目標。如果年營收做到 2,000 億元，將是領先統一 7-ELEVEN 的國內第一大零售業者。

12. 全聯超市崛起原因

全聯福利中心成為國內第一大超市的原因，主要有以下幾點：

（1）平價、低價因素

初期全聯以「實在，真便宜」為廣宣訴求，店內沒有豪華裝潢，價格便宜 10 ～ 20%，吸引許多家庭主婦；目前的廣宣訴求則為：「方便又便宜」，為電視廣告 slogan。

（2）快速展店，擴充規模經濟

全聯以急行軍的速度，在全臺各縣市快速展店，2023 年 12 月已突破 1,200 家，早已達到規模經濟效益，在商品採購上可以得到較低的進貨價格。

（3）吸引人的廣告宣傳

全聯以素人「全聯先生」為電視廣告代言人，並以吸引人的廣告表現創意，打響了「全聯」在全臺的品牌知名度。

（4）**為消費者帶來地利上的便利性**

全聯超市密布在各大都會區的巷弄社區內，方便附近消費者購物，不必受開車、停車之苦，在地利上很方便。

13. 全臺第一大超市：全聯福利中心

（1）目前店數：1,200 店（2023 年 12 月）。

（2）年營收額：1,700 億。

（3）目標：2030 年 2,000 店，年營收 2,000 億。

（4）slogan：「方便又便宜」。

（5）最大優勢：價格最便宜。

（6）企業使命：用心與臺灣在地共好，打造消費者感到購物樂趣的賣場，成為臺灣第一、世界一流的超市。

（7）企業願景：以「買進美好生活」為核心理念，打造幸福的企業。

（8）品牌理念：價格最放心、品質最安心、開店最用心、服務最貼心。

（9）主要產品：

① 乾貨類。

② 生鮮類。

③ 日常用品。

④ 生活食品。

14. 全聯福利中心成為超市第一名的關鍵成功因素

（1）**快速展店成功**

短短二十六年內，從 50 家快速展店到 1,200 家之多。

（2）**便宜價格的定位成功**

全聯超市的主力訴求，就是價格比同業及便利商店、量販店便宜 5 ～ 10% 之間。而全聯確實也做到了。因此，它早期的 slogan（廣告詞），就是：「實在，真便宜」。

（3）電視廣告宣傳成功

由奧美廣告公司操刀的「全聯先生」創意廣告片，播出後即引起話題，叫好又叫座，全聯知名度快速打開了！

（4）生鮮類＋乾貨類產品齊全，消費者可以多元選擇購買

（5）採購議價能力強大

由於全聯超市店數多，再加上對產品供應商的每個月付款結帳期（直接匯款入帳）很快，故殺價能力強大。

15. 超市行業的競爭優劣勢

超市相對於量販店之相互比較：

（1）超市的「地利普及便利性」優於量販店。

（2）但超市的「品項」卻不如量販店。不過，近年來，從全聯超市快速展店來看，「社區型中小型」超市已成為零售發展主流。

16. 超市：銷售二大類產品

超市主要銷售二大類產品，一類稱為乾貨日用品類，另一類稱為生鮮品；這二類產品才能滿足社區家庭及消費者的需求。

17.「有機超市」崛起

為了與一般大眾化超市有所定位區別，並且考量到食品安全問題，在臺北都會區已出現以專賣有機產品為訴求的中小型超市。

18. 頂級超市業績成長

（1）遠東集團所屬的 city's uper 頂級超市近幾年業績逆勢成長，成長率約在 8 ～ 10% 之間。city's uper 目前全臺有 7 家店，大都附屬在關係企業 SOGO 百貨及大遠百內。

（2）目前定位在頂級超市，以進口歐、美、日品牌商品為主力的頂級超市，大致有以下幾家：

① city's uper。

② 微風超市。

③ 新光三越超市。

④ JASONS 超市。

19. 全聯超市——變身零售巨頭的四個關鍵策略

（1）鄉村包圍城市的拓點策略

產業鏈中最末端的零售通路，由於無法在販售的產品性能及品質創造特色，因此選擇在產品的「價格」上做出差異。一開始全聯尚未提供生鮮服務，商品組合以乾貨為主，商品平均價格幾乎等同於量販店，區隔出一個「超市規模、量販價格」的市場定位，透過鄉村包圍城市策略，成功打入市場。

全聯沿用軍公教時期寄賣、售後付款方式與供應商合作，透過寄賣模式商品進入賣場時，供應商不用支付商品上架費，而要求供應商直接將這筆上架費，反饋到商品售價上，創造商品價格優勢。

售後付款則是在進貨時，全聯無需事先支付訂貨金，待商品出售後，供應商再向全聯結帳，此在資金運轉上有充分的彈性，同時也可降低商品庫存成本。2014 年全聯攜手 IBM 跨入 B2C 電子商務市場，未來有意建構全通路零售布局。

（2）善用併購，強化自身戰力

為了與供應商有更好的議價能力，推動快速展店策略持續深入社區，以滿足周邊社區住戶日常生活需求為首要目標，社區型的全聯像雨後春筍般開設。

住戶只要騎腳踏車、摩托車，甚至走路就能到達，店址選擇避開租金昂貴的主要道路，多為馬路第二巷的巷弄間，省去設置停車場的龐大地租成本，同時滿足臺灣各鄉鎮鄰里的需求，全聯透過實體店鋪真正接觸到消費者，創造實際交易的機會點。

全聯轉型成功並非偶然，除 2015 年大舉併購松青引發大眾關注，觀察其蛻變過程，全聯善用併購強化自己的發展路徑，2004 年併購楊聯社 22 家；2006 年併購臺灣善美的超市 5 家，學習生鮮處理技術；2007 年承接臺北農產 13 家，直營店學習蔬果物流體系；到 2014 年併購全買超市 9 家，發展全聯二代店與小農合作，提高生鮮與日配商品比例。

現在全聯三代店 imart 計畫看重都會商機，都會風格的黃色內裝，強調多樣化即食商品，同時提供用餐區及臺灣伴手禮區，服務都會區消費者。於 2015 年第四季開幕的林口環球購物中心 A8 店也引進全聯 imart，全聯正式進入百貨通路。

（3）行銷品牌理念，深植人心

全聯在 2006 年通路布局已達 300 家，開始以提升企業形象和通路品牌的知名度為策略發展中心，同年委託奧美廣告製作企業形象廣告，在詮釋企業核心價值「低價策略」時，從告訴消費者「為什麼我們這麼便宜」切入低價訴求，透過自曝其短的方式，強調企業以簡樸實在的樣貌接觸消費者，表達出省下華麗裝潢及宣傳成本，回饋給消費者的經營概念，而非單一式的傳遞低價促銷訊息，成功的將其劣勢轉換為優勢。

全聯採用循序漸進的電視廣告，分階段地將企業核心價值深植消費者心中，一開始以獨樹一格的「價格」主張面對消費者，一系列幽默詼諧的廣告，除了成功打響品牌知名度外，經由廣告效應引起廣泛討論，成功吸引消費者目光。

2006 至 2010 年廣告主打價格訴求，2011 年至今，主要鞏固消費者對全聯福利中心的好感度，從實在真便宜轉型到買進美好生活，傳達「價值」訴求，因應家庭結構及經濟環境變化，鎖定的行銷客群年齡層也逐漸下降。

（4）重塑品牌定位，走向品牌轉型之路

M 型社會衝擊帶來消費兩極化，臺灣超市未來更趨向多元發展，2015 年第四季，全聯收購了善於進口、國際採購力強的松青，資源盤整後，除了現有 imart 店型外，可能藉由已在百貨公司設點的松青門市，一舉打入百貨通路。

百貨通路已有頂級超市 JASONS、city' super、微風超市深耕經營，再者，全聯一開始鮮明的價格策略形象，已定型於多數消費者心中，而近年亦積極拓展新型態店型，強調服務價值導向，而消費者是否買單仍需觀察，然而對於品牌轉型的長期布局來看，這將是一段正向的必經之路。

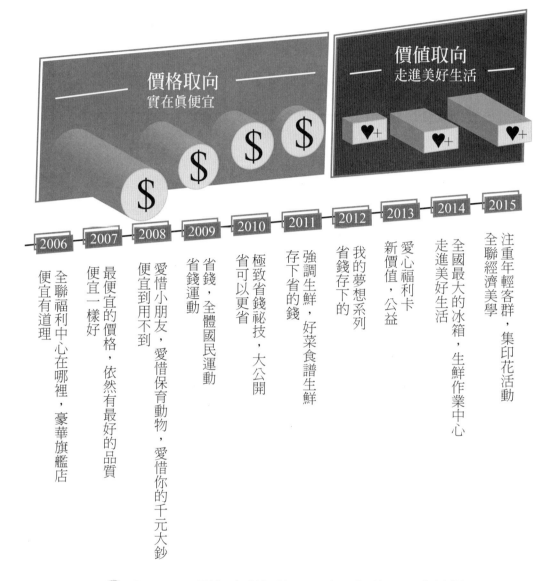

價值取向
走進美好生活

價格取向
實在真便宜

| 2006 | 2007 | 2008 | 2009 | 2010 | 2011 | 2012 | 2013 | 2014 | 2015 |

全聯福利中心在哪裡，豪華旗艦店
便宜有道理

便宜一樣好
最便宜的價格，依然有最好的品質

便宜到用不到
愛惜小朋友，愛惜保育動物，愛惜你的千元大鈔

省錢，全體國民運動
省錢運動

極致省錢祕技，大公開
省可以更省

強調生鮮，好菜食譜生鮮
存下省的錢

我的夢想系列
省錢存下的

愛心福利卡
新價值，公益

全國最大的冰箱，生鮮作業中心
走進美好生活

注重年輕客群，集印花活動
全聯經濟美學

▶ 圖 6-4　全聯超市從價格取向走向價值取向之轉變

20. 微風超市——定位高檔超市

（1）位於微風廣場地下 2 樓的微風超市 Breeze Super，一直以來都以高品級的進口食品為主軸，開創精品超市新格局，也掀起全臺頂級超市的風潮！2016 年微風超市 Breeze Super 進行十五年來最大規模的全面改裝，並在 9 月週年慶正式開幕，期許成為消費者心中「最能享受美好生活的超市」，也是臺灣 NO.1 最佳超市！

（2）三大主軸引領最新飲食潮流：作為眾多專業名廚與品味人士心目中的臺灣最佳超市，微風超市以「最高品級」、「全面性商品」與「餐桌創新提案」三大主軸，致力成為「料理生活家」。

①在「最高品級」方面，微風超市齊集全球最高品級的珍稀食材，包括來自西班牙的 Bellota 等級伊比利豬、產自日本鹿兒島的盤克夏種黑豚和選自美、澳的乾式熟成牛排等極致精肉，全是產地直送的夢幻逸品。改裝後更強化首度創建生蠔吧與西式熟食，供應來自法國、澳洲及日本、美國、加拿大等國的頂級生蠔。

②在「全面性」部分，則引進更多歐美商品，販售超過 1 萬 6 千種商品，為臺灣消費者提供最多樣、獨有、專業級的進口食材。除供應來自世界各地多達 200 種以上起司；更設置全臺最大的清酒櫃，以及貼心開闢廚房用品區。

③「餐桌創新提案」領先市場，引進當紅話題商品，為消費者蒐羅關於廚房、料理的一切知識和最新情報。並舉辦各種主題實演，邀請各國的食材和料理專門家示範烹調，給予消費者洋溢趨勢感、季節感的餐桌創新提案。

21. 全聯超市年營收突破 1,700 億元，直逼統一超商冠軍寶座！
（1）全聯超市在 2023 年的營收額正式突破 1,700 億元，直逼統一超商年營收 1,800 億元的零售冠軍寶座。
（2）全聯超市總經理蔡篤昌分析業績成長的三大原因：
①改變全聯商品結構，拓展全客層。例如：增加了火鍋料、麵包、甜點、滷味及聯名商品等。
②改變店面形象。過去店面形象比較節省精簡，但現在都是開大店，且提高裝潢等級，讓消費者有更好的體驗感受，願意再來。
③持續展店。目前全臺總店數已超過 1,000 店，未來將持續展店到 1,500 店目標，店數增加，營收也跟著增加了。

22. 全聯超市：要讓 1,200 家店面上架 30 元現烤麵包
（1）2019 年 2 月，全聯與日本 H2O 公司合資成立子公司「全聯阪急麵包公司」，出資價比分別為 51% 對 49%。
（2）定價 30 元的現烤小麵包將接棒生鮮事業，成為全聯拉客上門，衝

刺年營收 1,700 億元的祕密武器。

全聯認為，現烤麵包，確實能帶動來客數及營收成長。

（3）臺灣麵包市場一年產值 800 億元，其中，專攻現烤麵包的傳統麵包店占八成市場，而便利超商的袋裝麵包則占二成。

（4）全聯與日商合作，擁有研發、製造技術後，將能自行研發新品，強化區隔。在研發力之外，曾以平價逆襲市場的全聯，價格優勢更是現烤麵包搶市場的利器。

（5）2020 年底，全聯 1,000 家門市店都將上架全聯阪急麵包，挑戰全聯將成為全臺最大平價現烤麵包王。消費者只要花 30 元即可嚐到以日本高品質冷凍麵團製作、口感貼近手工麵包且多樣化口味的平價美味麵包。

（6）目前，全聯阪急麵包已研發超過 100 款，未來將持續增加品項。

23. 全聯超市 pxpay 行動支付上線

（1）全聯 pxpay 在 2019 年 5 月上線，二週後下載量破 100 萬，45 天後下載量破 200 萬，同年 9 月會員數破 260 萬，2019 年 12 月底已達 500 萬，2021 年 1 月則達 800 萬，躋身為臺灣行動支付前三大之一。

（2）為什麼下載能夠快速普及？主要是推出優惠的心理。最明顯的策略是一次攜手八家銀行的綁卡優惠，從首波首刷贈點及消費滿額贈點，後續又祭出儲值金支付，再享高回饋。最高回饋率竟可達 15%，吸引一大票精打細算的消費者衝高使用度。

（3）除了給消費者優惠外，對內部員工則辦團隊競賽，對下載數量達標的門市頒發激勵獎金，帶動店員投入推廣。

另外，各銀行也派出地面部隊，駐點幫忙。

（4）據全聯統計，pxpay 使用者超過 60% 是 40 歲以上，50 歲以上使用者占 26%。

pxpay 也讓全聯會員結構快速年輕化。現在 30 歲以下會員從原來的 9% 成長到 20%，引進成長動能。pxpay 成功黏著老顧客，也吸引了新顧客。

@（四）藥妝店（drug & beauty store）產值 1,000 億元，日益重要

藥妝、美妝連鎖店近幾年來成長快速，是一個具有發展潛力的業種。

1.意義
藥妝、美妝連鎖店是指銷售化妝品、保養品、清潔、生理及藥品的連鎖店面，坪數大約從 30 ～ 100 坪不等。

2.主要營運者
國內前三大營運者，包括：

排名	公司	店數	年營業額
1	屈臣氏	580 店	180 億
2	寶雅（上市公司）	350 大店	210 億
3	康是美	450 店	110 億

3.收入來源及獲利率
（1）藥妝、美妝連鎖店的產品，大多採取寄賣制，每個月結帳，看銷售多少才結帳多少給供貨廠商。
（2）它的獲利率比一般零售業的3 ～ 6%好一些，大致有5 ～ 10%之間。

4.營收產品結構化
（1）化妝與清潔用品（占 47%）。
（2）藥品（占 35%）。
（3）食品及飲料（占 9%）。
（4）其他產品（占 9%）。

5.店內銷售品類
（1）化妝品（中低價）。
（2）保養品（中低價）。
（3）醫美品（中低價）。
（4）藥品。
（5）一般日用品。

（6）少數飲料。

6.主力客層

一般來說，藥妝、美妝連鎖店的主力消費客層，大概是年輕的女性上班族群，其次為女性學生族群。

7.化妝保養品供應廠商

一般而言，高價及高檔的化妝品、保養品，大致都以在百貨公司設置專櫃為主。但是，對於中價位及低價位的化妝保養品，主要則是以美妝店為其主力銷售通路。因此，適合中小企業、中小品牌、開架式產品的通路陳列。

這些知名供應廠商包括：

（1）花王（蜜妮）。　　　　（2）卡尼爾。

（3）露得清。　　　　　　　（4）薇姿。

（5）媚比琳。　　　　　　　（6）雅漾。

（7）萊雅。　　　　　　　　（8）理膚寶水。

（9）Dr. Wu。　　　　　　　（10）其他。

（11）牛爾。

8.年產值規模

國內藥妝、美妝的年產值規模，至少在 1,000 億元以上。

9.未來發展與趨勢

（1）近幾年來，前四大藥妝、美妝連鎖店都加速拓店、展店，希望搶占市場空間及市占率，並帶給消費者便利。

（2）大店、小店並進，大店並不好找到，故小店也是一個趨勢，總之，據點數要更普及。

（3）店內改裝，提高店面的裝潢及設計品質等級，以吸引更多消費者前來。

（4）各家都開辦集點卡，例如：屈臣氏有寵i卡，康是美有康是美卡，寶雅有寶雅卡，都能作為紅利集點卡的一些優惠措施誘因。

10. 最有潛力的黑馬：寶雅

在前四大藥妝、美妝店中，又以寶雅最具潛力，寶雅公司目前是唯一的上市公司，股價不錯，企業總市值也超過 100 億元。寶雅賣場的特色為：
（1）店面坪數比較大，比屈臣氏、康是美都大，因此，可以容納比較多的品類及品項。
（2）某些類別的品項最為齊全，消費者的選擇性更多。
（3）它是從中南部發跡的，逐步走向北部都會區；可以說是從鄉下包圍都市。

11. 寶雅公司深入分析
（1）公司簡介
POYA 寶雅為個人美妝生活用品賣場店的代名詞，自 1985 年成立以來，以其核心價值優勢穩定成長茁壯，迄今全國總店數已達 350 家，會員人數已超過 500 萬人，在店數發展、年度營收及市場占有率上，皆為業界之冠！從國內外美妝保養品、開架及醫美保健品牌、各式帽襪、內著服飾、百搭配件、生活良品、居家美學、各國休閒食品飲料、繽紛飾品到品牌專櫃等多元品類，提供多達 4 萬 5 千多項優良嚴選商品。寶雅秉持一貫地服務熱忱，以貼近顧客生活及融合時尚元素為精進動力，提供顧客最專業便利、最新奇多元的購物體驗，其賣場坪數平均為 400 多坪，為求營造明亮寬敞、豐富精彩的購物環境，滿足顧客一次購足所需用品的期待。
（2）各類商品銷售占比
① 飾品與護理品：占 16%。
② 保養品：占 16%。
③ 家用百貨：占 15%。
④ 彩妝：占 13%。
⑤ 食品：占 11%。
⑥ 洗沐：占 10%。
⑦ 其他：占 19%。

（3）未來發展

① 持續店鋪升級與產品升級。

② 持續快速展店。

③ 建立物流體系。

（4）年營收額：200 億。

（5）毛利率：42%（算是高的）。

（6）獲利率：10%（算是高的）。

12. 屈臣氏簡介

（1）關於屈臣氏集團

屈臣氏集團於 1841 年在香港創立，現已發展成亞洲及歐洲最大的國際保健美容零售商，在 25 個市場經營 13,300 家商店。每年有超過 30 億名顧客在其全球 13 個零售品牌所開設的實體店鋪，以及電子商店購物。集團 2016 年財政年度的營業額達 1,515 億港元，並在全球聘用超過 130,000 人。屈臣氏集團是跨國綜合企業長江和記實業有限公司的成員，長江和記業務遍及超過 50 個國家，經營港口及相關服務、零售、基建、能源、電訊等五項核心業務。

（2）關於臺灣屈臣氏

屈臣氏於 1987 年進軍臺灣，目前全臺總店數已超過 580 家，會員人數超過 500 萬人，提供超過 2 萬項商品，每月服務顧客超過 700 萬人次！屈臣氏主要販售三大類商品：美麗（Beauty）、健康（Health）及個人用品（Personal Care），店內配置有專業的藥師及美容顧問、熱心的服務人員，以友善、專業、關懷的品牌 DNA，提供顧客最方便、齊全、專業的個人藥妝商品購物選擇。屈臣氏作為個人保健及美容產品零售的領導品牌，為顧客提供個人化的諮詢及建議，提供市場上最多元的產品種類，使顧客每天都能 LOOK GOOD、FEEL GREAT。

（3）臺灣屈臣氏成長策略

① 持續展店，邁向 600 店目標，目前已有 580 家店。

② 持續門市店改裝計畫，開創特色店。

③ 持續拓展自有品牌產品，占比朝 15% 邁進。

④ 開展網路購物正式上線營運。

對很多化妝品、保養品、藥品等廠商而言，開架式藥妝、美妝連鎖店的行銷通路是很重要的零售銷售通路。

（4）屈臣氏銷售產品十八個品類項目

① 臉部保養。　　　　　② 沐浴清潔。
③ 開架彩妝。　　　　　④ 醫療器材。
⑤ 醫學美容。　　　　　⑥ 居家生活。
⑦ 美髮造型。　　　　　⑧ 口腔保健。
⑨ 保健食品。　　　　　⑩ 零食飲料。
⑪ 媽咪寶貝。　　　　　⑫ 型男專區。
⑬ 女性用品。　　　　　⑭ 香水品牌。
⑮ 衛生紙類。　　　　　⑯ 專櫃保養。
⑰ 身體保養。　　　　　⑱ 美容美材。

（5）屈臣氏自有品牌名稱系列與品項

① 自有品牌系列

A. 蒂芬妮亞。

B. 小澤家族。

C. Active Body。

D. 橄欖精華護理系列。

E. 屈臣氏蒸餾水。

② 自有品牌品項

衛生紙、衛生棉、洗髮精、潤髮乳、沐浴乳、蒸餾水、礦泉水、溼紙巾、小包面紙、綿羊油、綿羊油乳液、茶樹精油去角質霜、洗手乳、浴巾、紙手帕、牙刷、牙線、OK 繃、擦髮巾、直髮夾、屈臣氏綿羊油、屈臣氏綿羊乳液、屈臣氏茶樹／綠茶／薰衣草洗手乳、屈臣氏橄欖柔順洗髮乳／潤髮乳、屈臣氏乳霜洗髮乳／潤髮乳。

13. 康是美門市店變時尚了——砸 5,000 萬打造四大風格門市

因應電子商務發達，消費型態改變，統一超旗下的藥妝通路康是美進行品牌再造，斥資 5,000 萬元打造四大全新型態門市，康是美總經理張聰本表示，未來將延續四大風格展店，2016 年營收、獲利目標年增 5%。

統一集團旗下的美麗事業，由董事長羅智先的太太高秀玲親自操刀，近來動作頻頻，更因應電子商務發達改變的消費型態，特別強化實體門市的

體驗行銷。

張聰本表示，新型態門市為 Fashion Lab（時尚專研風）、European Garden（歐洲庭園風）、Modern Forest（摩登森活風）、Urban Oasis（都會紓壓風）等四類，分別位於高雄夢時代、高雄楠梓、桃園蘆竹，新竹東區。

康是美 2014 年營收 95.99 億元，2015 年突破百億元大關，全臺共 450 家門市，張聰本說，未來會視消費者反應，加速新型門市的展店速度，同時既有店型也會依照消費者意見，加大門市的格局、走道寬度與商品品項數量。

他也說，新型態門市一家店要投資 1,000 萬元改裝，較以往高出三倍，但希望能夠進一步拉高客單價，帶動營收成長。

（五）資訊 3C ／家電連鎖店

1.意義
3C 連鎖店係指提供 3C 產品之大賣場，賣場坪數約在 200～400 坪之間。

2.產品線
此賣場主要銷售：大家電、小家電、資訊、通訊、影音、影視等六大類產品為主力。

3.主要營運者

排名	公司	店數	年營收
1	燦坤 3C	300 店	210 億
2	全國電子	300 店	180 億
3	大同 3C	150 店	70 億

4.主力客層
男性為主，年齡 40～60 歲為主。

5.獲利率
3C 連鎖店也跟一般零售業差不多，大致在 3～5% 之間。

6.主力競爭對手

3C 連鎖店業者近年來受到電商（EC）業者很大影響，使得業績不易成長，甚至呈現衰退現象。許多資訊、電腦、通訊、小家電直接在網路上購買更便宜。

7.未來發展與趨勢

（1）傳統 3C 連鎖店必須加快投入 EC（電商）經營，跟上電商網購這種業務。例如：燦坤快 3 就是燦坤 3C 轉向電商經營的好例子。

（2）關小店，留大店，並轉向複合店及數位店，也是未來趨勢。

8.銷售品項

（1）電腦及其周邊產品。

（2）監視器（monitor）。

（3）家電（冰箱、冷氣、熱水瓶、電鍋）。

（4）隨身碟。

（5）液晶電視（中大型尺寸）。

（6）數位相機。

（7）手機。

9.主要供應廠商

（1）三星。　　　　　　　　　（2）acer。

（3）LG。　　　　　　　　　　（4）TREND。

（5）SONY。　　　　　　　　　（6）Canon。

（7）Panasonic。　　　　　　　（8）Nikon。

（9）TOSHIBA。　　　　　　　（10）歌林。

（11）HITACHI。　　　　　　　（12）聲寶。

（13）大金。　　　　　　　　　（14）SHARP。

（15）大同。　　　　　　　　　（16）Philip。

（17）東元。　　　　　　　　　（18）Apple。

（19）奇美。　　　　　　　　　（20）虎牌。

（21）禾聯。　　　　　　　　　（22）象印。

（23）BenQ。　　　　　　　　　（24）膳魔師。

（25）ASUS。　　　　　　　　　（26）其他廠商。

（六）量販店（General Merchandise Store, GMS）

量販店也是國內主力的零售通路之一，量販店數目日益擴張，與便利商店同為國內最大零售的二大通路。

1. 意義
係指大量進貨、大量銷售，且因進貨量大，可以取得比較優惠的進貨價格，而得以平價供應給消費者，藉以吸引顧客上門的零售店。

2. 例示
主要以家樂福、大潤發、COSTCO、愛買等大型量販店為代表。

3. 特色
（1）價格較一般零售店、超市更便宜（亦即大眾化價格，尋求薄利多銷）。
（2）賣場規模化及現代化。
（3）商品豐富化及現代化，具單站購足（one-stop-shopping）特色。
（4）進貨量大（所以成本低），銷售量也大。
（5）採取開架自助選購方式。
（6）目前亦擴大商品線到資訊、家電及美妝開架式商品，均成為最新趨勢。
（7）法令放寬，量販店已大量進入都會市區設點。

4. 未來發展
已朝購物結合餐飲及娛樂的方向，擴大為大型購物中心（shopping mall），使購物是一件休閒、餐飲、購物滿足與快樂之事。例如：新北市中和區的環球購物中心、臺北市的101大樓、微風廣場、大直美麗華購物中心，以及家樂福量販店擴大與各種專賣店的大型商場結合。

5. 國內主要量販店營運數據參考表

（1）四大量販店 2023 年業績

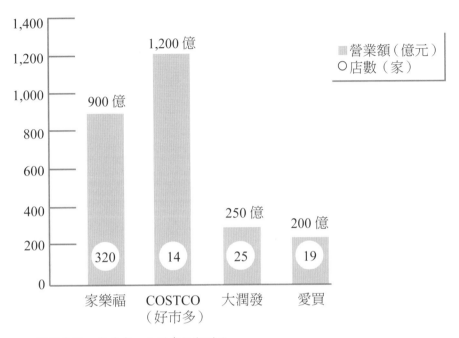

資料來源：各業者、公開資訊觀測站。

（2）臺灣四大量販店競爭一覽表

量販通路	家樂福	大潤發	愛買	COSTCO
店數	320 家	25 家	19 家	14 家
股權	統一集團 100%	全聯 100%	遠東集團 100%	美國 100%

資源來源：業者。（註：家樂福的 320 店，包括併購頂好超市的店，並非全是量販店。）

（3）四大量販店 2024 年營運重點

業者	2024 年發展重點	2023 年營收	2024 年店數	2030 年預計店數
家樂福	持續展店 強化會員卡 加強自有品牌 投資更多促銷檔期	約 900 億元	320 家	約 350 家

業者	2024 年發展重點	2023 年營收	2024 年店數	2030 年預計店數
大潤發	授權各店依競爭決定價格 增加商品季節性促銷 加強引進自有品牌 更精準推動分群 DM	約 250 億元	25 家	27 家
愛買	全面推動生鮮產地直送 改裝賣場更新商店街 加強季節性商品 推動會員卡	約 200 億元	19 家	可能增 2 家
COSTCO	持續展店	1,200 億	14 家	16 家

資料來源：各業者。

6.臺灣大賣場購物，調查呈現八大趨勢——賣場化、週末化、全家化、休閒化、省錢化、衝動化、M 型化及會員化

根據 2024 年 1 月分艾普羅民調公司與《工商時報》合辦的「臺灣民眾大賣場購物型態大調查」，調查結果發現如下：

（1）大賣場是最常去的零售場所——賣場化

調查發現，臺灣民眾日常生活用品 43% 會去大賣場買，其次是超市與超商，比率合計為 35%；選擇傳統市場或雜貨店的比率，合計僅 10%。

（2）週末化

12% 受訪者每週都去大賣場購物，16% 半個月去一次，19% 每個月採購一次，其餘大多不定期，家中存貨不足才去。調查也發現，選擇週末或假日前往大賣場的民眾，比率合計 45%；在週一到週五前往大賣場的民眾僅 10%，其餘民眾前往大賣場時間不固定。

（3）全家化

至於獨自前往大賣場的民眾比率甚低，僅 16%，其餘 84% 的民眾每次到大賣場都是呼朋引伴。

（4）休閒化

民眾去賣場購物也出現「休閒化」趨勢，雖然購物是主要活動，但 32% 的人一定會去美食街打牙祭，26% 的人會順便逛周邊商店街，5% 的人

會在附屬遊樂區玩樂，有些賣場還能順便理髮。

（5）M 型化

M 型社會在大賣場購物行為上表現得更明顯，5 元一把的青菜大家搶破頭，萬元一瓶的紅酒也能賣到缺貨。

調查發現，每次花 500 元以內的比率為 4%；花 500 元到 1,000 元的有 10%；花 1,000 元到 1,500 元的比率為 12%；1,500 元到 2,000 元的比例最高，達 16%；2,000 元到 2,500 元降到 7%，但 2,500 元至 3,000 元的又回到 10%，每次消費超過 3,000 元的更達到 13%。

（6）會員化

國內大賣場以家樂福 320 家分店最多，大潤發有 25 餘家分店，遠東愛買分店 19 家，還有好市多（COSTCO）等。由於各家賣場規模大小不一，消費者評價亦不同，但四大賣場在退換貨便利性、紅利積點優惠度與停車方便度均獲肯定。

（7）對各家大賣場的評價

相對的，消費者亦提出建設性建議，例如：常去家樂福的民眾認為，需加強店員服務專業度、加快結帳速度，退換貨機制上亦有改善空間。常去大潤發的消費者，希望有更人性化的賣場環境、提升店員專業程度、結帳便利性、服務水準。常去遠東愛買消費的民眾，對於店員服務專業度評價較高，但亦覺得遠東愛買的價格可以壓得更低。至於結帳的便利性與賣場的舒適度，消費者盼精益求精。好市多採收年費會員制，產品多為大包裝，常去好市多的消費者，大多已經肯定好市多的品質，所以評價比其他三家略高。不過，仍可發現好市多的常客亦期盼降低商品價格。

7. 臺灣成長最快速的量販店好市多，已超越家樂福

（1）臺灣 COSTCO 成績單

① 2023 年營收突破 1,200 億元大關，成為臺灣量販店龍頭。

② 美國 COSTCO 總公司拍板，由臺灣好市多經營團隊登陸中國市場，在 2019 年開第一家門市。

③ 內湖、臺中、中和 3 家分店，擠進 COSTCO 全球 671 家賣場的獲利前 10 名。

④ 會員卡數達 300 萬張，每年收取年費 40 億元，是全臺擁有最多收費會員的企業（每位會員每年收 1,350 元）。

（2）好市多業績成長的九大祕訣

① 恬恬養金雞

願意花時間培養冷門市場，例如：「聽力中心」販售超值的助聽器，就是因應高齡市場所需。

② 就是不漲價

臺灣好市多成立二十多年（1997 至今）以來，美食區的熱狗麵包套餐（含免費飲料無限暢飲）只要 50 元，從未漲過價。

③ 降價超有感

一年兩次「會員護照」行銷活動，每樣商品都是真實降價，例如：西雅圖極品咖啡打折後，與市價差最多曾超過二成。

④ 飢餓行銷術

許多熱賣商品限量一檔，賣完就沒了，例如：93 吋的大熊，成功製造消費者「看到就要搶」的習慣。

⑤ 讓你占便宜

美食區提供免費洋蔥和酸黃瓜，堅持讓消費者「占便宜」，可有效降低客訴，是最好的口碑行銷。

⑥ 獨家商品秀

採購團隊市場嗅覺敏銳，常向供應商建議新包裝、口味的獨家商品，例如：三層的舒潔抽取式衛生紙。

⑦ 三倍釣魚法

試吃商品分量夠大，例如：KS 無骨牛小排試吃當天，該商品營業額大幅成長三倍。

⑧ 貨架星移法

即使是長銷商品，也經常更動擺放位置，希望會員有尋寶的驚喜，間接提高消費金額。

⑨ 退貨買更多

全球好市多皆可無條件退貨，甚至連吃了大半的餅乾也可以退，讓消費者更敢放手消費。

（3）薄利多銷是基本原則，毛利率不可超過 11%，以低價行銷回饋消

費者。

（4）堅持收年費 1,350 元，每年全臺會員 300 萬人的年費收入即達 40 億元。

8.COSTCO（好市多）簡介

（1）好市多的與眾不同

① 商品優質，售價合理

由於全球會員超過 7,100 萬人，讓其擁有強大的購買力，得以透過大量採購，盡可能地降低成本。此外，商品以棧板方式進貨，並直接在賣場陳列販售，減少分裝成本。如此一來，就能以相對低的價格，將高品質的品牌產品回饋給會員。

② 會員制度，權益獨享

每年收取定額的會員費，能幫助好市多減少許多營運及管理上的成本，創造更多的價值回饋給會員，而且這張會員卡可在全球好市多的賣場享受到同樣的購物權益。

③ 進口商品，選擇眾多

跟其他一般賣場不同，好市多陳列的商品，有 40% 都是進口商品。經過採購團隊的嚴格篩選，把商品項目限制在 4,000 種以下，僅提供最好的品質和最好的價格給會員。

④ 商品特展，優質精選

在好市多舉辦的商品特展活動，往往是其他賣場難以見到的品牌種類。於商展期間，常有專人於現場提供說明與服務，讓會員可以進一步了解商品。

⑤ 多元商品，季節限定

好市多時常推出特定期間限定的商品，讓會員每次來消費時都充滿驚喜，體驗尋寶的樂趣。季節性品項包羅萬象，如美妝保養、服裝配件、生鮮蔬果、節慶禮盒等。

（2）全球倉儲批發量販賣場的創始者

① 起源

Price Club 成立於 1976 年美國加州聖地牙哥，是全球第一家會員制的倉儲批發賣場，最初以服務小型企業為主，後來為服務更廣大的消費群眾，開放供一般個人採買。

② 成立

第一家好市多專場是在 1983 年成立於華盛頓州西雅圖市，短短 6 年時間，年營業額就從零元成長到 30 億美元。

③ 拓展

這兩家經營如此成功的公司在十餘年後，於 1993 年合併成為普來勝（PRICECOSTCO）公司，擁有 206 家賣場，全年營業額約 160 億美元。

④ 正名

到了 1997 年，普來勝正式更名為好市多股份有限公司（COSTCO WHOLESALE），目前賣場遍及臺灣、日本、韓國、美國、加拿大、墨西哥、英國、澳洲及西班牙九個國家／地區。

⑤ 來臺

好市多於 1997 年進駐臺灣，並於高雄成立第一家賣場。目前全臺共有 14 家賣場，分布於大臺北、桃園、新竹、臺中、嘉義、臺南及高雄等地。

（3）好市多的經營理念

盡一切所能以最低價格提供會員高品質的商品，是好市多一向秉持的經營理念，為了達成此目標，我們盡全力降低營運成本，將省下的金錢完全回饋給會員。

（4）在商品策略上

① 選擇市場上最受歡迎的品牌商品。

② 以較大數量的包裝銷售，降低成本並相對增加價值。

③ 持續引進特色進口新商品以增加商品的變化性。

④ 產品價格隨時反映廠商降價或進口關稅調降。

（5）在賣場經營管理上

① 提供會員安全整潔的購物空間，走道寬敞、舒適。

② 商品的處理，有關溫度控制及衛生均有嚴格控管。

③ 提供會員多項免費服務，例如：免費視力檢查／鏡架調整服務、免費聽力測試、免費輪胎氮氣填充等。

④ 賣場採自助式，並使用紙箱而非塑膠袋包裝商品。

（6）好市多雙重保證

① 在會員方面

於會員卡有效期限內，顧客若不滿意，可以隨時取消會員卡，好市多將退還當年度全額會費。

② 在商品方面

凡購買好市多所提供之產品，除附有廠商保證書外，並享有好市多全額退款保證。

臺灣好市多（COSTCO）小檔案	
總經理	張嗣漢
店數	預計 2030 年達 16 家
分布地區	北中南部皆有據點
付費會員數	約 300 萬人（年費 1,350 元）
續卡率	平均 92%
年營收	1,200 億元

@（七）購物中心（shopping mall）

1.意義

購物中心係指一個至少萬坪以上的大型商場。這個購物中心裡包括百貨商場、電影院、各式餐廳、娛樂設施、商店等多元化、豐富化的大商場。

2.主要營運者

目前國內大型購物中心，包括：

（1）大直美麗華。

（2）臺北 101。

（3）微風廣場。

（4）大遠百（big city）。

（5）遠企購物中心。

（6）環球購物中心。

（7）大江購物中心。

（8）台茂購物中心。

（9）高雄夢時代廣場。

（10）三井林口 Outlet、臺中 Outlet。

（11）華泰 Outlet。

（12）麗寶 Outlet（臺中）。

（13）遠東新竹巨城購物中心。

（14）臺北新店裕隆城購物中心。

3. 特色

（1）購物中心的坪數空間很大，至少 1～5 萬坪之間。

（2）可以容納百貨公司、電影院、餐廳、娛樂、商店等多元化賣場。
另外，也備有大型停車場。

4. 收入來源

購物中心收入來源有三種：

（1）租金收入。

（2）專櫃拆帳抽成收入。

（3）門票收入（較少）。

5. 獲利率

購物中心的獲利率，大致與各種零售業差不多，大約在 3～6% 間。

6. 主力客層

購物中心的主力客層，大致有二：

（1）全家親子族群。

（2）年輕族群。

7. 年產值規模

購物中心年產值大致與百貨公司合併在一起計算，兩者年產值合計約
3,600 億元。

8. 未來發展與趨勢

大型購物中心或大型 Outlet 已是現代零售業大型賣場的主流發展趨勢，

其競爭優勢將比百貨公司的單一業種更有利。

9.購物中心經營成功的相關要素

國內購物中心專家萬憲璋（2007）認為，購物中心想要經營成功的相關
要素有以下幾點，值得吾人深思。

（1）**開發業者扮演要角，要具有專業性**

購物中心要經營成功，開發業者扮演要角。首先，開發業者須擁有技術
開發的能力，建築、租賃、管理、法律、保全、財務、社區關係經營等
專業知識不可或缺，據以擬定經營計畫。

購物中心源自歐美，歐美土地廣大，購物中心都屬狹長型。臺灣因土地
狹小，只能利用有限的空間建造出垂直型的購物中心。除了考量硬體性
的建築物技術問題外，軟體性的市場調查、商品計畫、店鋪選擇也必須
考慮周詳。

（2）**業者要具有高度管理能力**

其次，要有管理能力。購物中心涉及的層面相當廣泛，在設備、建物、
人員、營業等各方面，都需要有良好的管理能力。最後要有資金能力，
除了自有資金充足外，籌資能力也很重要。

（3）**業者要具有正確的經營態度及經營步驟**

開發業者也必須具備正確的態度。一是正確掌握購物中心的本質，這包
括計畫性、整合性和統一管理，也就是在選擇立地上，建造計畫性的設
施，有計畫性地選擇符合地區居民的商店，建設一個涵蓋百貨公司、專
賣店和服務設施的綜合性商業設施，設店廠商在開發業者統一管理下，
進行共同的活動。

二是遵循購物中心的原理原則。購物中心為了滿足一次購足的功能，商
品結構上必須謹守若干原則，首先要網羅所有必要的商品，以滿足消費
者一次購足的需求；其次要設立多家商店，讓消費者能夠貨比三家；而
且商店間不可過度競爭，以發揮統一管理的功能。

三是遵循購物中心的開發步驟，從進行市場調查、擬定基本計畫、建造
主體建物、擬定商品計畫、選擇商店、內部裝潢、商品進店等到開幕，
必須循序漸進。

（4）立地條件很重要

綜合上述，可知立地條件、商品結構、商店條件、公共設施功能、經營理念是購物中心經營成敗的關鍵。

立地條件不好，會影響經營績效。由於購物中心投資金額龐大，投資前務必進行完整的立地調查，包括商圈調查、店址調查。商圈調查包括範圍、環境、人口、交通、行人量、設施、競爭店等；店址調查則包括地點、面積、道路、土地等。

（八）大型 Outlet（暢貨中心）

1.意義

以銷售經折扣後的精品品牌為主的大型賣場，並且附有各式餐飲據點及遊樂設施。

2.主要營運者

主要廠商	坪數	地點	品牌數	年營收
1. 林口三井 Outlet	1.3 萬坪	新北市林口	220 個	66 億
2. 華泰 Outlet	1.6 萬坪	桃園中壢	210 個	90 億
3. 禮客 Outlet	3,000 坪	臺北內湖	150 個	30 億
4. 麗寶 Outlet	2 萬坪	臺中后里	250 個	40 億
5. 義大 Outlet	8,000 坪	高雄	150 個	30 億
6. 宜蘭蘭城	2 萬坪	宜蘭市	200 個	30 億

3.主要客層

主要客層為年輕消費族群及家庭親子族群。

4.年產值

年產值約為 400 億元。

5.競爭對手

主力競爭對手為大型購物中心（shopping mall）。

6.品牌（品類）

主要以服飾、鞋類、皮件、皮包、飾品、保養品等各類精品為主。

7.何謂 Outlet 購物中心

Outlet 是 1980 年代後半誕生於美國的全新商務流通模式，最早由名牌服裝工廠在倉庫建立起 Factory Outlet，利用工廠倉庫銷售訂單餘貨，因為是品牌真品，既有高質感，同時價格低廉，廣受顧客喜愛，後來這種 Factory Outlet 日漸繁榮，許多品牌把分店集中在一起開設，以名牌和低價吸引顧客，慢慢演變為由多家銷售名牌過季、下架、零碼商品的商店，所組成的休閒、購物一體化之購物中心。今天，Outlet 已經成為美國、歐洲、日本流行的購物方式，舒適的購物環境，眾多世界頂級品牌，讓人心動的超低折扣，Outlet 是全家享受購物、美食、遊樂的最好去處。

8.林口三井 Outlet

（1）公司介紹

三新奧特萊斯股份有限公司是由三井不動產株式會社出資 70%、遠雄建設事業股份有限公司出資 30% 共同成立之公司。擁有日本國內多年商業設施經營經驗之三井不動產株式會社。負責 MITSUI OUTLET PARK 林口之營運，結合於臺灣不動產事業擁有豐富經驗的遠雄建設事業股份有限公司，一同打造臺灣新指標性 Outlet 購物商城，成為北臺灣最大的消費遊樂地標。

（2）MITSUI OUTLET PARK 品牌理念

① 品質與親近感

讓國內外知名品牌商品更觸手可及。

② 多樣性

以豐富的店鋪陣容提升購物消費的愉悅感。

③ 地域性

提供與在地文化接觸、感受、親近的體驗樂趣。

④ 舒適性與環境性

以打造安心與潔淨的設施為目標，以「賓至如歸」的精神迎來顧客。

⑤ 雀躍感

竭盡心力，實現讓顧客體驗雀躍且獨一無二的消費感受。

9.三井 Outlet 進軍臺中

日本人氣美食店家陸續來臺插旗，現在連日系商場也紛紛搶進臺灣，繼微風廣場宣布合資成立新零售品牌「Breeze atre」，並已於 2018 年開幕的微風南山開設大店後，日本三井不動產集團在臺第二座暢貨中心 MITSUI OUTLET PARK，也已於臺中港營運，打造全臺首座海港型購物商場，同時，另一日系購物商場「LaLaport」則坐落南港，並於 2021 年開幕。

MITSUI OUTLET PARK 臺中港基地位於臺中市的梧棲區，緊鄰觀光遊輪停靠港的臺中港岸邊，商圈腹地廣達臺中、苗栗、彰化、南投、雲林等五大縣市，鄰近更有梧棲漁港、高美溼地、大甲鎮瀾宮等觀光景點，預計每年吸引超過 4,000 萬人次的國內外旅客造訪。

業者表示，預計有 160 家的國際知名精品品牌、日系品牌，以及臺灣消費者最愛的美食餐飲等名店進駐，並且利用得天獨厚的海天美景，規劃海景餐廳、大型景觀摩天輪等娛樂性十足的國際級購物休閒娛樂設施，目標成為全臺灣第一座結合海洋旅遊、時尚生活與休閒娛樂的海港購物設施。

@（九）藥局連鎖店

1.意義

藥局連鎖店也是近幾年來快速崛起與普及的零售業種之一。很多藥廠、保健食品廠商的產品，都要靠這種通路去銷售才行。

2.主要營運者

國內藥局、藥店連鎖業者，主要前五大為：

	公司	店數	上市櫃
1	杏一藥局	266 店	上櫃公司
2	大樹藥局	250 店	上櫃公司
3	維康藥局	200 店	—
4	丁丁藥局	84 店	—
5	啄木鳥藥局	61 店	—

3.主要銷售品項

連鎖藥局主要銷售的品項有：營養品、保健品、嬰兒用品、醫藥用品、營養用品、日常百貨、奶粉、紙尿褲、生技產品、媽媽用品、醫療器材、老人輔具、慢性處方箋等數百個品項。

4.寄售或買斷

連鎖藥局的產品進貨，部分採取寄售方式，部分則採取買斷方式。寄售是指每月結帳，賣多少結帳多少；買斷則是一次性支付現金，將產品買進來上架鋪貨。

5.毛利率與獲利率

藥局的毛利率大約在 40% 左右；獲利率在 5～8% 之間。

6.未來發展趨勢

連鎖藥局已漸成為主流趨勢，在某地區內，三、五家藥局也可以形成連鎖趨勢，拓店數會愈來愈多。

7.坪數空間

坪數空間大致在 30～100 坪之間均可。

8.大樹藥局連鎖店介紹

（1）全臺大樹藥局連鎖店達 250 店，占全臺藥局 1,350 家的市占率約為 15%。

（2）大樹藥局的主要產品系列包括：婦幼、保健、藥品、生活用品、處方箋等五大系列產品。

（3）大樹藥局成立於 2000 年，迄今只有 24 年歷史，總公司在桃園市中壢區。

（4）大樹年營收達 66 億元，年獲利額 1.7 億元，獲利率為 2.1%。

（5）大樹公司的經營理念有三項：

①願景：值得您信賴的藥局。

②使命：創造健康每一天。

③價值：專業、誠信、共享。

（6）經營策略：

①持續展店，擴大經濟規模。

②擴大延伸海內外專業版圖。

③OMO 發展（線上與線下融合並進發展業務）（註：OMO，英文為 Online Merge Offline）。

④持續網羅各類專業人才。

⑤建構健康大平臺。

（7）未來發展潛力：大樹藥局目前會員人數達 180 萬人之多，由於臺灣老年化發展顯著，未來商機與成長空間仍很大。

9. 杏一藥局連鎖店

（1）國內第二大杏一藥局連鎖店，創立於民國 79 年，目前在臺灣及中國計有 266 家直營店。年營收為 53 億元，稅後盈餘 1.4 億元，毛利率 31%，獲利率 3%。

（2）杏一於 2012 年，即成為第一家上櫃的藥局連鎖店。

（3）該公司經營理念為：專業、服務、品質、效率。

（4）該連鎖店目前計有 31 大類產品及 3 萬個品項，主要為藥品、保健品及生技產品。

（5）經營策略：

①持續優化產品結構。

②精進專業服務品質。

③持續門市展店。

④精準掌握消費者需求。

⑤與顧客建立長期與穩定的連結。

⑥與供應商共同開發高附加價值商品。

10. 松本清簡介

（1）松本清是日本前三大藥妝店，全日本門市計有 1,700 家之多，於 2018 年進軍臺灣市場，首家旗艦店開在臺北市西門町，迄 2021 年止，臺灣計有 20 家門市店，預計五年內，松本清在臺門市店將達 100 家。

（2）松本清在臺灣的旗艦店，其產品系列分為二大專區及十大區域，包括如下：

①1 樓為彩妝保養品專區，計有六大區域，分別為：限量特惠商品、季

節新品、松本清獨家品牌、彩妝體驗區等。

②2 樓為生活個人醫藥專區，其有四大區域，包括：日本零食區、個人用品區、口腔護理區、男士用品區。

（3）臺灣松本清也致力於爭取到跟日本同步上市的新產品及好品牌，使消費者有新鮮感。

（4）日本目前流行的主流，其店型是大型複合式藥妝店；所謂大型複合式藥妝店，就是指除了藥妝品外，還增加食品及其他商品販賣，促使店面可以讓更多年齡層的消費者進來。目前，臺灣松本清的女性與男性之比例為 85% 對 15%。

（5）臺灣松本清希望成為「具有日本風格」的藥妝店，並用日本獨特商品，在臺灣實現獨一無二的差異化。

（6）此外，在日本松本清店裡常有一些互動性宣傳，例如：液晶螢幕打廣告，或是直接教消費者使用方法的宣傳機等，也將引進臺灣。

（7）臺北西門町旗艦店屬於觀光客店型，因此也有提供外語專屬服務人員。

@（十）居家用品連鎖店

1.主要營運者

公司	店數
特力屋（B & Q）	27 大店，7 間社區小店
特力和樂（Hola）	22 大店
寶家（寶雅的雙品牌）	40 大店

2.主要銷售品項

大型居家用品連鎖店主要銷售的品項有：家具、寢具、收納架、燈具照明、五金工具、家電空調、衛浴設備、廚房用具、園藝品、地板、窗簾、油漆、建材、鍋具、餐桌、DIY 產品等。

3.寄售

居家用品連鎖店的產品進貨，主要是採取寄售，賣多少算多少；而買斷則為少數。

4.坪數空間

大約數百坪到數千坪，屬於大型賣場的一種。

5.主要客層

以男性客層居多，女性次之，有居家修繕需求者為主。

6.「寶家」五金百貨連鎖店簡介

（1）寶家五金百貨連鎖店是知名寶雅美妝雜貨連鎖店的轉投資子公司，於 2016 年始成立，且快速拓展。

（2）寶家以平價、簡易、便利為核心，打造輕鬆上手的五金百貨，人人都能自助 DIY 動手作。

（3）寶家目前已有 25 家大店，每店都有 300 坪大，從中南部起家。目前，年營收 60 億元，獲利率 10%。

（4）全臺五金百貨年產值約有 600 億元。

（5）寶家提供多元化品項及嚴選優良商品，品項數達 3 萬項，可供顧客一站購足。店內產品包括：專業五金、修繕配件、耗材、居家用品、生活用品、洗淨用品、收納櫃、休閒食品飲料、個人護理等類別。

7.特力屋與特力和樂（HOLA）簡介

（1）在特力集團旗下，還有 2 個比較大型的居家用品修繕連鎖店，一個是特力屋品牌店、另一個是特力和樂（HOLA）品牌店。

（2）此二品牌連鎖店內的產品系列，包括：寢具家飾、餐廳用品、廚衛燈具、五金工具、窗簾、油漆、建材、收納等。

（3）此二品牌的經營方針，主要有：

①以社區為中心，就近服務社區居民，提高各地區會員的滲透率及回購率。

②持續拓展品牌代理業務。

③持續與品牌聯名，推出獨特性商品。

④持續升級體驗式服務，增加體驗樂趣，提升顧客黏著度。

@（十一）生機（有機）連鎖店

1.意義

近幾年有日漸崛起的生機連鎖店，是一種新業態，店裡主要強調食安問題，提供顧客安全、安心、健康的生活，回歸自然的一種賣場。

每店的坪數，大致在 30～50 坪之間，與便利商店坪數相當。

2.主要營運者

生機連鎖店的主要營運者有 3 家，如下表：

排名	公司	店數	年營收額
1	里仁	132 店	25 億
2	聖德科斯	92 店	20 億
3	棉花田	64 店	10 億

3.特色

（1）產品幾乎都強調：有機、自然、天然、無農藥，食安放第一。

（2）產品的售價比一般店略高 10～30%。

（3）供應商也不是全國性大廠，是有區隔的。

4.主力客層

以女性、家庭主婦、上班族、年齡 40～60 歲，中產階級以上、經濟條件較佳者為主力客層。

5.未來發展趨勢

生機連鎖店近幾年來有了比較快的成長，未來發展情況看好，因為它的定位獨特，而且具有區隔性。

@ （十二）眼鏡連鎖店

1.主要營運者

前三大眼鏡連鎖店，如下表：

排名	公司	店數	上市櫃
1	寶島	468 店	上櫃公司
2	小林	240 店	—
3	仁愛	121 店	—

2.主要銷售品項

眼鏡連鎖店的銷售品項有：鏡框、鏡片、日拋式隱形眼鏡、藥水、保健食品等。

3.主要客層

主要客層以年輕學生、年輕上班族居多，中老年人居次，以有配眼鏡需求者或戴隱形眼鏡需求者為主。

4.未來發展趨勢

單店經營及連鎖經營兩者會並重。

@ （十三）連鎖書店

1.主要經營者

	公司	店數
1	金石堂	40 店
2	誠品	38 店（海外 44 店）
3	墊腳石	11 店

2.主要客層

客層分布較廣泛，有年輕學生、年輕上班族、親子、中年人等，男、女性均有。

3.銷售品項

有各類書籍（藝文、商管、經濟、小說、散文、醫藥、健康、歷史、傳記等）、文創、文具商品、音樂 CD 等。

4.寄賣或買斷

書店的書籍大都是以寄售、寄賣方式居多，每月結帳一次。

5.發展趨勢

（1）書店經營並不容易，不少店因虧損而關門。目前只有金石堂和誠品比較穩固，且具有網路書店經營。

（2）國內出版社及書店都經營不易，主要是買書的人少了、看書的人少了，衰退幅度幾達一半之多；造成出版社及書店的不景氣，只剩下大型出版社及大型連鎖書店能夠存活下去。

6.出版社

國內有數百家出版社，雖有博客來網路書店及出版社自己的網路書店，但仍屬艱困經營，大部分僅能損益兩年或小賺而已，連鎖書店是它們重要的銷售通路之一，這些連鎖書店不能再關門了。

@（十四）無店鋪販賣（虛擬通路販賣）

1.無店鋪販賣類型

（1）展示販賣（display selling）

此係指在沒有特定銷售場所下，臨時租用或免費在百貨公司、大飯店、辦公大樓、騎樓或社區等地方展示其商品，並進行銷售活動。目前像汽車、語言教材、家電、健康食品、光碟、服飾等業別，均有採用此方式。

（2）型錄販賣（catalogue selling）

郵購（mail-order）係利用型錄、DM、傳單等媒體，主動將商品及服務訊息傳達給消費者，以激起消費者購買欲。郵購商品一般是使用送貨到家或郵寄兩種途徑。目前較大的有東森購物、DHC、雅芳、富邦 momo 等。

（3）訪問販賣（interview selling）

訪問販賣亦可謂之直銷（direct sales），係透過人員拜訪、解釋與推銷，以完成交易。訪問販賣之進行，係透過產品目錄、樣品或產品實體等向

客戶促銷。目前例如：國泰人壽、南山人壽保險公司業務推廣、安麗、雅芳、寶露等均屬之。

（4）電話行銷（tele-marketing，又簡稱為 T/M）

此係指利用電話來進行客戶之服務或產品銷售之任務，又可區分為兩種：

① 接聽服務（inbound）：透過電話接受客戶之訂貨、查詢與抱怨。

② 外接電話（outbound）：透過電話向目標客戶群解說產品性質，並做銷售推廣活動。

例如：目前各大人壽公司即有專職的電話行銷人員，藉由電話行銷，以初步發現潛在之客戶，然後再由業務人員出面拜訪洽談。目前很多大飯店推銷會員卡、銀行的理財基金、壽險公司的產品、信用卡代償等，均經常使用此方式推廣。

（5）自動化販賣（auto-machine selling）

此係指透過自動化販賣機以銷售產品，目前這種趨勢有日益明顯現象。

例如：飲料、報紙、衛生紙、花束、生理用品、CD、DVD 或 BD、麵包、點心等包羅萬象；在日本及美國尤為普遍。

（6）電視購物（TV-shopping）

藉著電視螢幕而下達採購電話指令，以完成銷售及付款作業，又被稱為有線電視購物（cable TV；簡稱 CATV）。目前國內最大電視購物公司為東森得易購公司。該公司係採取現場（live）節目直播。電視購物已在臺灣快速崛起，形成新的零售通路創新典範。該公司提供三個全天候 24 小時的電視節目現場播出購物頻道經營。另外，還有富邦 momo 臺、viva 臺等二家主要業者。

（7）網站購物（internet shopping）

網站購物是透過 PC 網站連結點選商品，B2C 網站購物亦已日漸普及。yahoo! 奇摩、博客來、PChome、momo 購物網、GoHappy、生活市集等，為國內主要的 B2C 購物網站業者。

2. 無店鋪販賣經營要點

要成功經營無店鋪販賣，應注意下列幾個要點：

（1）要建立完善的客戶資料檔案（CRM，顧客關係管理的一種資訊系統）。

（2）產品要具備足夠之特色（或銷售獨特點）。

（3）定價要合理，不應比店面貴。

（4）要建立快速的配送系統（委外處理）（宅配公司已日趨普及進步）。

（5）要有負責任的售後服務作業（客服中心平臺）。

（6）要建立企業形象及商譽，讓消費者信任。

（7）要有一套規劃完善的經營管理制度與資訊 IT 系統（電話訂購、物流出貨、信用卡刷卡及商品資訊四大系統）。

（8）要擇定適合做無店鋪販賣之產品類別。

（9）要努力開展行銷動作，建立消費者心目中的品牌知名度。

（10）需有可信賴及安全的金流機制與銀行配合。

（11）推出分期付款（免息），從 3 ～ 12 期的分期，使消費者減低一次支出消費負擔，提升購買意願。

（12）七天鑑賞期之內，可無條件退貨。

@（十五）運動用品連鎖店

1. 由於國人日漸重視運動健身，因此各種健身中心及運動用品連鎖店也日益蓬勃發展。目前，國內最大的運動用品連鎖店即是「迪卡儂」。

2. 迪卡儂連鎖店簡介

（1）迪卡儂為臺灣最大的運動用品量販店。

（2）全臺計有 16 家大店，迪卡儂公司係來自法國，總公司在臺中市，它專責採購及連鎖店經營，年營收為 46 億元；店內有 60 種運動品類，以及一萬件商品品項。目前，新北市三重店計有 1,500 坪之大，是全臺旗艦店。

（3）迪卡儂提供的主力品類計有：登山、健行、跑步、露營、健身、重量訓練、足球、籃球、棒球、游泳、慢跑、瑜伽、自行車、水上運動、兒童體適能等產品。

@（十六）生活雜貨品連鎖店

　　在生活雜貨連鎖店方面，國內比較具代表性的是「DAISO（大創）」、「唐吉訶德」及「MINISO」三家，茲簡介如下。

1.DAISO（大創）連鎖店

（1）大創成立於 1977 年，係日本公司，2000 年進入臺灣市場。

（2）該公司定位以「高品質、多樣性與獨特性」為訴求，提供多樣化、平價、優質商品的零售連鎖店。大創全球年度總營收達 4,200 億日圓（約 1,200 億臺幣）。

（3）大創連鎖店的商品超過 7 萬個品項，每月新開發超過 500 項新商品。

（4）大創日本國內計有 3,200 家直營門市店，海外 26 個國家超過 1,900 家門市。

（5）大創主要品類，為一般家用日常品、雜貨品、食品、飲料、彩妝品、玩具、娛樂用品等。

（6）大創連鎖店主要特色有：

①不斷自我否定，促進商店及商品的進化。

②打造 1 美元低價商店所無法仿效的店鋪，創造零售業新價值。

③創造高品質、豐富化的商品。

④壓倒性的店鋪數量與物流網路，實現低價格。

（7）大創連鎖店的三大優勢：

①高品質。

②多樣化。

③獨特性。

2.唐吉訶德連鎖店

（1）唐吉訶德也是日系公司，2020 年底進軍臺灣市場。首店開在臺北市西門町，有三層樓，24 小時營業。

（2）該公司在全球有 637 家門市店，在日本、美國加州、新加坡、泰國、香港、臺灣均有分店。

（3）該連鎖店的產品，計有：食品、生鮮、酒、化妝品、雜貨品、體育用品、玩具、寵物用品、零食等多樣化產品。

（4）唐吉訶德的店鋪內，以人工手繪的 POP 廣告招牌為特色。

（5）該公司成立於 2013 年，成長迅速，目前為日本上市公司。

3.MINISO（名創優品）

（1）第三家介紹的是來自中國的MINISO（名創優品）生活雜貨連鎖店。

（2）該公司訴求的是「年輕人都愛逛的生活好物集合店」。

（3）該公司的三大DNA是：

①優質但低價。

②歡樂。

③隨心所欲。

（4）優質低價是名創優品打造產品的永恆目標，消費者以親民的價格，就能買到高CP值且高品質的優質好產品。

（5）MINISO的願景是：成為更懂年輕人、有態度、有溫度的日用消費品牌。

（6）「產品為主」始終是MINISO最重要的企業戰略，它聚焦Z世代年輕消費族群，並緊貼當下年輕人的消費潮流。

（7）自創立以來，MINISO已經與Hello Kitty、漫威、米奇米妮、可口可樂、故宮宮廷文化、芝麻街、粉紅豹、Bears熊等全球知名IP（智慧財產權、標誌）合作，推出一系列深受年輕人喜愛的聯名商品。

（8）MINISO迄今已在全球有超過4,200家門市店，除中國之外，還進入美國、加拿大、俄羅斯、德國、澳洲、臺灣等80個國家。

（9）憑藉著高CP值、高品質且具設計感的特質，MINISO已成為生活日常消費領域深入人心的品牌之一。

（10）MINISO號稱「中國百元雜貨店」，並成功赴美上市。

@（十七）服飾連鎖店

1.服飾連鎖店可區分為國內及國外二類

（1）國內：最大業者為NET，其他還有SO NICE及iRoo等業者。

（2）國外：最大業者為優衣庫（UNIQLO），其他還有GU、H&M、ZARA、GAP等業者。

2.優衣庫簡介

（1）優衣庫（UNIQLO）為日系服飾，號稱為日本的國民服飾，以平價優良品質及簡單款式為訴求；目前為全球前三大服飾公司，是全球性企業。

（2）優衣庫在 2010 年到臺灣，迄今全臺已有 72 家大店，成功打進臺灣市場。優衣庫的消費族群以年輕上班族為主力。

（3）日本優衣庫在 2014 年又推出副品牌 GU，其消費族群又更加年輕，以學生為主力。

3. NET 簡介

（1）NET 為國內最大本土服飾業者，全臺計有 150 家門市店。近幾年來，NET 門市店轉向「開大店，關小店」的策略，因為大店的經營績效比小店更好。

（2）基本上，NET 也是以平價、親民價格為主力；設計款式也朝向女裝、男裝、童裝等多元化、多目標客群、家庭全客層等邁進。

（3）NET 並沒有自己的工廠，都是委外代工（臺灣及中國），力求降低成本，才能以平價銷售出去。

＠（十八）咖啡連鎖店

1. 1998 年當美國星巴克（Starbucks）登臺時，全臺咖啡連鎖店只有 300 多家，到現在已超過 2,000 家之多，成長高達七倍之多。

2. 目前，國內最大營收額的咖啡連鎖店為星巴克，年營收額達 110 億元，獲利 7 億元，全臺總店數為 500 家，全數為直營店。

3. 但若論及咖啡連鎖總店數，則以路易莎為最多，店數達 520 家之多，加盟店為 380 家，直營店為 140 家，年營收額達 40 億元，仍落後星巴克。

4. 近幾年來，路易莎投資 2 億元，建立餐食廠、烘焙廠、焙豆廠等 4 座中央工廠，以及 500 坪的物流中心。

5. 路易莎現在餐食占了總營收的一半，包括蛋糕、披薩、三明治、排餐等；如果只賣咖啡，路易莎可能無法存活下去。

6. 過去十多年，路易莎的經營策略都是快速展店，但自 2020 年之後，路易莎就不急著展店，而是擴大店的坪數，以及轉向「全方位生活門市店」，例如：開設親子店、圖書館店等特色門市店。

7. 路易莎在 2021 年已申請成為上櫃公司。

8. 路易莎的基本訴求是「平價的精品咖啡」，平均一杯咖啡約 70 ～ 80 元，比星巴克一杯 130 元要便宜一些。

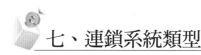

七、連鎖系統類型

（一）直營連鎖（corporate chain 或 regular chain）

1. 特色

所有權歸公司，由總公司負責採購、營業、人事管理與廣告促銷活動，並承擔各店之盈虧。

2. 優點

（1）由於所有權統一，因此控制力強、執行配合力較佳。

（2）具有統一的形象。

3. 缺點

（1）連鎖系統之擴張速度會較慢，因需資金龐大，且要展店。資金需求較為龐大，負擔沉重。

（2）風險增高。

（3）人力資源與管理會出現問題，尤其當店面數高達數千個時，全省人力的到任、離職、晉升等管理事宜將非常複雜，不是總部容易管理的。

4. 例示

金石堂書局、麥當勞、星巴克、康是美、肯德基、新光三越百貨、三商巧福、全國電子、小林眼鏡、科見美語、信義房屋等。

（二）授權加盟連鎖（Franchise Chain, FC）

1. 意義

係指授權者（franchisor）擁有一套完整的經營管理制度，以及經過市場考驗的產品或服務，並有一知名度品牌。加盟者（franchisee）則須支付加盟金（franchise fee）或權利金（loyalty），以及營業保證金，而與授權者簽訂合作契約，全盤接受它的軟體、硬體之 know-how，以及品牌使用權。如此，可使加盟者在短期內獲得營運獲利。

2. 例示

統一超商、萊爾富、全家、住商房屋、吉的堡、何嘉仁、85 度 C 等。

3. 優點

（1）在授權加盟約裡，授權者對於經營與管理之作業仍有某種程度之控制權，不能允許加盟者為所欲為。

（2）藉助外部加盟者的資金資源，可有效加速擴張連鎖系統規模。

（3）投資風險可以分散。

（4）不必煩惱各店人力資源召募及管理問題。

（三）授權加盟經營 know-how 內容

有關授權加盟店整套經營 know-how 之移轉項目，包括如下：

1. 區域的分配（配當）。

2. 地點的選擇。

3. 人員的訓練。

4. 店面設計與裝潢。

5. 統一的廣告促銷。

6. 商品結構規劃。

7. 商品陳列安排。

8. 作業程序指導。

9. 供貨儲運配合。

10. 統一的標價。

11. 硬體機器的採購。

12. 經營管理的指導。

（四）連鎖店系統之優勢

最近幾年來，各式各樣的連鎖店系統如雨後春筍般成立，形成行銷通路上一大革命趨勢，到底連鎖店系統有何優勢，茲概述如下。

1. 具規模經濟效益（economy scale）

連鎖店家數不斷擴張的結果，將對以下項目具有規模經濟效益。

（1）採購成本下降，因為採購量大，議價能力增強。

（2）廣告促銷成本分攤下降，因為以同樣的廣告預算支出，連鎖店家數愈多，每家所負擔的分攤成本將下降。

2. know-how（經營與管理技能）養成

連鎖店愈開愈多，每一家店在經營過程中，必然會碰到困難與問題，如果將這些一一克服，必能累積可觀的經營與管理技能，再將之標準化後，廣泛運用於所開店面，如此，連鎖系統的成功營運就更有把握了。

3. 分散風險

連鎖店成立數十、數百家之後，將不會因為少數幾家店面無法賺錢，而導致整個事業的失敗，故具有分散風險之功能。

4. 建立堅強形象

連鎖店面愈開愈多，與消費者的生活及消費也日益密切，藉著強大連鎖力量，可以建立有利與堅強的形象，如此也有助於營運之發展。

@（五）統一超商加盟介紹

1. 加盟優點

（1）全國第一

1978 年統一企業集資成立統一超商，將整齊、開闊、明亮的 7-ELEVEN 引進臺灣，掀起臺灣零售通路的革命，秉持為消費者提供便利服務的信念，店數於 2014 年突破 5,000 家，並走入偏鄉，成為在地夢想補給站，其中加盟店超過 4,300 家，為全臺便利商店數量最多之連鎖業者。

7-ELEVEN 看好各族群的需求，不斷進行便當、御飯糰、三明治等產品升級，更進一步開發多樣化的輕食商品、當季生鮮蔬果，也持續建構從農場到餐桌的食材溯源；每天有超過 1,200 位物流士、上千輛物流車，將生活所需配送到全國門市，打造最綿密的物流配送網路。

臺灣是全球 7-ELEVEN 展店密度最高的地區，2009 年底，臺灣 7-ELEVEN 展開賣場空間的變革，以提供顧客更舒適、友善的購物空間為理念，持續擴大店格，形塑一店一特色，九成以上門市提供座位區，提供顧客舒適乾淨的用餐環境。（數字資料計算至 2015 年 10 月）

（2）完善後勤系統

① 掌握銷售客情 POS 服務情報系統

每天有 700 萬人光顧 7-ELEVEN，每刷一次條碼，就代表一筆銷售資料存進 POS 服務情報系統龐大的資料庫，以每小時為單位的即時進銷存

情報、每日四次的天氣情報，以多媒體方式傳送集中化的商品情報，有效提升經營水準，快速反映消費者需求。

為了精確掌握消費需求，統一超商致力持續建置更完備的 POS 服務情報系統，從 5,000 家門市訂單的處理、數千種商品的管理，到每日門市銷售資料的蒐集及分析，整個 7-ELEVEN 都是圍繞著具有強大情報分析能力的 POS 服務情報系統運作。

② 高效率的物流新典範

結合物流與資訊科技，PCSC 創造物流產業的新風貌。1990 年成立擁盟行銷物流公司，透過作業標準化，致力提升配送品質的第一步，大大強化了整體訂貨配送效率。

隨著 7-ELEVEN 店數持續擴增，更陸續成立了負責低溫物流的統昶行銷，負責出版品物流的大智通文化，負責專業運輸車隊的捷盛運輸。依商品種類、特性進行不同溫層的配送作業，不但確保商品的新鮮度與時效性，透過每個配送環節的環環相扣，不斷提升物流作業效率，更展現了最具競爭力的物流體系。為了讓鮮食商品送到消費者手中，仍然保持新鮮與口感，統昶行銷全力完成鮮食物流網，讓 7-ELEVEN 的鮮食在 18℃ 的溫控環境下，吃起來安心又健康，進一步帶給顧客更優質的產品服務。

完善的物流支援，是連鎖通路發展不可或缺的一環，統一超商憑藉完整的物流體系，以滿足消費者需求為前提，第一線提供消費者最新鮮的商品，PCSC 的物流支援關係企業，無疑是最有效率的幕後英雄。

（3）經營訓練與支援

① 專業的教育訓練

無論是從店經理、店副理、職員到兼職人員，7-ELEVEN 都有著完善的訓練課程，依各階段職務所需的技術職能，總部都會定期協助加盟主完成人員的專業訓練。

舉凡經營店商所需的營業、行銷、財務、稅務、顧客服務等，7-ELEVEN 皆具備整體的專業訓練課程，透過各種授課或輔導方式，提升加盟主經營所需的 know-how。

加盟主更可於經營閒暇之餘，參加由 7-ELEVEN 定期或不定期舉辦之心靈成長、藝文欣賞、行銷企劃等各式課程，讓加盟主及其員工在非經

營技術的學習面上更具廣度。

② 區顧問指導

在加盟期間，區顧問會免費提供加盟主指導、溝通、諮詢的服務，並協助加盟主發揮其最大經營能力，以創造加盟店最大之利潤。

透過區顧問的經驗指導與解說，除了可以更有效率的提供專業服務外，對於門市經營與管理的技巧，也可以更快進入最佳狀況。

③ 全國性廣告

一般全國性廣告的促銷活動，7-ELEVEN 均為門市策劃最有效的廣告影片以及設計最適當的活動內容，而規劃各種不同的廣告主題來吸引消費者的目的，就是要促進門市營業額的提升。因此所有的 7-ELEVEN 加盟店都必須一同參加這些活動。

④ 7-ELEVEN 行銷策略

A. 強勢商品的開發研究。

B. 最符合顧客需求的商品結構。

C. 高投資的廣告企劃宣傳。

D. 最有效果的促銷活動。

⑤ 服務性商品開發

臺灣 7-ELEVEN 為滿足消費者多變的需求，不斷引進多項服務性商品，如電話卡、快遞服務（DHL）、影印、傳真、公車儲值卡、通訊產品、宅急便等，且引進各項公用事業費代收服務、透過這些多元化的服務，除了增加顧客與 7-ELEVEN 的互動，也可強調 7-ELEVEN 的便利性，是全國的方便好鄰居。

（4）加盟理想國

遍布全臺的 7-ELEVEN 之中，加盟店超過八成，為了讓 7-ELEVEN 的服務品質同步，統一超商在「專業分工，共存共榮」的理念下，建立了完善的加盟制度。

統一超商的加盟制度分為「特許加盟」與「委託加盟」兩種形式，「特許加盟」是需自備店面的加盟方式；「委託加盟」則是由統一超商提供店面，特別委託夫妻或單身專職經營的加盟模式。創業著實是一條艱辛的路，為了讓每位加盟主皆能順利的發展事業，在成立加盟合作關係之前，統一超商總部皆會與申請人進行深度面談與審核，同時因為統一超

商為每天 24 小時、全年無休提供消費者最便利之服務業，因此會安排加盟申請人 40 小時的門市體驗，另外也將加盟創業可能隨之而來的風險分析讓加盟主知道，讓加盟主能在完全瞭解風險利益之後，成為統一超商相輔相成的事業夥伴。

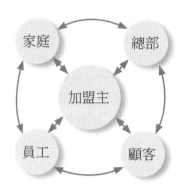

對於加盟主，統一超商為了保障加盟主不受經濟或外部大環境影響，提供每年最低「特許加盟」262 萬元，「委託加盟」250 萬元的毛利保障在門市營運狀況不好時提供補貼，並由於顧問從旁協助改善，讓加盟主的生活可以有所保障；另外，為了鼓勵加盟主提高獲利並訂定長遠的經營目標，統一超商也提供加盟業的優惠，例如：續約毛利分配提高，續約加盟金減收 50%，並允許以無息分期付款、加盟滿十年或特殊店採免收或減收加盟金等措施，鼓勵加盟主以永續經營的概念，另外也以「加盟理想國」的概念，全方位照顧加盟夥伴食衣住行育樂的需求，讓加盟主無後顧之憂，與統一超商一起打拚加盟事業。

2.加盟申請條件

加盟辦法包括「特許加盟」與「委託加盟」兩種形式。

特許加盟是自備店面加盟，降低創業的經營風險，享受穩定的經營保障。

委託加盟是由 7-ELEVEN 提供店面，委託夫妻兩人專職經營。

（1）特許加盟

① 店鋪自有或取得租期至少五年以上。

② 營業面積 30 坪以上。

③ 年齡 55 歲以下，高中職（含）以上程度。

④ 需專職經營，身體健康，信用良好，單身亦可。

（2）委託加盟

① 鼓勵夫妻專職經營。

② 年齡 55 歲以下，高中職（含）以上程度。

③ 身體健康，信用良好。

3.加盟型態

	（一）特許加盟	（二）委託加盟
1. 加盟金	30 萬元（未稅）	30 萬元起（視門市業績而定）
2. 利潤分配	毛利額 63% （註：2017 年 1 月起）	月毛利額（單位:元）／分配 0 ～ 50 萬：43% 50 萬以上～ 60 萬：51% 60 萬以上～ 70 萬：41% 70 萬以上～ 80 萬：36% 80 萬以上：33% （註：2017 年 1 月起）
3. 履約擔保	現金 60 萬元或以 價值 150 萬元不動產設定抵押	現金 60 萬元或以 價值 150 萬元不動產設定抵押
4. 投資項目	店鋪、裝潢、門市費用	門市費用
5. 公司補助	電費 50%　發票紙卷 40%	電費 50%　發票紙卷 58%
6. 經營補貼	經營足月下， 每店／月補貼 1 萬元	經營足月下， 每店／月補貼 1 萬元

	（一）特許加盟	（二）委託加盟
7. 費用歸屬	管銷費用、員工薪資、租金	管銷費用、員工薪資
8. 毛利保證	年最低毛利保證 262 萬元	年最低毛利保證 250 萬元
9. 契約期間	10 年	5 年
10. 裝潢費用	180 萬起（依坪數大小而定）	由 7-ELEVEN 提供

4. 雙方投資項目

（1）統一超商

① 專業 know-how，即經營技術。

② 生財設備：POS 設備系統及店內各項生財設備，例如：各式機器、冰箱、貨架等。

③ POS 系統：7-ELEVEN 投資了數十億元在軟硬體的開發上。

④ 販售商品：門市內所有販賣的商品均由於公司投資；以及門市營運所需款項及門市各項費用墊款。

（2）特許加盟

① 加盟金。

② 裝潢

自 2016 年 1 月起，鐵製櫃檯、冷氣、招牌、省電器或變壓器等改由公司負擔。

（3）委託加盟

加盟金。

5. 雙方負擔項目

	（一）加盟主負擔的費用		（二）7-ELEVEN 負擔的費用
特許加盟	店鋪租金 店鋪裝潢費 店職員薪資 門市管銷費用 文具費 自用商品 POS 維護費 郵電費	現金短溢 保修費、營繕費 水費 盤損盈 壞品 清潔管理費 電費的 50% 發票紙卷費用的 60%	設備折舊 全國性廣告費用 會計處理服務費 存貨現金盤點稽核服務費用 經營指導費用 美國 7-ELEVEN 技術指導費用 電費的 50% 發票紙卷費用的 40%

	（一）加盟主負擔的費用		（二）7-ELEVEN 負擔的費用
委託加盟	店職員薪資 門市管銷費用 文具費 自用商品 POS 維護費 郵電費 現金短溢 保修費、營繕費 水費 盤損盈	壞品 清潔管理費 電費的 50% 發票紙卷費用的 42%	店鋪租金 裝潢攤提費 設備折舊 全國性廣告費用 會計處理服務費 存貨現金盤點稽核服務費用 經營指導費用 美國 7-ELEVEN 技術指導費用 電費的 50% 發票紙卷費用的 58%

6.加盟流程

（1）參加說明會	線上報名參加所在地區的「加盟說明會」
（2）申請加盟	了解加盟制度及辦法後，提出加盟申請需求
（3）開店商圈評估	商圈特性分析、租金行情（特許）、營業預估
（4）家庭拜訪	讓申請人家庭成員了解加盟辦法並給予支持
（5）門市體驗	安排門市體驗，減少認知差異
（6）加盟契約規章說明與主管面談	詳細說明加盟契約及管理規章 雙方權利與義務的說明 門市經營獲利模擬計算 安排與相關主管面談
（7）簽訂加盟預約書	簽訂加盟預約書 繳交 10 萬元的加盟預約保證金（可扣抵加盟金）
（8）設立公司或行號	完成四週完整的加盟主教育訓練課程
（9）教育訓練	同時申請成立公司或行號
（10）簽訂加盟契約，繳交加盟金	簽訂加盟契約書，並繳交加盟金餘款
（11）正式開幕	7-ELEVEN 會有專業人員全力協助加盟主，讓門市開幕前一切作業都能就緒

7.店鋪經營工作

（1）行銷管理

商圈經營、賣場活性化管理。

（2）財務管理

盤點報表、損益表應用分析。

（3）門市管理

排班、塑造和諧工作氣氛。

（4）POS 系統應用。

（5）人力資源管理

僱用、員工管理、勞工保險。

@（六）各大便利超商加盟條件一覽表

系統名稱	（一） 7-ELEVEN	（二） 7-ELEVEN	（三） 全家	（四） 全家	（五） 萊爾富	（六） 萊爾富
1. 母體關係企業	統一企業	統一企業	禾豐企業	禾豐企業	光泉企業	光泉企業
2. 加盟方式	特許加盟	委託加盟	特許加盟	委託加盟	特許加盟	委託加盟
3. 加盟金	31.5 萬	31.5 萬以上	31.5 萬	31.5 萬	31.5 萬	37.8～52.8萬
4. 保證金及權利金	60 萬或 150 萬不動產抵押設定	60 萬或 150 萬不動產抵押設定	60 萬	60 萬	60 萬或 150 萬不動產抵押設定	60 萬或 150 萬不動產抵押設定
5. 契約期限	10 年	5 年	7 年	5 年	5 年	5 年
6. 總公司投資	生財設備 技術指導 教育訓練 廣告 電費 50% 發票紙卷費40% 加盟主自付裝潢約 150 萬	生財設備 技術指導 教育訓練 廣告 電費 50% 發票紙卷費58% 店鋪（含裝潢、租金）	生財設備 技術指導 教育訓練 廣告 電費 60% 發票紙卷費、營業稅 40% 加盟主自付裝潢約 120 萬	生財設備 技術指導 教育訓練 廣告 電費 50% 發票紙卷費 50% 店鋪（含裝潢、租金）	生財設備 技術指導 教育訓練 廣告	生財設備 技術指導 教育訓練 廣告 電費 50% 發票紙卷費50% 店鋪（含裝潢、租金）

系統名稱	（一） 7-ELEVEN	（二） 7-ELEVEN	（三） 全家	（四） 全家	（五） 萊爾富	（六） 萊爾富
7. 加盟主利潤	60% 毛利額	月營額 35 萬以內；45% 毛利額月營額 35 萬以上；依級數分配	60% 營業利益，5% 毛利額為補助金	月營額 50 萬以內；40% 營業利益	80% 毛利額	毛利 20 萬 50% 超過部分按級距
8. 毛利保證	240 萬 / 年	200 萬 / 年	200 萬 / 年	100 萬 +4% 營業額	200 萬 / 年	100 萬 +16% 毛利

八、連鎖加盟應注意的十大要點

根據中國生產力中心流通服務專家陳弘元（2007）多年的業界輔導經驗，他提出一個創業者想加盟連鎖業而獲得成功者，應該注意以下幾點，頗為精闢，茲摘述如下。

（一）了解獲利模式

連鎖經營為零售業者複製創新營運模式，經由一定技術授權與設定加盟金比例，開放有意願業者加入體系。營運總部與加盟主，雖有依存關係，但兩者間各有獲利模式。加盟主主要來自販售產品與服務，總部則是加盟權利金、上架費、物流費、活動贊助費和進銷貨收入。當達到一定的銷售據點，商品經銷的 know-how、POS 系統所建立的銷售情報，都可高價售予供貨商。

（二）評估加盟利潤

連鎖加盟體系加盟金的收取，一般約為新臺幣 20 至 30 萬元，高低取決於加盟型態與特性。計算方式是加盟合約簽訂後三至五年內，權利金占營業收入 1 ～ 3%。

（三）審慎審閱權益

根據行政院公平交易委員會的加盟業主資訊揭露處理原則，加盟者可在

締結加盟經營關係十日前，向交易相對人要求提供應揭露資訊項目，包含加盟契約存續期間、所收取的加盟權利金及其他費用，其項目、金額、計算方式、收取方法及償還條件等。業者應於加盟前審慎審閱，以免喪失應有的權益。

@（四）檢視營運總部

加盟主可以透過現有連鎖總部運作模式，瞭解店鋪營運的實際狀況，作為加盟參考。以日本 7-ELEVEN 為例，已將營運總部向上提升為知識密集產業，提供專業經營知識的應用。例如：透過科技資訊的運用，來整合虛實網路購物與實體商店物流配送；更善用連鎖加盟既有的實體店鋪物流體系，提供更多的商品消費空間，提升加盟主經營擴充能力。

@（五）人才訓練計畫

業者加盟前，應詳細詢問連鎖總部的教育訓練計畫，包括：技術移轉、商品知識、人才培育。

@（六）關心法律規範

國內主要是依據《公司法》、《商標法》、《民法》、《公平交易法》等相關法令，對連鎖加盟經營進行規範。

@（七）品牌延伸價值

加盟者需了解，連鎖加盟總部如何擴大加盟、打造品牌。國內連鎖體系都是在通路建立品牌形象，穩固當地連鎖市場的地位，以品牌運作並結合當地社會資源。

@（八）彈性商品組合

連鎖市場面對的是各地購買行為迴異的消費者，加盟業者應了解連鎖總部是否能提供不同的附加商品及服務，以迎合當地市場所需。

@（九）提供互動交流

優質的連鎖總部應充分對加盟者揭露資訊，甚至讓已加盟業者與打算加盟的業者互動交流，交換經營心得，讓新業者了解店鋪營運的實際狀況，

提高加盟意願。

@（十）強化服務品質

　　優質連鎖總部須致力於經營品質的改善，提供加盟者市場情報，打造優質加盟環境，讓總部與加盟主雙贏。

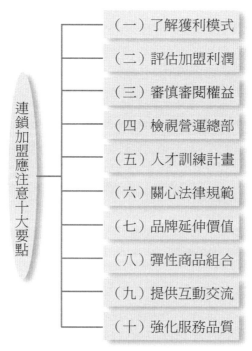

　　連鎖加盟應注意十大要點

- （一）了解獲利模式
- （二）評估加盟利潤
- （三）審慎審閱權益
- （四）檢視營運總部
- （五）人才訓練計畫
- （六）關心法律規範
- （七）品牌延伸價值
- （八）彈性商品組合
- （九）提供互動交流
- （十）強化服務品質

▶ 圖 6-5　創業者投入連鎖加盟應注意十大要點

九、連鎖加盟總部應具備的核心競爭功能

（一）組織開發機能，以便總部與分店的組織運作。

（二）原料、資材開發機能，利於原料、資材供應系統的順暢。

（三）商品、服務開發機能，以塑造連鎖體系的特色。

（四）教育訓練與指導機能，培育連鎖運作各職能的人才。

（五）廣宣促銷機能，以宣導連鎖事業推出的系列活動。

（六）金融支援機能，以利於直營展店與加盟者資金的融通。

（七）資訊提供機能，建立快速的情報溝通網路。

（八）經營管理機能，發揮連鎖事業的營運績效。

十、連鎖品牌事業的經營策略八個方向

根據國內輔仁大學國貿系教授林妙雀（2007）與臺經院左峻德所長、輔大商研所博士班學生曾麗玉的連鎖事業專案研究報告，其結果指出，國內連鎖加盟品牌如何才能提升競爭力與經營績效的八個建議方向。內容精闢有力，茲摘述其重點如下。

（一）慎選適合的加盟主

在整個連鎖體系發展的初期，加盟者的好壞會影響加盟總部的存活率與成長性，因此一開始就要慎選適合的加盟者，除注意其教育程度、資金財務狀況等之外，人格特徵及經營事業的態度更須關注。以鼎泰豐為例，前後與日本大葉高島屋洽談時間長達五年，在確認業主有能力達到鼎泰豐的原味要求與精細的管理風格後，才同意合作案。

（二）挑選最佳的門市區位

良好的店面位置，可提高消費者接觸率與便利性，因此各連鎖總部都很注重立地條件與店面商圈評估。譬如星巴克會選擇在大都會區快速密集展店，以其綠色美人魚標誌提供喝咖啡最時髦的第三地環境，藉此提高品牌知名度；85度C則會選擇在三角窗金店面，搭配其鮮明的招牌與店面陳列，創造極佳的廣告效果。

（三）創新商品組合

面對愈來愈難被取悅及市場定位的消費者，連鎖體系更應該與顧客共同創造價值，提供創意化商品，並嚴控產品品質及重視環保健康，以滿足顧客需求。總部可利用中央廚房，製作品質一致性的半成品或食材，再運送至門市做標準化加工。此外，進入M型社會，中產階級式微，配合美學風格經濟與新奢華主義風潮，連鎖總部應思考如何推出以情感為訴求，兼具品質、品牌與品味，讓消費者覺得高貴而不貴且物超所值的新奢侈品。

（四）效率化物流配送系統

連鎖體系為了有效控管商品品質，節省商品運送之時間與成本，不管是自行投資物流系統、物流策略聯盟或委託第三方物流，都要做到效率化的物流配送。

（五）有效通路推廣活動

連鎖總部在執行通路推廣活動時，基於整體形象一致性與推廣成本效益考量，可採取以下幾種有效的創新行銷方式。

1. 直效行銷

透過電視、電話、收音機、網際網路、電子郵件、直接信函、報紙、雜誌等工具，能和特定顧客或潛在顧客直接溝通，並成功銷售商品給消費者。

2. 互動遊戲式廣告

利用網路的多媒體橫幅廣告，選擇入口網站最顯眼的位置，吸引消費者注意，且透過創意計畫，創造大眾關心的議題，吸引消費者參與，進而達到提升企業形象與銷售商品的目的。

3. 體驗行銷

以感官行銷方式，激發顧客對品牌的信任與情感，從而提升顧客對品牌的忠誠度。

4. 公益行銷

計畫性、系統性地配合各種公益活動的舉辦，達到企業形象與品牌行銷的效果。

5. 事件行銷

透過重大社會活動、歷史事件、體育賽事或國際博覽會，快速提高企業或品牌知名度。

（六）善用數位化管理

1. 善用 POS 系統

以清楚掌握營業額、毛利率、來客數與客單價等資訊，並針對商品銷售即時蒐集資訊，有效調整門市商品結構，以提高商品周轉率和獲利率。譬如

85 度 C 為控制各分店的進銷貨狀況，善用 POS 系統，從數字中找出問題並對症下藥，每月淘汰三款賣不好的產品，並研發三款新品，藉以維持顧客新鮮感。

2. 運用情報系統

將過去銷售與庫存狀況，提供精準的銷售情報，有效提升經營水準。譬如，全家引進虛擬物流商業模式（VCD），運用刷條碼方式，成功解決門市點數卡銷售管道問題。萊爾富架設虛擬平臺 Life-ET，成功將 C 級品升級為 B 級品。統一超架設多媒體資訊站 ibon，內建行動辦事處。

3. 善用電子商務

總部可善用網路，將加盟資訊放在網站上，吸引潛在加盟者，並將教育訓練、商品資訊、行業動態、顧客回應意見等資料放在網路上，讓加盟者及員工，能夠快速取得資訊，甚至建立與顧客間的社群網路關係。

4. 做好顧客關係管理

Prahalad 認為，企業最大的競爭優勢來自於顧客，並將顧客關係管理奉為企業經營的圭臬。連鎖事業若能保存、經營管理及提升與顧客的關係，將有助於建立及維護具有獲利性的忠誠顧客群。譬如王品集團非常重視顧客滿意度調查，運用其 Client-Server 架構，建置顧客關係管理系統，隨時蒐集客戶的意見調查資料，調整營業方針。

（七）蓄積人力資本

人才是連鎖體系非常重要的資源，業者除可透過多元的徵人管道網羅人才之外，還可與學校建教合作，或於內部成立人才培訓單位。此外，還可透過有系統的教育訓練，將專業 know-how 成功地推廣到不同的加盟店員工身上。

（八）合理績效評估

連鎖總部除可透過 POS 系統掌握各分店財務績效之外，也應考量非財務績效。譬如當加盟主連續一段期間表現良好，可降低其每月管理費，或推動選拔，對績優者獎勵，以凝聚加盟者向心力。

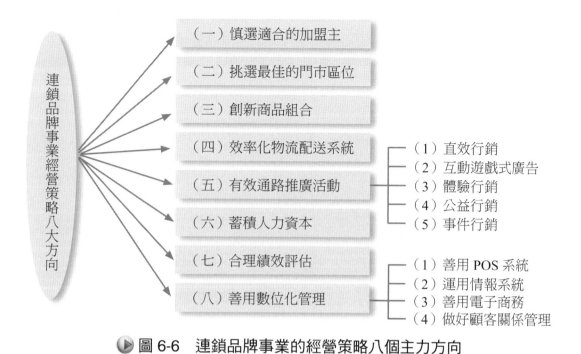

連鎖品牌事業經營策略八大方向

（一）慎選適合的加盟主

（二）挑選最佳的門市區位

（三）創新商品組合

（四）效率化物流配送系統

（五）有效通路推廣活動
- （1）直效行銷
- （2）互動遊戲式廣告
- （3）體驗行銷
- （4）公益行銷
- （5）事件行銷

（六）蓄積人力資本

（七）合理績效評估

（八）善用數位化管理
- （1）善用 POS 系統
- （2）運用情報系統
- （3）善用電子商務
- （4）做好顧客關係管理

▶ 圖 6-6　連鎖品牌事業的經營策略八個主力方向

十一、大型連鎖零售商的競爭優勢

國內外均有大型連鎖零售商，包括臺灣的統一超商、家樂福、全聯福利中心、屈臣氏、燦坤 3C 等，國外則有更多跨國性大型零售商。他們大致擁有圖 6-7 的五項競爭優勢，包括：（一）價格競爭力；（二）商品調達採購競爭力；（三）商品開發力；（四）業務及人力成本控制削減力；（五）資訊情報與 know-how 共有競爭力。

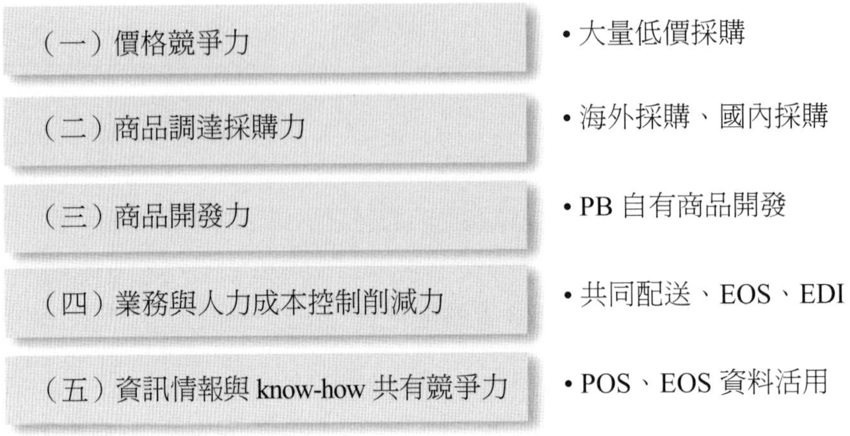

（一）價格競爭力
• 大量低價採購
（二）商品調達採購力
• 海外採購、國內採購
（三）商品開發力
• PB 自有商品開發
（四）業務與人力成本控制削減力
• 共同配送、EOS、EDI
（五）資訊情報與 know-how 共有競爭力
• POS、EOS 資料活用

圖 6-7　大型連鎖零售商之競爭優勢

另外，圖 6-8 所示為全球性巨大型零售業者代表，包括 Walmart、COSTCO、Tesco、Carrefour、AEON、7-ELEVEN 等。

美國
• Walmart
• COSTCO
法國
• Carrefour
（家樂福）
英國
• Tesco
日本
• AEON（永旺）
• 7-ELEVEN
發展海外市場及全球化事業

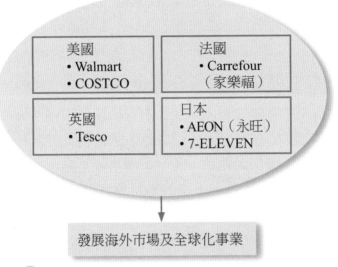

圖 6-8　世界各國巨大型零集業者代表

十二、零售店業績來源公式

任一家零售店的業績來源，基本上就是：每天來店購買客戶數 × 平均客單價 = 每天的營收業績。

這是淺顯而易懂的,但問題的重點則在於:

(一)如何提高來店購買客戶的人數?

(二)如何提高他們的每次購買客單價?

因此,這裡的重點就是思考如何利用各種促銷做法,端出創新產品、各種廣告宣傳,以及各種會員經營的手法等,以提升客戶數及客單價的目標,這是屬於行銷(marketing)的領域。

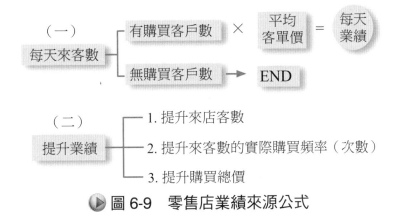

▶ 圖 6-9 零售店業績來源公式

十三、電視購物

(一)國內電視購物(TV-shopping)崛起的行銷意義

電視購物(TV-shopping)在美國已有三十多年歷史,並且已成為美國零售業的要角之一。例如:美國第一大電視購物公司 QVC,2016 年營收額達 80 億美元(折合新臺幣 2,400 億元)。而韓國第一大電視購物公司 GS(樂金購物),年營收額亦達新臺幣 1,000 億元。

(二)臺灣電視購物商機崛起中

臺灣電視購物歷史也有十八年之久,但過去都是業者播放錄影的帶子,並不是美國、英國這種採取現場(live)節目播出的即時型態,再加上業者本身的規模及經營理念均未能符合顧客導向,因此,臺灣電視購物行業一直沒有真正蓬勃發展。但是,近年卻有了顯著好的轉變。臺灣東森得易購電視購物公司,自 1999 年 12 月正式開播營運,公司營收額成長迅速,並已達損益平衡點。根據獲自該公司的資料顯示,電視購物頻道在成立第一

年的營收額僅約 5 億元，到第三年營收額已突破 70 億元。該公司 2016 年營收額高達 100 億元的目標。

目前，東森購物有五個 live 現場即時播出的電視購物頻道，發行 40 萬份的型錄購物，以及 B2C 網路購物（ET Mall.com）。

 （三）臺灣電視購物消費者輪廓

根據相關資料顯示，臺灣電視購物的消費者基本輪廓大致如下。

1. 性別
女性居多，占 75%；男性約有 25%。

2. 年齡
以 30 ～ 39 歲，占 20%；40 ～ 49 歲，占 40%；49 ～ 59 歲，占 30%。

3. 職業
以家庭主婦占最高比率，約占 40%；其次為白領上班族，約占 30%；再次為藍領階級，占約 18%。

4. 教育
以高中職占最多，約為 47%，其次為專科 17%，再次為大學以上占14%。

5. 婚姻
已婚者為絕大部分，占 84%；未婚者占 16%。

6. 小孩
有 9 歲以下小孩占 56%，沒有 9 歲以下小孩占 44%。

7. 地區分布
以北部地區居多，約占 53%，其次中部地區占 25%，再次為南部地區占 16%，東部最少占 5%。

從以上目前電視購物消費者輪廓來看，大概可以歸納出兩大族群：第一大族群是指女性、已婚、家庭主婦、中等教育程度、中等收入、以北部／中部為主。第二大族群則是指上班族、白領及藍領均有之族群。

@（四）電視購物的商品、結構

根據美國、韓國及臺灣的數據資料，顯示電視購物受到較多歡迎的商品群，大致如下：

1. 3C 家電：占 15%。
2. 個人流行用品及紡織服飾：占 30%。
3. 家居日常用品：占 30%。
4. 休閒保健用品：占 13%。
5. 珠寶飾品、旅遊：占 10%。
6. 其他：占 2%。

@（五）通路狀況

而在通路方面，最主要是透過有線電視臺（第四臺）租用專屬頻道播放，並以每年多少費用支付租金。例如：美國 QVC 電視購物頻道，全美大約有 9,000 萬戶可以看到，韓國的樂金購物頻道則有 800 萬戶可以收看到，臺灣大約有 500 萬戶以上可以收看到。通路的普及率及普及戶數，是電視購物業者業績成長的一個重要基礎，當戶數愈普及，則業務的成長空間就相對大。目前，頻道上架租金部分，每戶假設以 5 元計，則一個 10 萬戶的有線電視系統臺，每月就可以收到 50 萬元，一年為 600 萬元淨收入。

@（六）付款方式

另外，在電視購物訂購付款方式上，臺灣以信用卡分期結帳占大多數，估計已達 90% 以上，其他則採貨到付款方式或用匯款方式占 10%，或用 ATM 轉帳。目前，這些業者也多提供分期付款方式，大大促進更多中產階級購買者的下訂意願，而這方面也是因為銀行轉而重視消費金融業務所致。

@（七）每戶產值

臺灣電視購物每戶平均每月產值約 100 元以上，較韓國平均 200 元，尚有很大成長空間。

@（八）電視購物崛起的行銷意義

東森購物迄至 2017 年 12 月時，其購買過至少一次以上的會員人數已達

600 萬人，而富邦電視購物則有 500 萬的會員，兩者有些是重疊的。

從美國、韓國及臺灣電視購物崛起，成為無店鋪販賣的主流趨勢，其所呈現出來的行銷意義，大致有以下幾點。

1. 市場是創造出來的

從美國 QVC、韓國樂金購物及臺灣高速成長的事實來看，它們並沒有影響到百貨公司業者及量販店業者的業績成長。顯示電視購物為某個特定區隔市場的目標消費群，創造出來新的購物通路模式。

2. 市場餅應愈做愈大

從電視購物國內外發展實況來看，零售業者彼此間激烈競爭，未必是零和遊戲，而應是站在擴大市場需求，帶動消費潛力，將消費者的存款拉出來消費購買，其結果就是將市場餅愈做愈大。

3. 衝動型購物者增加

電視購物消費者，有一部分是屬於衝動型購物者，並不完全是理性購買者。透過電視即時（live）現場，以及主持人帶動下，原來未必有立即需求的東西，可能馬上就會打電話訂購。而電視購物的特色及優點，恰好可以滿足這群不喜歡外出購物者，或是較為衝動型的消費者之需求。

4. 消費者多元屬性，帶動通路的多元趨勢

電視購物的崛起，也證明了行銷通路的多元趨勢。過去除傳統百貨公司、量販店大賣場、超級市場及便利商店等零售通路外，現在電視購物、型錄購物及網站等，亦漸漸成熟，占有通路要角之功能。

5. 媒體結合商品，就是一種創新

由於全球有線電視媒體的高度普及與受到歡迎，媒體已成為每個消費者或收視戶每天必然要接觸的東西。換言之，電視媒體已成為每個人生活的一部分。因此，由媒體的既有特色與優勢，再與商品相互結合，兩者即可產生綜效（synergy），電視購物的基本生存條件，正是立基於此，而這也是一種行銷上的創新。

6. 品牌代表信賴

品牌資產的價值，仍可適用在電視購物領域上。電視購物無法親自摸到

及看到實際商品的品質好壞及尺寸大小，但仍有消費者購買，這裡面包含這些業者均有不錯的企業信譽、知名度及品牌依賴感。

7. 立即回應市場需求

電視購物也算是高度立即性回應市場需求的行業之一，因凡是上檔節目商品在半個小時立即播出的節目中，如果成交量很少，就會馬上被換下來，換上另一種商品，因此，電視購物是最現實，但也最實際能夠立即反映商品是否受到消費者喜歡的最佳通路之一。

8. 便宜仍是主軸

在不景氣時代，除了少數高所得消費者外，大部分消費者仍是精打細算，便宜就成為女性購買者的重要心中指標之一。例如：在電視購物頻道中所販賣的珠寶鑽石，大部分都是跟上游廠商或大盤商直接進貨，其在頻道中的售價，絕對比在街上珠寶店中的商品便宜不少，這就成為熱銷產品之一。

9. 媒體成為一種通路

不管是電視媒體、型錄媒體或網路媒體，事實上已漸成為商品行銷通路的必要媒體。這與傳統店面、賣場的通路是具有互補效益的，彼此各具特色與優勢。尤其，未來家中安裝電視機上盒（set-top-box）後，互動電視及電視商務（TV-commerce）時代來臨，消費者在電視媒體畫面上，將可以更悠遊自在、不限時間及以隨選方式（video on demand）操作，購買想要的商品。加上未來宅配物流公司服務速度更快之後，媒體必然成為重要的行銷通路之一。

ⓐ（九）結語：不斷挑戰行銷創新

從美國、韓國、臺灣電視購物與媒體行銷的成功發展來觀察，可以總結出本文的結論：不斷挑戰行銷創新。

唯有勇於挑戰行銷創新，才會開創出新市場、新商機與新成長。而行銷創新的原始點，即在滿足不同時代、不同消費族群、不同社會文化與不同科技演變下的消費者需求。從此觀點來看，電視購物確實滿足了部分消費者的需求，當然，臺灣電視購物與美國五十年歷史相較，仍有長遠的路要走下去。

十四、型錄購物（mail-order/catalogue selling）

型錄購物在這幾年，也有了蓬勃發展。主要業者包括：

（一）第一大的 momo 型錄事業。每月平均寄發 80 萬份給所屬會員，2016 年度的營收額為 15 億元；第二大的東森型錄，每月寄發 40 萬份，年營收為 10 億元。

（二）第三大的日本 DHC 化妝品型錄在臺灣的事業。每月放在便利商店讓人免費取閱，另外，臺灣 DHC 也有 40 萬份型錄寄送給所屬會員。2016 年營收額約 5 億元。

（三）此外，尚有各大便利超商所推出的預購便型錄免費供取，只要填寫下單付款，過幾天再到店裡取貨即可。預購便已涵蓋食、衣、住、行、育樂及季節性、節慶性之商品在內，非常多元。這是便利商店的實體據點業務結合虛擬的型錄購物，以擴大營收成長。

十五、網路購物（internet shopping/on line shopping）

網路購物（簡稱網購）近幾年來有快速崛起之勢，成為重要的無店面銷售通路，其產值甚至超過電視購物。

@（一）網路購物五種型態

如圖 6-10 所示，網路購物目前主要有五種型態，包括以下各項。

1.B2C（購物）

就行銷而言，網路購物指的大部分就是 B2C，亦即消費者透過購物網路直接下單購買。

在國內，像 Yahoo 奇摩購物網、PChome 購物網、momo 購物網、博客來購物網、PayEasy、雄獅旅遊網、燦星旅遊網、ezfly 旅遊網等，均屬之。

2.C2C（拍賣）

此係指消費者對消費者，即網路拍賣。消費者將自己的二手貨產品，拿到網站上便宜拍賣。

3.B2B2C（商城）

例如：臺灣樂天商場、PChome 商店街、Yahoo 奇摩的超級商城等，均屬於對外招商一般中小企業或中小店面上架。

4.B2B2C（團購網）

例如：Gomaji 和 Groupon 二家網購公司。

5.B2B2E（企業福利網）

例如：中業電信優購網。

目前在國內的五種電子商務模式，如下：

類型	營運模式	業者
1. 購物（B2C）	購物平臺 → 消費者	PChome 24H、yahoo! 購物、momo 購物網、PayEasy、GoHappy
2. 拍賣（C2C）	小賣家 → 消費者	露天拍賣、yahoo! 拍賣、蝦皮
3. 商城（B2B2C）	商家 → 消費者	商店街、yahoo! 超級商城、樂天市場、momo、摩天商城、蝦皮商城
4. 團購網（B2B2C）	商家 → 多個消費者	Gomaji 及 Groupon
5. 企業福利網（B2B2E）	平臺 → 企業員工	中華優購

▶ 圖 6-10 電子商務模式五種類型

@（二）網路購物快速崛起原因

B2C 網路購物近幾年倍數成長與快速崛起的原因，主要有如圖 6-11 所示的幾點原因：

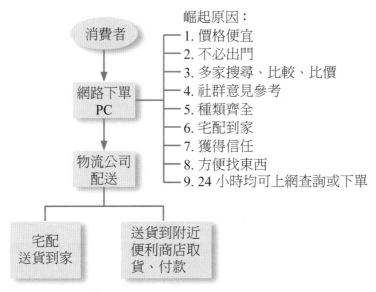

崛起原因：
1. 價格便宜
2. 不必出門
3. 多家搜尋、比較、比價
4. 社群意見參考
5. 種類齊全
6. 宅配到家
7. 獲得信任
8. 方便找東西
9. 24 小時均可上網查詢或下單

消費者 → 網路下單 PC → 物流公司配送

宅配送貨到家　　送貨到附近便利商店取貨、付款

▶ 圖 6-11　網路購物快速崛起

@（三）國內主要電商公司（網購公司）年營業額（2023 年度）

公司	年營業額	備註
1. 富邦媒體科技公司（momo）（第一大電商）	1,050 億	上市公司（含電視購物在內）
2. PChome（網路家庭）	350 億	上市公司
3. yahoo! 奇摩	140 億	外商
4. 博客來	64 億	統一 7-ELEVEN 關係企業
5. 蝦皮購物	150 億	外商
6. 生活市集	50 億	創業家兄弟
7. 東森購物網	30 億	東森集團
8. 森森購物網	30 億	東森集團

@（四）「快速到貨」已成網購事業基本配備

　　2008 年時，PChome 率先推出全臺 24 小時隔天快速到貨，轟動一時，也成為網購快速成長的因素之一。

　　2015 年之後，momo 又把 24 小時到貨推進一步，成為臺北市內 6 小時到貨的「今日下訂，今日送達」目標。

目前，PChome、momo、燦坤 3C 等都能夠做到臺北市當日送達目標。
而目前主要的宅配物流公司有：

1. 統一速達（黑貓宅急便）。
2. 臺灣宅配通（東元集團）。
3. 新竹貨運。
4. 大榮貨運。

@（五）購物網路品項眾多，可供多元選擇

目前，各大購物網站的品項眾多，可供消費者多元選擇，各網購公司的
品項數，依序為：

網購公司	品項數
1. PChome	200 萬項商品
2. momo	300 萬項
3. yahoo! 奇摩	100 萬項
4. 蝦皮	100 萬項
5. 博客來	40 萬項
6. 東森購物網	35 萬項

@（六）取貨的二種方式

網路購物的取貨方式，大概有以下二種：

一是宅配到家，由消費者在家中簽收取貨。

二是便利商店取貨。因為消費者不一定都在家，故可指定在附近的便利
商店取貨。

@（七）B2C 電子商務（網路購物）營運模式架構圖示

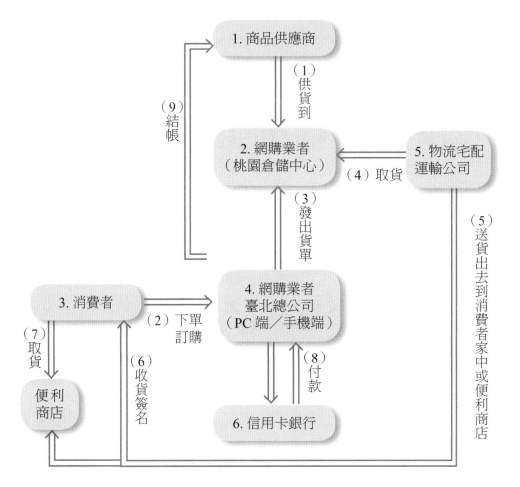

（八）EC 的年產值

B2C：約 4,000 億元

B2B2C：約 300 億元

C2C：約 300 億元

小計：約 4,600 億元

（九）EC 快速崛起原因

1. 物流宅配進步很大。

2. 24 小時快速宅配到家。

3. 價格較便宜些。

4. 可到便利商店取貨方便。

5. EC 業者本身不斷進步與創新。

6. 品項豐富，高達 50 ～ 300 萬個品項之多。

（十）國內四大物流宅配公司

1. 黑貓宅急便（統一速達）。

2. 臺灣宅配通（東元集團）。

3. 新竹貨運。

4. 嘉里大榮。

（十一）物流宅配時間

1. 臺北市：6 小時內到達。

2. 全臺：24 小時內到達。

（十二）銷售品類

1. 資訊、通訊、家電等 3C 類。

2. 家庭日用品、日常用品。

3. 服飾、紡織類。

4. 化妝、保養品、保健品類。

5. 運動、休閒品類。

6. 兒童用品。

7. 老人用品。

@（十三）毛利率、獲利率

1. 毛利率：一般在 15% 左右。
2. 獲利率：一般在 3 ～ 5% 之間，與一般零售業差不多。

@（十四）行銷促銷方式

1. 折扣券（優惠券）。
2. 購物金。
3. 全面打折。
4. 紅利集點。
5. 信用卡刷卡金。
6. 滿千送百。

@（十五）倉儲

1. 供貨廠商的產品主要必須要「入庫」到 EC 業者的桃園倉儲內，以利 24 小時能快速宅配到家。
2. 但少數大家電、大家具則採取「廠送」方式，由供貨廠商代送。

@（十六）未來發展趨勢

1. 爭取一線品牌到網站上銷售產品，以迎合顧客需求。
2. 爭取原廠、大廠到網路上銷售，以提高毛利率。
3. 宅配更加快速，24 小時已是基本條件，大臺北區都要 6 小時、8 小時到貨。
4. 發展生鮮產品電商，克服冷凍問題。
5. O2O（O2O，係指 Online → Offline）的虛實整合，發展出新零售。

十六、消費品供貨廠商的零售通路策略

　　一般消費品供貨廠商，例如：品牌大廠 P&G、Unilever、花王、金百利克拉克、雀巢、統一、金車、味全等，或是手機行動服務公司，例如：中華電信、台灣大哥大、遠傳等公司，對影響他們銷售的下游通路公司或經

銷商、零售商或是自己的直營門市店、加盟店等，均會非常重視，而且有一套各自公司的操作手法及策略，如下所列。

（一）對零售商的策略

1.設立大客戶組織單位，專員對應

供貨廠商通常會設立 key account 零售商大客戶，例如：將全聯幅利中心、家樂福、統一超商、大潤發、屈臣氏等都視為大客戶，因此設立專員小組或高階主管的組織制度，以統籌並建立與這些大型零售商的良好互動人際關係。

2.全面善意配合他們的行銷促銷活動及政策

品牌大廠應全面善意配合這些零售商大客戶的政策需求，合理要求及其重大行銷促銷活動，他們才會視品牌廠為良好合作的往來供應商。

3.加大店頭行銷預算

大型零售商為提升他們的業績，經常也會要求各個大型供貨品牌大廠多多加強店頭行銷活動的預算，亦即多舉辦價格折扣促銷優惠活動、贈獎、抽獎、試吃、試喝、專區展示、專人解說等活動，以達到拉攏人氣並促進買氣等目的。

4.全臺性密集鋪貨，讓消費者便利買到商品

供貨大廠基本上都會朝著全臺大小零售據點全面鋪貨的目標，除了大型連鎖零售據點外，比較偏遠的鄉鎮地區，也會透過各縣市經銷商的銷售管道鋪貨，務期達到全臺密集性銷貨目標，此對消費者也是一種便利性。

5.加強與大型零售商獨自合作促銷活動

現在大型零售商除了全店大型促銷活動外，平常也會要求各品牌大廠輪流與他們舉行獨家合作推出的價格折扣 SP 促銷活動，因為大廠的銷售量平常占比較高，故也能帶來零售商業績的上升。

6.加強開發新產品，協助零售商增加業績

供貨廠商同樣的舊產品賣久了，銷售自然會略降或平平，不易增加，除非增加新產品上市，因此，零售商也會要求供貨廠商提供新產品上市，以吸引並提振買氣。

7.爭取好的與醒目的陳列區位、櫃位

供貨廠商業務人員應該努力與現場零售商爭取到比較有利、比較醒目的產品陳列位置，如此也較有利於消費者注目到、便利拿取或找到。

8.投入較大廣告費支援銷售成績

供貨廠商在大打廣告期間，理論上銷售業績都會有部分增加，或是大幅提升業績。因此，零售商也都會對供貨廠商要求有廣告預算支出，來強打新產品上市，促銷零售據點的業績增加。這些是品牌大廠比較容易做到的，對中小企業就困難些，因為中小企業營業額小，再打廣告可能就沒賺錢了。

9.考慮為大零售商自有品牌代工的可能性

現在大零售商也紛紛推出自有品牌，包括洗髮精、礦泉水、餅乾、清潔用品、泡麵等，這些無異都跟品牌大廠搶生意，因此引起品牌大廠的抱怨。因此，大零售商都找中型供貨廠代工 OEM，因為其受影響性比較小。

十七、P&G 公司深耕經營零售通路

@（一）廣告效益漸下滑，通路行銷重要性上揚

面對日益強大的通路勢力與競爭壓力，即使強勢如 P&G，也不能不正視通路的重要性與影響力，並採取積極的因應對策。在臺灣市場，除了藉由專業的行銷部門持續拉攏消費者，寶僑家品更積極地透過業務部門，企圖拉攏與通路客戶之間的關係。P&G 曾經自認旗下擁有諸多強勢品牌，只要持續把資源砸在拉回（pull）的策略上，消費者自然會到賣場去指名購買，對於通路客戶沒有投資許多資源與心力，結果使得 P&G 與通路之間的關係不甚融洽。問題在於，隨著廣告有效性的滑落，消費者忠誠度降低，競爭壓力日高，以及通路勢力的日益抬頭，P&G 逐漸體認到，光靠品牌優勢已不足以號令天下，於是開始認真思考應如何改弦易轍，積極與通路客戶建立良好的關係，有效打通通路這個行銷運作的任督二脈。

在這個前提下，寶僑家品對業務部門的期待與資源投入迥異於前，例如：業務部門積極與通路合作，進行聯合行銷與店內行銷等活動。如 DM 廣告、特殊陳列、店內展示、派駐展售人員以及派樣等，以換取通路客戶對寶僑家品旗下品牌的善意與配合。

@（二）成立 CBD 專責單位（客戶業務發展部）

對通路策略的調整，及顧客導向的經營理念，寶僑家品於 1997 年將業務部門重新命名為客戶業務發展部（Customer Business Development, CBD），並從 P&G 體系裡請一位專家前來主持，專心致力於跟顧客一起改善管理，藉由效率提升來賺錢，爭取顧客的信任與對 CBD 的專業肯定，使客戶與公司的業務發展達到雙贏。

重新定位後的 CBD 有下列四個努力方向：

1. 幫助客戶選擇銷售 P&G 的產品。
2. 幫助客戶管理產品陳列空間及庫存。
3. 建議客戶合適的定價，幫助他們獲利，並增加業績。
4. 幫助客戶設計有效的行銷手法吸引顧客，並增加銷售量。

由上述任務可以清楚地知道，CBD 是典型顧客導向的組織，所有任務都是站在客戶的立場，提供客戶所需的專業銷售建議與協助，以提升顧客的業績與獲利，連帶地也能賣出更多公司產品。

@（三）P&G 為拉攏大型連鎖零售商所做的七項努力工作

根據輔大廣告系教授蕭富峰對臺灣 P&G（寶僑家品公司）所做的優良深度研究，他指出臺灣 P&G 公司為了建立與大型零售商通路的互信雙贏夥伴關係，大量的做了下列七項努力內容，茲列述如下。

1. 經過專業的訓練之後，寶僑家品將業務人員轉型為專業的客戶經理（account manager），職司客戶管理，並扮演類似銷售顧問的專業角色，提供客戶專業的銷售規劃與建議。在與客戶洽談的時候，客戶經理是以公司代表的名義出面，為客戶提供一個跨品類的全方位解決之道，以節省客戶的寶貴時間，並提升雙方的運作效率。

2. 針對特定的策略性客戶，寶僑家品會自行幫客戶進行通路購物者調查，以深入了解特定客戶的購物者描繪與需求狀況，並建立購物者資料庫。這些資料在擬定專業銷售建議時非常管用，並可充分展現出寶僑家品對客戶的關心。

3. 設置 CMO（Customer Marketing Organization）一職，由表現優異的資深客戶經理出任，專門負責通路行銷相關作業，並擔任與其他部門的溝通窗口，使客戶獲得專業的行銷協助，且與其他部門之間的溝通

暢行無阻。

4. 依照顧客導向的理念，按通路型態及生意規模，如量販、個人商店暨超市、經銷商及家樂福等通路別設置通路小組（channel teams），專門負責經營特定通路客戶，以提供客戶群更專業的服務。

5. 每位通路協理旗下均設多功能專業小組（multi-functional team），其中包括產品供應部、資訊部、財務部及品類管理等專業人員，直接歸通路協理管轄，負責提供客戶多功能的專業服務。因此，客戶的資訊人員可直接與小組的資訊人員進行專業對談；客戶的財務人員也可以與多功能小組的財務人員直接溝通。溝通工作變得迅速而有效率，並對問題的解決與效率的提升大有幫助，客戶也對這種專業團隊的專業服務感到印象非常深刻。

6. 藉由有效的新產品導入、產品組合管理、有效的促銷，以及有效率的物流配送與倉儲管理，協助客戶降低成本、提高效率，並帶動客戶的來店人潮與業績。

7. 大力推動有效率的消費者回應（Efficient Consumer Response, ECR），透過零售商與供應商的共同努力，創造更高的消費者價值，並將供應鏈從昔日由供應商推動的無效率，轉變成由消費者拉動的顧客滿意系統，從而達到供應商、零售商、消費者三贏的結果。寶僑家品在 ECR 的專業上，有很大的優勢可以提供客戶專業建議與服務，以便在需求面上，從消費者的角度思考如何有效創造消費者需求，並提供有效率的商品化；在供給面上商討如何提高供應鏈效率；以及支援技術面上如何知道消費者的需要與心中的想法、如何知道供應鏈的機會、如何衡量與應用等有所突破。一旦順利推動 ECR，零售商因為效率的提升與成本的降低，能以更低廉的售價回饋消費者，從而建立消費者忠誠度，創造更大的利潤空間。

@（四）CBD 為市場競爭力加分

輔大廣告系蕭富峰教授的研究結果，也認為 CBD 的專責組織模式，的確為 P&G 的產品在市場競爭力上得到加分效果。

他的研究認為，今日寶僑家品的 CBD 部門已經成為許多客戶的策略合作夥伴，扮演專業銷售顧問的角色，並與行銷部們緊密合作，有效拉攏客戶與購物者的心，在第一個關鍵時刻裡，爭取最多購物者選購 P&G 旗下的產

品，並讓客戶有利可圖。寶僑家品今天之所以能在臺灣市場擁有領先地位，固然行銷部門貢獻不少，但 CBD 的專業銷售能力也絕對要記上一筆。CBD 為市場競爭力加分的原因大致如下：

1. 與客戶建立互信雙贏的夥伴關係。
2. 顧客導向的組織結構與運作邏輯。
3. ECR 與產品類別管理 know-how。
4. 豐沛的購物者與消費者資料庫。
5. 行銷專業能力。
6. 雙方高階主管的默契與信任。

為了有效通過兩個關鍵時刻的考驗，除了 CBD 持續耕耘客戶關係與掌握購物者習性之外，行銷人員必須做市調資料的分析與解讀，並與市場保持持續的接觸，以累積對消費者的了解與認識，再從中逐漸萃取出消費者洞察（consumer insights）。

然而，消費者洞察要如何產生呢？這需要長期的專業訓練，持續的教導與學習，冒險與嘗試錯誤的勇氣，與市場的持續接觸，豐沛的資料庫與知識庫，大量的市調資料，一堆的努力與用心，以及一點點慧根，除此之外，還需要耐心與時間的累積。不過，擁有深入的消費者洞察與優異的行銷能力，並不意味寶僑家品所有行銷活動都可以每戰皆捷，只不過成功機率較競爭者高出一截罷了，寶僑家品與競爭同業的差別，在於對消費者洞察掌握的深入程度，專業行銷能力的優異程度，以及跨部門團隊合作的有效運作程度等因素上，這些因素的差異足以影響行銷運作成功機率的高低，可謂失之毫釐、差之千里。

十八、國內零售百貨業近年發展五大趨勢

綜觀自 2015 年以來到 2023 年之間，臺灣以及全球零售百貨市場，已呈現以下五大發展趨勢。

（一）便利商店大店化趨勢

過去便利商店大都是 20 ～ 25 坪小店化的格局，但經過這幾年來，便利商店成功增加了餐飲座位區，以及鮮食櫃位的空間，因此，便利商店均已

快速轉向 30 坪、50 坪、60 坪等大店化格局發展，事實證明，大店化提高了來客數及店業績收入。

@（二）量販店小型化、社區化趨勢

過去量販店都強調空間坪數大，但由於都會區內的大空間難找，再加上消費者要開車去買東西，多少有些不便利。量販店業者近年面臨來客數及業績停滯不利狀況，均改朝量販店小型化／超市化的方向拓展店數。

@（三）超大型購物中心發展趨勢

臺灣過去都是以開百貨公司為主力，但近年來，臺灣百貨公司已面臨一些困境。因此，新業者都轉為大型購物中心化方向發展。例如：大遠百購物中心算是遠東百貨公司轉型成功的案例。這種結合電影院、餐飲店、購物店及專櫃等複合型購物中心，都會有很好的發展。新竹遠東巨城及高雄夢時代購物中心也是一樣。

@（四）百貨公司櫃位大轉型，朝餐飲發展，並增辦活動吸引來客

近年來，百貨公司也曾面臨業績停滯及來客減少之困境，所幸，包括新光三越這些大型百貨公司都積極轉型，重新配置櫃位空間及商品型態的轉變。最明顯成功的轉型，就是在百貨公司的 5、6 樓增設各式平價及中價位的美味知名連鎖餐廳。此外，在 B1 及 B2 地下美食街也擴充坪數，引進更多好吃的餐飲區。

根據最新統計，新光三越百貨公司營收額占第一位的，竟是餐飲收入，第二位是化妝保養品收入，第三位則是精品收入。而過去在百貨公司 2 樓的女性服飾，由於受到網購以及 UNIQLO、ZARA、H&M 等連鎖店瓜分影響，生意則大幅減少了。

@（五）平價社區型超市，持續大幅展店

由於消費者比較偏愛具有就近社區方便型購物的實際需求，因此，像全聯福利中心這家全國第一大的超市，近五年來，已快速展店成功，到 2017 年 6 月分已達到 904 店了，2023 年已達 1,200 店，而年營收總額，2023 年

約達 1,700 億。全聯福利中心過去是以乾貨日常用品為主，但近年來加強生鮮專區的導入，已成全方位的超市了。

 十九、直營店（專門店）

（一）意義

現在已經有愈來愈多的業別，採取了直營店（專門店）的業態模式，展開市場的爭戰，這種店面屬於自己所有，店長及店員也由自己聘任及管理的，即稱為直營店（專門店）。

（二）案例

1. 電信業：中華電信、台哥大、遠傳等。
2. 內衣店：奧黛莉、華歌爾。
3. 書店：誠品、金石堂、墊腳石。
4. 速食店：麥當勞、摩斯、肯德基。
5. 餐廳：瓦城、王品。
6. 食品：義美。
7. 眼鏡：寶島、小林。
8. 手機：iPhone、SONY、三星。
9. 鐘錶：精工、ROLEX。
10. 名牌精品店：LV、GUCCI、Cartier。
11. 美妝、藥妝店：屈臣氏、寶雅、康是美。
12. 服飾店：UNIQLO、ZARA、H&M。
13. 生機店：聖德科斯、棉花田、里仁。
14. 其他。

（三）為何建立自己的直營連鎖店

1. 要掌握自己的銷售通路，有通路，才是王道。
2. 要掌握自己的售後服務通路，提升服務客人的品質與滿意度。
3. 可以扮演體驗行銷的場所。
4. 可以當作是看板廣告的展現。

5. 有助於打造品牌形象的建立。

6. 與顧客更加貼近，掌握顧客需求與脈動。

7. 取代過去舊有的經銷店，建立現代化通路。

（四）做好直營店的五項目

1. 人員（店長、店員、服務人員）。

2. 制度。

3. 資訊化。

4. 管理與營運。

5. 行銷活動。

二十、Walmart、COSTCO「天天都低價」的原因

（一）很多國內外的大賣場都號稱是「365 天，天天都低價」，例如：
美國的 Walmart、臺灣的家樂福、COSTCO、全聯、屈臣氏等都
屬之。

（二）到底這些賣場為何可以宣稱「天天都低價」，主要有幾個原因：

1. 壓低採購成本

這些賣場利用大量採購，故對採購成本予以殺價，成為最低價的採購
來源。同時，採購來源盡量跟原廠採購，不透過其他中間商或代理商，
也是採購成本低的原因。

2. 壓低管銷成本

包括：

（1）壓低人事費用率（人事費 ÷ 營收額）。

（2）壓低賣場租金費用。

（3）盡量制度化、標準化、系統化，降低日常費用。

（4）壓低物流費用。

3. 規模經濟是賣場可以壓低各種採購成本及費用的一個重要因素，因
此，這些賣場必須：

（1）積極擴大店數及展店，讓店數規模達到最大。

（2）店數多了，營業額就會大，採購成本就可以殺價壓低。

（3）天天都低價的宣傳，也使得業績會上升，而更有殺價、降低成本
　　的優勢。

二十一、廠商大舉拓店的目的

經常看到很多零售廠商或服務業廠商不斷的大舉拓店，增加據點數，其
中原因有以下幾點。

（一）為了達成規模經濟效益

包括採購成本可以壓低、行銷宣傳費分攤可以降低、總部固定成本分攤
可以減少等好處。

（二）為了營收及獲利更多

拓店之後，由於店數的不斷增加，自然可以使總營收及總獲利增加更
多。

（三）保持企業再成長

拓店之後，店數及營收均可以獲致再成長之效果。

（四）搶攻市占率，鞏固市場領導地位

據點數的增加，自然可使市場占有率上升，進一步鞏固市場領導地位。

（五）超越損益兩平點

新進市場的廠商，由於店數規模不足，必然處於虧損中，故必須加快展
店，才能損益兩平，開始獲利。

二十二、規模經濟效應案例

（一）以製造業來說，同樣是汽車製造廠，一家是 100 萬輛汽車廠，另
　　　一家是 10 萬輛汽車廠，那麼 100 萬輛汽車廠的生產總成本一定
　　　比 10 萬輛車廠低很多。

1.低很多的來源，一是汽車零組件的採購成本會大幅下降；二是固定成

本分攤也會降低。

2. 如此成本下降之後，汽車的定價就更有競爭力，在汽車市場的銷售成績就更好，獲利也會跟著好起來，整個形成良性循環。

（二）另外，以服務業來看，7-ELEVEN 有 6,800 店，而 OK 便利店只有 920 店，兩者差距極大；7-ELEVEN 顯然具有店數的規模經濟效益，這包括：

1. 7-ELEVEN 的商品採購進貨成本一定比 OK 店更低、更便宜，因為它有 6,800 店做基礎。

2. 7-ELEVEN 的總部固定成本由每店分攤，也會少很多。

3. 另外，廣告費分攤及物流費分攤，也都會相對低一些。

   這也就是為何 7-ELEVEN 能夠遙遙領先，成為市場上不敗的領導者。

二十三、服務業連鎖店面如何提升營收額

（一）服務業連鎖店面每天營業收入額的構成，由以下項目組成：

1. 每日營收額＝來客數 × 客單價。

2. 要努力提升來客數。

3. 要努力提升客單價。

（二）那麼要如何提升來客數及客單價呢？主要須努力從下列五大方向著手：

1. 要有定期（每週、每月）舉辦各種促銷活動。有促銷，才是吸客、集客的最佳手段。

2. 店址要設在較好的位址，不好的位址可能要遷移。

3. 要精選店內較暢銷、較有需求性的主力商品組合，這部分即是商品力的呈現。

4. 要提升服務人員的服務品質及素質。

5. 要散播好的口碑形成，用好口碑來穩住顧客。

必讀總歸納重點！國內零售業公司長期永續經營成功的 31 個全方位必勝要點

〈要點 1〉快速、持續展店，擴大經濟規模競爭優勢及保持營收成長

〈要點 2〉持續優化、多元化產品組合、品牌組合及專櫃組合

〈要點 3〉朝向賣場大店化／大規模化／一站購足化的正確方向走

〈要點 4〉領先創新、提早一步創新、永遠推陳出新，帶給顧客驚喜感及高滿意度

〈要點 5〉全面強化會員深耕、全力鞏固主顧客群，及有效提高回購率與回流率，做好會員經濟及點數生態學

〈要點 6〉申請上市櫃，強化財務資金實力，以備中長期擴大經營

〈要點 7〉強化顧客更美好體驗，打造高 EP 值（體驗值）感受

〈要點 8〉持續擴大各種節慶、節令促銷檔期活動，以有效集客及提振業績

〈要點 9〉打造 OMO，強化線下＋線上全通路行銷

〈要點 10〉提供顧客「高 CP 值感」＋「價值經營」的雙重好感度

〈要點 11〉投放必要廣告預算，以維繫主顧客群對零售公司的高心占率、高信賴度及高品牌資產價值

〈要點 12〉有效擴增新的年輕客群，以替代主顧客群逐漸老化危機

〈要點 13〉積極建設全臺物流中心，做好物流配送後勤支援能力，達成第一線門市店營運需求

〈要點 14〉發展新經營模式，打造中長期（5～10 年）營收成長新動能

〈要點 15〉積極開展零售商自有品牌（PB 商品），創造差異化及提高獲利率

〈要點 16〉確保現場人員服務高品質，打造好口碑及提高顧客滿意度

〈要點 17〉做好 VIP 貴客的尊榮／尊寵行銷

〈要點 18〉與產品供應商維繫良好與進步的合作關係，才能互利互榮

〈要點 19〉善用 KOL/KOC 網紅行銷，帶來粉絲新客群，擴增顧客人數

〈要點 20〉做好自媒體／社群媒體粉絲團經營，擴大「鐵粉群」

〈要點 21〉加強員工改變傳統僵化、保守的做事思維，導入求新、求變、求進步的新思維，才能成功步向新零售時代環境

〈要點 22〉面對大環境瞬息萬變，公司全員必須能快速應變，而且平時就要做好因應對策備案，要有備無患，一切提前做好準備

〈要點 23〉持續強化內部人才團隊及組織能力，打造一支能夠動態作戰組織體

〈要點 24〉永遠抱持危機意識，居安思危，布局未來成長新動能及永遠要超前部署

〈要點 25〉必須保持正面的新聞媒體報導露出度，以提高優良企業形象，並帶給顧客對公司的高信任度

〈要點 26〉大型零售公司必須善盡企業社會責任（CSR）及做好 ESG 最新要求

〈要點 27〉加強跨界聯名行銷活動，創造話題及增加業績

〈要點 28〉堅定顧客導向、以顧客為核心，帶給顧客更多需求滿足與更多價值感受，使顧客邁向未來更美好生活願景

〈要點 29〉若公司有賺錢，就要及時加薪及加發獎金，以留住優秀好人才，並成為員工心中的幸福企業

〈要點 30〉從「分眾經營」邁向「全客層經營」，以拓展全方位業績成長

〈要點 31〉持續「大者恆大」優勢，建立競爭高門檻，保持市場領先地位，確保不被跟隨者超越

@〈要點1〉快速、持續展店，擴大經濟規模競爭優勢及保持營收成長

零售業成功經營的首個要點，就是要保持快速、持續性展店，以擴大經濟規模的競爭優勢。例如：統一超商（7-11）、全家超商、寶雅、全聯超市、大樹藥局、SOGO百貨、遠東百貨、新光三越百貨、日本三井購物中心等，雖然連鎖店數已很多，但仍不停止持續展店，主要就是要擴大經濟規模優勢，以及保持營收成長，這是零售業者非常重要的成功關鍵之一。所謂「通路為王」，就是指占據更多、更密集零售通路據點，就可以成為「通路為王」的長期優勢，以及提高同業進入的門檻。

@〈要點2〉持續優化、多元化產品組合、品牌組合及專櫃組合

第2個成功因素，就是要針對賣場內、門市店內的商品組合或專櫃組合，持續加以「優化」及「多元化／多樣化」；把好賣的產品留下來，不好賣的產品淘汰出去，就是汰劣留優，有效提高每個店的坪效好業績。另外，產品組合、品牌組合及專櫃組合的多元化、多樣化、新鮮化，也會為顧客帶來更多的選購方便性／便利性／完整性之好處，提高顧客的滿意度。

@〈要點3〉朝向賣場大店化／大規模化／一站購足化的正確方向走

第3個成功因素，就是現在的賣場、門市店等，都朝向大店化／大規模化／一站購足化正確方向走。

比如超商門市店朝向大店化，淘汰小店。新成立購物中心，也愈做愈大規模，例如：日本三井來臺的LaLaport購物中心愈開愈大；SOGO百貨公司取得臺北大巨蛋館經營權，面積也很大（3.8萬坪），比傳統百貨公司多出三倍大；新竹遠東巨城購物中心及新北市新店裕隆城購物中心等，坪數規模也都很大，經營很成功。

因為大店化／坪數大規模化比較符合顧客需求及需要性，也受到顧客歡迎，所以生意會更好。

@〈要點 4〉領先創新、提早一步創新、永遠推陳出新，帶給顧客驚喜感及高滿意度

例如：統一超商十多年前領先推出平價 CITY CAFE，現在每年賣 3 億杯，每年創造 130 億元營收及 26 億元咖啡獲利；全家超商率先推出販賣現烤番薯及霜淇淋很受顧客喜歡，另外推出複合店、店中店也很成功；還有百貨公司近幾年引進不少歐洲產品新專櫃及國內餐廳／美食店，也都很成功。

所以，各種零售業種，都必須永遠保持：推陳出新、與時俱進、帶給顧客更多驚喜／驚豔感，才能吸引顧客持續的回流及再購。

@〈要點 5〉全面強化會員深耕、全力鞏固主顧客群，及有效提高回購率與回流率，做好會員經濟及點數生態學

「會員深耕」、「會員經營」，已成為近幾年來在零售業、餐飲業及服務業最重要的行銷做法之一。現在各行各業都會發行「會員卡」、「紅利集點卡」、「貴賓卡」、或「行動 App」等，主要就是在做會員經營及會員深耕。希望透過紅利積點的回饋優惠或持卡的商品折扣優惠等，來強化及鞏固會員們的忠誠度、回購率及回流率。而且，會員們的業績額都已占整體業績額的 60 ～ 80% 之高，顯見全力強化會員經營、會員深耕，是各行各業的行銷重心所在。

目前各零售業者的會員卡人數如下：

1. 全聯超市：1,100 萬名會員。
2. momo 電商：1,000 萬名會員。
3. 誠品書店：250 萬名會員。
4. 屈臣氏：600 萬名會員。
5. 寶雅：600 萬名會員。
6. 家樂福：800 萬名會員。
7. 臺灣 COSTCO：300 萬名會員（唯一付費會員）。
8. 新光三越：350 萬名會員。
9. SOGO 百貨：500 萬名會員。
10. 統一超商：1,700 萬名會員。
11. 全家超商：1,700 萬名會員。
12. 大樹藥局：350 萬名會員。

13. 三井 Outlet 及 LaLaport 購物中心：400 萬名會員。

@〈要點 6〉申請上市櫃，強化財務資金實力，以備中長期擴大經營

現在，不少零售業都朝向申請上市櫃，以強化財務資金實力，備妥中長期擴大經營子彈。例如：近幾年上市櫃的寶雅、大樹藥局、杏一藥局、美廉社或即將申請的新光三越百貨，或是多年前早已經上市櫃的遠東百貨、統一超商、全家超商、燦坤 3C、誠品生活、全國電子、富邦 momo 電商、PChome 網家等。全聯超市由於林敏雄董事長個人財力雄厚，故仍不打算申請上市櫃。臺灣好市多由於是美商公司，所以也不會上市櫃。

總之，成為上市櫃公司的更多好處如下：

1. 取得中長期資金能力。
2. 有利企業知名度及形象力提高。
3. 有利吸引優秀人才到公司來。
4. 有利公司業績成長。
5. 有利公司正派、永續、公正、公開經營。
6. 有利新聞媒體常見報導露出度。

@〈要點 7〉強化顧客更美好體驗，打造高 EP 值（體驗值）感受

做零售業就必須更加重視顧客們對我們所提供的營運場所，有更美好、更有好口碑的體驗感及高 EP 值。包括：門市店內、超市內的、賣場內、百貨公司內、購物中心內的及 Outlet 內的裝潢、空間感、視覺感、現代化感、進步感、設計美感及人員服務水準等，都要使顧客感到美好的購物、逛街、娛樂及餐飲等感受知覺。

國內零售業者近幾年在體驗感方面，都有很大的進步及成長，所以，國內零售業的產值及營收規模，都有很好的成長率，目前，每年已高達 4 兆 5,000 億元產值規模，這就是一種數字證明。

@ 〈要點 8〉持續擴大各種節慶、節令促銷檔期活動，以有效集客及提振業績

現在，零售業（包括：全球及臺灣）要創造出好業績及有效吸客／集客／吸出消費力，最重要且最有效的方法，就是全力做好「促銷檔期」了。

目前，對百貨公司而言，最重要的年底「週年慶」，可以創造出占公司全年營收額的 25 ～ 30% 之高；如果，再加上「母親節」、「春節過年」及「年中慶」三大節慶促銷檔期，合計四者可占到百貨公司全年 60 ～ 70% 的業績來源。

目前對零售業而言，每個年度比較重要的節慶促銷檔期，大致如下：

1. 週年慶（10 ～ 12 月）。
2. 春節過年慶（1 ～ 2 月）。
3. 母親節（5 月）。
4. 父親節（8 月）。
5. 聖誕節（12 月）。
6. 情人節（2 月）。
7. 雙 11 節（11 月）（電商行業）。
8. 雙 12 節（12 月）（電商行業）。
9. 中元節（8 月）。
10. 中秋節（9 月）。
11. 元旦慶（1 月）。
12. 元宵節（2 月）。
13. 端午節（6 月）。
14. 年中慶（6 月）。
15. 春季購物節（4 月）。
16. 女人節（3 月）。
17. 夏季購物節（7 月）。
18. 秋季購物節（9 月）。
19. 日本特色產品節（6 月）。
20. 開學季（9 月）。

@〈要點 9〉打造 OMO，強化線下＋線上全通路行銷

現在電商（網購）發展已是必需，如果少了，就像是斷了一半通路實力。所以，現在不管是消費品業、耐久性商品業、科技品業，以及零售業等，都已走向打造 OMO（Online Merge Offline），全方位建構「線下＋線上全通路」的必然方向。

例如：家樂福量販店、全聯超市、新光三越百貨、寶雅、統一超商等實體零售業者，在官方線上商城的業績，也發展得很好。

@〈要點 10〉提供顧客「高 CP 值感」＋「價值經營」的雙重好感度

第 10 個要點就是零售業要面對兩大客群的不同需求感受，如下：

1. 高 CP 值感庶民客群：這是一群數量將近至 1,000 萬人，含括庶民消費者及低薪年輕人的廣大客群，他們的月薪大概只在 2.2 ～ 3.9 萬元之間。這一群人要的是低價、平價、高 CP 值、親民價格的產品需求。
2. 高價值感客群：另外，則是一群極高所得及高所得的客群，他們要的是有高質感、名牌的、奢華的、榮耀的、高附加價值的產品需求。

所以，零售業各行業必須依照自己公司的「定位」，以及「鎖定自己的TA 客群」，提供「高 CP 值感」或是「高價值感」的不同經營模式。或是提供能夠「兼具這兩種模式」的經營給顧客，那就是最好、最棒、最成功的一家優質好零售業者了。

@〈要點 11〉投放必要廣告預算，以維繫主顧客群對零售公司的高心占率、高信賴度及高品牌資產價值

零售業公司也必須像消費品公司一樣，應該每年提撥定額的廣告預算，以維繫廣大主顧客群對零售業公司的高心占率、高信賴度及高品牌資產價值；絕對不要認為自己公司已很有知名度了，就不再投放廣告預算了，如此長久下去，該零售公司的品牌會被顧客遺忘及不再列為優先的零售場所了。

目前以全聯超市及統一超商二家公司，每年都投放至少 2 億元以上的電視廣告預算，來維繫它們的品牌力量。另外，SOGO 百貨、新光三越百貨、遠東百貨、家樂福、屈臣氏、康是美也會在每年週年慶時，投放必要電視廣告預算。

ⓐ 〈要點 12〉有效擴增新的年輕客群，以替代主顧客群逐漸老化危機

現在，各種零售業公司都非常重視如何有效吸引年輕新客群的增加，以替代及降低主顧客群逐漸老化的危機。例如：百貨公司、超市的主顧客群都有老化的一些危機感，雖然五年、十年內不會有太大不利影響，但二、三十年之後，就會有很大衝擊。

因此，近幾年來，這些部分零售業公司就積極從各方面、各做法、各項努力，積極加強吸引更多 22 ～ 39 歲的年輕族群進來消費，接替已經老化掉的 60 ～ 75 歲的中老年主顧客群，而且也已經有一些不錯的成效了。像是 SOGO 臺北店及全聯超市等客群，已有增加年輕客群的好成果。

ⓐ 〈要點 13〉積極建設全臺物流中心，做好物流配送後勤支援能力，達成第一線門市店營運需求

在超商業、超市業、量販店業、美妝連鎖店業、藥局連鎖店業及電商平臺業等，他們的第一線營運都必須要有強大、及時、快速、準確的全臺物流中心及車隊搭配才行，否則營運就會失敗、就會失去競爭力。因此，上述零售業種公司必須準備好足夠龐大的財務資金能力，支援做好全臺各地物流中心及車隊的建置工作才行。所謂「工欲善其事，必先利其器」即是此意。

目前，像是全聯、統一超商、全家超商、家樂福、momo 電商、大樹藥局、寶雅等，都有非常成功的物流中心後勤支援能力的完成打造。

ⓐ 〈要點 14〉發展新經營模式，打造中長期（5 ～ 10 年）營收成長新動能

零售業者必須思考發展新經營模式，才能打造出中長期營收成長新動能。以下是近幾年來成功的案例：

1. 統一超商：轉投資子公司成功，包括：星巴克、康是美、菲律賓 7-ELEVEN、黑貓宅急便等。
2. 全家超商：轉投資子公司成功，包括：麵包廠及餐飲業。
3. 各大百貨公司：大幅引進各式餐飲，成為營收額第一名的業種。
4. SOGO 百貨：承租臺北大巨蛋館營運，面積高達 4 萬坪。
5. 新光三越百貨：擴增高雄 Outlet 及臺北東區鑽石塔兩個新零售據點。

6. 三井：全臺設立各 3 個大型 Outlet 及大型 LaLaport 購物中心。

7. 康是美：從 400 家美妝店，又擴增到有 100 家藥局連鎖經營。

8. 大樹藥局：從藥局連鎖擴增到寵物連鎖店經營。

9. 各大超商：發展複合店、店中店、地區特色店等。

10. 寶雅：全臺 350 家寶雅店，又增加 50 家寶家五金百貨店，發展雙品牌營運。

11. 全聯超市：成功併購大潤發量販店，發展「全聯」＋「大潤發」雙品牌營運。

12. 統一企業：成功收購家樂福法國母公司的臺灣所有股權，形成「統一超商」＋「家樂福」＋「統一時代百貨」＋「康是美」四大零售業種。

@〈要點 15〉積極開展零售商自有品牌（PB 商品），創造差異化及提高獲利率

近幾年來，國內零售商都積極投入開發自有品牌（Private Brand, PB）產品，藉以創造差異化及提高獲利率。成功案例，如下：

1. 全聯超市：
   （1）美味堂：滷味、小菜、便當等。
   （2）We Sweet：蛋糕、甜點。
   （3）阪急麵包。

2. 統一超商：
   （1）CITY CAFE（平價咖啡）。
   （2）CITY PRIMA（精品咖啡）。
   （3）CITY TEA（茶飲料）。
   （4）CITY PEARL（珍珠奶茶）。
   （5）7-11 鮮食便當。
   （6）關東煮。
   （7）iSelect 品牌。
   （8）UNIDESIGN 品牌。

3. COSTCO（好市多）：Kirkland（科克蘭）自有品牌產品。

4. 家樂福：「家樂福」高、中、低價 PB 產品。

5. 屈臣氏：推出自有品牌

（1）活沛多。

（2）蒂芬妮亞。

（3）Watsons。

6. 康是美、大潤發、寶雅、愛買、美廉社等，也都有推出自有品牌經營。

〈要點 16〉確保現場人員服務高品質，打造好口碑及提高顧客滿意度

現場人員服務，對零售業來講也很重要。例如：

1. momo 網購：全臺 24 小時宅配必到，臺北市 12 小時宅配必到，momo 物流宅配速度服務甚佳。

2. SOGO 百貨：電梯小姐及彩妝品專櫃小姐服務品質甚佳。

各大零售行業大都是人對人的接觸及服務；前述提及零售業要令人有高 EP 值（體驗）感受，才能展現出它們實體據點的價值性以及與電商平臺的差異性所在。如果實體零售業連服務都做不好，那就會離顧客愈來愈遠，業績就會愈來愈差了。

而實體零售業的服務高品質，包括下列：

1. 服務人員的高素質與高品質。

2. 服務流程的 SOP 標準作業流程化及有溫度化。

3. 服務人員的禮貌、親切、貼心、用心、認真、親和，以及能夠解決問題。

4. 服務人員專業知識及銷售技能的提升。

〈要點 17〉做好 VIP 貴客的尊榮／尊寵行銷

在高級百貨公司零售業中，還有一個必須重視的是：少數 VIP 貴客的尊榮／尊寵行銷。這些少數 VIP 貴客，每年每人帶給百貨公司幾百萬、幾千萬的業績貢獻，是值得好好對待的一群貴客。例如：

1. 臺北 SOGO 百貨：每年消費滿 30 萬元以上，計有 2,000 多人。

2. 臺北 101 百貨：每年消費滿 101 萬元以上，計有 3,000 多人。

3. 臺北 BELLAVITA 百貨：每年消費滿 100 萬元以上，計有 1,000 多人。

上述臺北 101 百貨公司，以 3,000 人 VIP × 101 萬元業績＝ 30 億元，

一年就創造 30 億元營收業績，占臺北 101 百貨全年 100 億元業績的三成之多，占比貢獻非常高。因此，公司必須認真、用心、投入、專人照顧好／接待好這一批金字塔頂端的貴客才行。

〈要點 18〉與產品供應商維繫好良好與進步的合作關係，才能互利互榮

零售業者與上游產品供應商也應維繫好良好與進步的合作關係，並且達到互利互榮目標，這也是一個經營重點。包括以下幾點作為。

1. 縮短給付產品供應商銷貨貨款的支票期限或匯款期限，盡可能以 30 天期限為目標，勿拖到 90 天太久了。
2. 百貨專櫃的抽成比例應該合理些，勿抽成太高。
3. 對產品供應商、對各專櫃的各項名目贊助費，也應合理，勿太高、勿太頻繁。
4. 對產品供應商、對各專櫃，應該嚴格要求高品質水準目標及高度注意食安問題，絕不能出食安及品質問題。
5. 對產品供應商、對各專櫃，應持續不斷的要求：要創新、要求新求變、要進步，每年都做出最好、最棒、最驚喜的新產品、新品牌給廣大消費者，使顧客能感受到國內零售業者有在進步中。
6. 零售業者與各供應商、各專櫃，應秉持互利互榮，以及把市場餅做大的正確觀念，對方真心／誠信合作，才能使國內零售業產業鏈成長、進步、茁壯。

〈要點 19〉善用 KOL/KOC 網紅行銷，帶來粉絲新客群，擴增顧客人數

現在，已有愈來愈多的消費品／彩妝保養品牌廠商及零售業者，採取 KOL/KOC 網紅行銷方式，以為該公司帶來粉絲新客群以及增加新業績。例如：

1. 統一超商／全家超商：都與 KOL 網紅聯名推出新款鮮食便當，且賣得不錯。
2. 百貨公司：與 KOL/KOC 合作，帶他們的粉絲群到百貨公司的促銷折扣樓層去購物，又可以當面見這些 KOL/KOC，有效吸引粉絲們到現場來。

3. 此外，現在更流行與 KOL/KOC 合作：發團購優惠貼文以及現場直播導購、直播帶貨；這些都直接有效促進零售業者與產品供應商的業績成長。.

@ 〈要點 20〉做好自媒體／社群媒體粉絲團經營，擴大「鐵粉群」

由於電視廣告及網路廣告投放成本較高，因此，很多零售業者開始重視在低成本的自媒體及社群媒體，經營他們的鐵粉，加強粉絲顧客對他們的黏著度及忠誠度。目前，包括：

1. 官網（官方網站）經營。
2. 官方線上商城經營。
3. 官方 FB/IG 粉絲團經營。
4. 官方 YT 影音頻道經營。
5. 官方 LINE 群組、LINE 好友經營。
6. 短影音廣告宣傳片製作。

@ 〈要點 21〉加強員工改變傳統僵化、保守的做事思維，導入求新、求變、求進步的新思維，才能成功步向新零售時代環境

國內零售業者的從業人員，有些是比較保守及傳統的做事思維，但現在已進到 2023 ～ 2030 年的新變化及新時代中，因此必須大幅改變做事思維，導入求新、求變、求進步、求發展、求突破、求成長的最新思維及行動力、執行力，才可以有效面對外部大環境的巨變，以及面對日益激烈的同業／異業互相競爭求生存。

@ 〈要點 22〉面對大環境瞬息萬變，公司全員必須能快速應變，而且平時就要做好因應對策備案，要有備無患，一切提前做好準備

除了上述全員做事思維的改變之外，零售業者在面對外部大環境的瞬息萬變，必須做好的二件大事，包括：

1. 打造能夠「快速應變」的組織能力及隨時作戰的組織機制能力。
2. 平時就要建立好因應對策的備案計畫，預先提前做好準備，有準備好，就不會到時慌亂、不知所措或被動反應，要掌握主動權。

〈要點 23〉持續強化內部人才團隊及組織能力，打造一支能夠動態作戰組織體

另外，零售業者平時就必須持續強化內部人才團隊及組織能力（organizational capability），打造一支強大且能夠隨時動態作戰的組織體。

包括下列部門的人才與組織能力：
1. 商品企劃及新商品開發人才與能力。
2. 門市店展店及開拓人才與能力。
3. 商品採購人才與能力。
4. 門市店營運店長人才與能力。
5. 會員經營人才與能力。
6. 行銷企劃、廣告宣傳與品牌打造人才與能力。
7. 電商經營人才與能力。
8. 專櫃／餐飲引進人才與能力。
9. 現場營業人才與能力。
10. 中高階領導主管人才與能力。
11. 經營企劃人才與能力。
12. KOL/KOC 網紅行銷人才與能力。

〈要點 24〉永遠抱持危機意識，居安思危，布局未來成長新動能及永遠要超前部署

零售業者經營也必須跟其他行業公司一樣，做好下列 5 項非常重要的新時代經營理念：
1. 千萬不能自滿，尤其當業績大好成功的時候。
2. 必須永遠保持危機意識，永遠要居安思危。
3. 必須布局未來，保持永遠的成長新動能。
4. 對任何事，必須堅持超前部署、提前做好計畫準備。
5. 切記：若一直停留在原地，那你就是退步了！要永遠向前進步。

〈要點 25〉必須保持正面的新聞媒體報導露出度，以提高優良企業形象，並帶給顧客對公司的高信任度

零售業公司跟各行各業公司一樣，都不能只會默默做事，而不重視必要

的各種媒體宣傳。只要是對公司形象、印象、品牌、信賴度發展及強化的各種媒體正面專訪及報導，都必須加以歡迎及接受。

　　例如，下列零售業公司的新聞媒體報導，都對該公司經營帶來正面效益，包括：

1. SOGO 百貨（黃晴雯董事長）。
2. 新光三越百貨（吳昕陽總經理）。
3. 統一超商（羅智先董事長）。
4. 全聯超市（林敏雄董事長）。
5. momo 電商（蔡明忠董事長、谷元宏總經理）。
6. 另外，還有寶雅、大樹藥局、全家、康是美……等零售業公司，均有較多的新聞報導露出。

＠〈要點 26〉大型零售公司必須善盡企業社會責任（CSR）及做好 ESG 最新要求

　　近幾年來，全球各大型上市櫃公司，都被要求做好善盡企業社會責任（CSR），以及做好 ESG（E：環境保護；S：社會關懷／社會回饋；G：公司治理）。國內大型零售公司也力朝這些方向努力，比較有成果的，包括：

1. 統一超商。
2. SOGO 百貨。
3. 全聯超市。
4. 家樂福量販店。

＠〈要點 27〉加強跨界聯名行銷活動，創造話題及增加業績

　　近幾年，零售業公司也積極跟各行業、各品牌，展開跨界聯名行銷活動，可達到創造話題及增加商品銷售目的。例如：

1. 統一超商：跟五星級大飯店「君悅」、「晶華」及米其林餐廳，聯名合作推出「星級饗宴」好吃的各式鮮食便當，銷量很好。
2. 全家超商：跟知名 KOL 及鼎泰豐推出聯名便當，銷售成績不錯。

@〈要點 28〉堅定顧客導向、以顧客為核心，帶給顧客更多需求滿足與更多價值感受，使顧客邁向未來更美好生活願景

回到根本核心點，零售業公司最高領導者與全體幹部團隊必須回到初心、回到任何企業的根本思路，如下諸項：

1. 堅定顧客導向為原則。
2. 以顧客為核心，以顧客為念，把顧客放在利潤之前。
3. 快速滿足顧客需求、期待及想要的。
4. 為顧客創造更多附加價值的利益點（benefit）。
5. 永遠走在顧客最前面，永遠提前洞悉出顧客的潛在內心需求。
6. 為顧客邁向更美好生活為願景。
7. 永遠堅持顧客至上、顧客第一，比顧客還了解顧客。

@〈要點 29〉若公司有賺錢，就要及時加薪及加發獎金，以留住優秀好人才，並成為員工心中的幸福企業

零售業在疫情解封後的 2022 年營收都有很大的成長，不少百貨公司、超市等，都紛紛加發年終獎金，以及 2023 年為員工調薪、加薪 3 ～ 6%，這些都是很好、很正確的做法。畢竟，員工才是公司能夠賺錢的重要原因，也是公司重要的資產價值。唯有員工滿意、員工快樂，才會有廣大顧客的滿意。

零售業從每天早上八點到晚上九點，都要面對面接觸及服務顧客，這份辛苦及認真，公司董事長、總經理高階決策主管應該給予合理、能定期調薪，且具激勵性的月薪及獎金，以感謝全體員工每天辛苦與努力的付出。

@〈要點 30〉從「分眾經營」邁向「全客層經營」，以拓展全方位業績成長

過去，在消費品業、名牌精品業、耐久性品業等，都強調要分眾經營及分眾行銷才會贏。但現在零售業的發展趨勢，卻是強調要全客層、全方位經營，才能開拓更大的業績成長空間。例如：

1. 大型購物中心：新竹遠東巨城、三井臺中／臺北 LaLaport、SOGO 百貨公司臺北大巨蛋館、新北環球購物中心等，都強調是全客層經營。

2. 超市：全聯超市過去主力客層為 40 ～ 75 歲客群，現在也在吸引 25 ～ 39 歲年輕客群，以邁向全客層型的第一大超市。

3. 百貨公司：新光三越、SOGO、遠東三大百貨公司過去的客群，仍以較高所得、較高年齡的客群為主力，但現在也在大幅增加能夠吸引 25 ～ 39 歲年輕客群的餐飲櫃位及產品專櫃，逐步轉型到全客層的嶄新百貨公司。

4. 量販店：家樂福、COSTCO、大潤發等量販店，早就是以全客層為經營，因為面積坪數大、商品品項多，能吸引老、中、青日常生活購物需求。

＠〈要點 31〉持續「大者恆大」優勢，建立競爭高門檻，保持市場領先地位，確保不被跟隨者超越

經營連鎖零售業的重大特性之一，就是它具有「大者恆大優勢」，不易被後面中小型零售公司超越，只要大型零售公司能夠保持：

1. 不斷求新、求變。

2. 不斷與時俱進。

3. 不斷創新、進步。

4. 不斷保持領先、超前部屬。

5. 不斷布局未來成長。

6. 不斷確實執行晴天要為雨天做好準備。

就能持續保有市場第一大、第二大的領導地位。

成功案例如下：

1. 超商（前二大）：

（1）統一超商（6,800 店、本業年營收 1,800 億）。

（2）全家（4,100 店、本業年營收 700 億）。

2. 超市（第一大）：全聯（1,200 店、本業年營收 1,700 億，全國第一大超市）。

3. 百貨公司（前三大）：

（1）新光三越百貨（年營收 886 億）。

（2）遠東百貨（年營收 470 億）。

（3）SOGO 百貨（年營收 450 億）。

4. 量販店（前二大）：

（1）好市多／COSTCO（年營收 1,500 億）。

（2）家樂福（年營收 900 億）。

5. 美妝店（前三大）：

（1）寶雅（年營收 200 億）。

（2）屈臣氏（年營收 180 億）。

（3）康是美（年營收 130 億）。

6. 藥局（前二大）：

（1）大樹（年營收 150 億）。

（2）杏一（年營收 100 億）。

7. 電商平臺（第一大）：momo 電商（年營收突破 1,038 億）。

　　上述都是國內主力零售業種的前三大、前二大市場領導公司，且具有「大者恆大」的保持優勢，後進者很難超越，因為這些大型連鎖零售公司，每天也在追求進步、追求突破、追求成長、追求創新、追求永續經營。

1. 快速、持續展店，擴大經濟規模優勢及保持營收成長	2. 持續優化、多元化產品組合、品牌組合及專櫃組合
3. 朝向賣場大店化／大規模化／一站購足化的正確方向走	4. 領先創新、提早一步創新、永遠要推陳出新，帶給顧客驚喜感及高滿意度
5. 全面強化會員深耕、全力鞏固主顧客群，及有效提高回購率與回流率，做好會員經濟	6. 申請 IPO 上市櫃，強化財務資金實力，以備中長期擴大經營
7. 強化顧客更美好體驗，打造高 EP 值（體驗值）感受	8. 持續擴大各種節慶／節令促銷檔期活動，以有效集客及提振業績
9. 打造 OMO，強化線下＋線上全通路行銷	10. 提供顧客「高 CP 值感」＋「價值經營」的雙重好感度
11. 投放必要廣告預算，以維繫主顧客群對零售公司的高心占率、高信賴度及高品牌資產價值	12. 有效擴增新的年輕客群，以替補主顧客群逐漸老化危機
13. 積極建設全臺物流中心，做好物流配送後勤支援能力，達成第一線門市店營運需求	14. 發展新經營模式，打造中長期（5～10 年）營收成長新動能

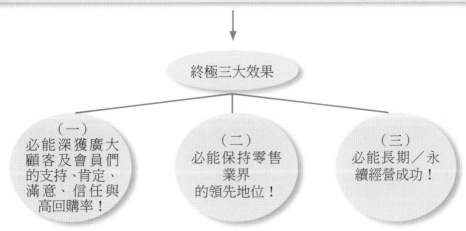

15.積極開展零售商自有品牌（PB 商品），創造差異化及提高獲利率

16.確保現場人員服務高品質，打造好口碑及提高顧客滿意度

17.做好 VIP 貴客的尊榮／尊寵行銷

18.與產品供應商維繫好良好與進步的合作關係，才能互利互榮

19.善用 KOL/KOC 網紅行銷，帶來粉絲新客群，擴增顧客人數

20.做好自媒體／社群媒體粉絲團經營，擴大鐵粉群

21.加強改變傳統僵化、保守做事思維，導入求新、求變、求進步的新思維

22.面對大環境瞬息萬變，公司全員必須能快速應變，而且平時就要做好因應對策備案

23.持續強化內部人才團隊及組織能力，打造一支能隨時動態作戰組織體

24.永遠抱持危機意識，居安思危，布局未來成長新動能及超前部署

25.必須保持正面的新聞報導露出度，以提高優良企業形象，並帶給顧客對公司的高信任度

26.大型零售公司必須善盡企業社會責任（CSR），及做好 ESG 最新要求

27.加強跨界聯名行銷活動，創造話題及增加業績

28.堅定顧客導向、以顧客為核心，帶給顧客更多需求滿足及更多價值感受，使顧客邁向未來更美好生活願景

29.若公司有賺錢，就要及時加薪及加發獎金，以留住優秀好人才，並成為員工心目中的幸福企業

30.從分眾經營邁向全客層經營，以拓展全方位業績成長

31.持續「大者恆大」優勢，建立競爭高門檻，保持市場領先地位，確保不被跟隨者超越

終極三大效果

（一）
必能深獲廣大顧客及會員們的支持、肯定、滿意、信任與高回購率！

（二）
必能保持零售業界的領先地位！

（三）
必能長期／永續經營成功！

▶ 圖　國內零售業公司長期永續經營成功的 31 個全方位必勝要點

第**3**篇

流通業之商流與行銷

第**8**章 流通服務業之商流與行銷組合策略

8 流通服務業之商流與行銷組合策略

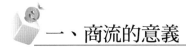 一、商流的意義

流通業中的商流，即是商品流。換言之，即是流通業者如何將商品行銷出去與如何將商品所有權移轉，從而得到營收及獲利。

因此，商品流主要的重點，就是談流通零售業及流通服務業，如何做有效的行銷與營業作為，然後創造商品快速流轉出去，此即商流之精義所在，如圖 8-1 所示。

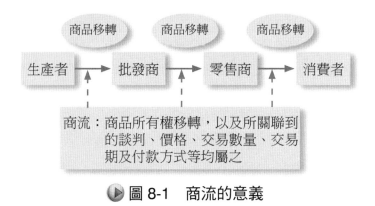

▶ 圖 8-1　商流的意義

另外，促進商品流動及銷售的各種行銷措施非常多，如圖 8-2 所示。

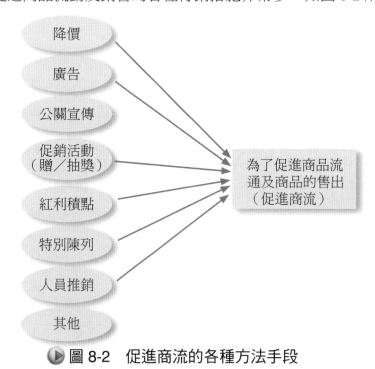

▶ 圖 8-2　促進商流的各種方法手段

二、流通業行銷組合操作概述

　　流通業或流通零售業，在提升他們店面業績的行銷作業面上，其實跟製造業的產品廠商並無太大差別。基本上，仍然可以用傳統的「行銷4P組合」來做基礎分析及說明。

（一）流通業「行銷4P組合」的內容

　　行銷組合（marketing mix）是行銷作業的真正核心，它是由產品（product）、價格（price）、通路（place）及促銷（promotion）等四個主軸所形成。由於這四個英文名詞均有一個P字，故又被稱為行銷4P。換言之，行銷「組合」又稱「4P」，如圖8-3所示。

	1. 廣告	2. 銷售促進	3. 公關	4. 人員銷售	5. 直效行銷
促銷的五種細分	（1）印刷品及廣播 （2）產品外包裝 （3）傳單 （4）郵件 （5）型錄 （6）宣傳小冊子 （7）海報 （8）工商名錄 （9）e-DM	（1）競賽、遊戲 （2）抽獎、彩券 （3）獎金、禮物 （4）派樣 （5）商展 （6）發表會 （7）體驗（試用） （8）折價券	（1）記者招待會 （2）研討會 （3）慈善樂捐 （4）公共報導 （5）演講 （6）年報 （7）事件 （8）法人說明會 （9）股東大會 （10）工廠參訪 （11）專訪報導	（1）銷售簡報 （2）銷售會議 （3）電話行銷 （4）激勵方案 （5）業務員樣品 （6）商展或展示會	（1）產品型錄 （2）郵件（DM） （3）電話行銷 （4）網路行銷 （5）電視購物 （6）傳真 （7）e-DM （8）簡訊 （9）e-mail

▶ 圖8-3　行銷4P組合

那麼為何要說「組合」（mix）呢？

主要是說，流通零售企業要成功的話，必須「同時、同步」及「環環相扣、一致性」把 4P 都做好，任何一個 P 都不能疏漏，或是有缺失。例如：這個店的產品內容及品質不好，如果只是一味大做廣告，那麼產品仍可能不會有很好的銷售結果。同樣地，如果是一個不錯的零售店產品組合、品質及價位，若沒有投資適度廣告，那麼顧客可能也不太知道此店的好。

（二）現代流通服務業行銷 8P/1S/1C 組合的擴大意義與內涵

筆者把行銷 4P，擴張為流通服務業行銷 8P，主要是從 promotion 中，再分出來更細的幾個 P，包括以下各項。

1. 第 5P

public relation，簡稱 PR，即公共事務作業，主要是如何做好與電視、報紙、雜誌、廣播、網站等五種媒體的公共關係。

2. 第 6P

personal sales（或 professional sales），即個別銷售業務或銷售團隊。因為很多服務業還是仰賴人員銷售為主。例如：壽險業務、產險、財富管理、基金、健康食品、補習班、化妝品專櫃、服飾連鎖店專櫃、SPA 專門店、健康運動會員卡、男性西服、男性休閒服、名牌精品專門店，幾乎都須有業務部門。

3. 第 7P

physical environment（或 physical evidence），即實體環境與情境的影響。服務業很重視現場環境的布置、刺激、感官感覺、視覺吸引等。因此，不管在大賣場、貴賓室、門市店、專櫃、咖啡館、超市、百貨公司、PUB、經銷店等，均必須強化現場環境的帶動行銷力量。

4. 第 8P

process service，即服務客戶的作業流程，盡可能一致性與標準化（Standard of Process, SOP），避免因不同的服務人員，而有不同的服務程序及不同的服務結果。

5. 1S

after service，產品在銷售出去之後，當然還要有完美的售後服務。包括客服中心的服務、維修中心的服務及售後的服務等，均是行銷完整服務的最後一環，必須做好。

6. 1C

係指 CRM（Customer Relationship Management），即顧客關係管理或稱會員忠誠鞏固經營。由於現代各品牌、各廠商競爭激烈，因此，都紛紛關注如何維繫住忠誠老顧客，給予他們各種分級式的優惠及對待。此外，在爭取新會員方面也會有新做法，希望擴大會員規模。

茲圖示（圖 8-4）行銷 8P/1S/1C 組合策略如下：

流通服務業行銷 8P、1S 及 1C

1. 產品（product）
2. 價格（price）
3. 通路（place）
4. 促銷（promotion）
5. 公共事務（PR）
6. 人員銷售（personal sales）
7. 現場環境（physical environment）
8. 服務流程（process）
9. 售後服務（service）
10. 顧客關係管理（CRM）

▶ **圖 8-4　行銷 8P/1S/1C 組合策略**

三、流通零售業行銷 4P 與 4C 的對應關係

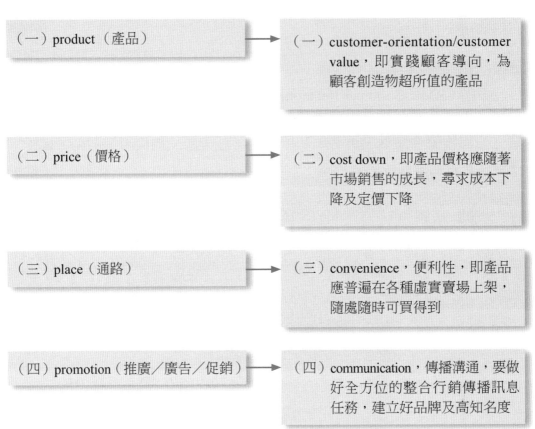

（一）product（產品）　→　（一）customer-orientation/customer value，即實踐顧客導向，為顧客創造物超所值的產品

（二）price（價格）　→　（二）cost down，即產品價格應隨著市場銷售的成長，尋求成本下降及定價下降

（三）place（通路）　→　（三）convenience，便利性，即產品應普遍在各種虛實賣場上架，隨處隨時可買得到

（四）promotion（推廣／廣告／促銷）　→　（四）communication，傳播溝通，要做好全方位的整合行銷傳播訊息任務，建立好品牌及高知名度

　　流通業或流通零售業的經營及行銷操作，必須同時考量到另外的 4 個 C，即：

＠（一）customer-orientation/customer value

　　店裡的產品組合、項目、品質、特色等，是否能為顧客創造出更多的價值感。

＠（二）cost down

　　店裡的進貨成本及營運成本是否能不斷的控制及下降，然後回饋到降價上，給顧客帶來更多的利益。例如：全聯福利中心的價格是全部零售業中最便宜的，他們就是不斷在努力控制成本。

@（三）convenience

全聯福利中心的 1,200 店、燦坤 300 店、屈臣氏的 580 店、家樂福的 320 店（含頂好）等，都是具有購物便利性功能。

@（四）communication

流通零售業在廣告宣傳與品牌形象宣傳上，仍須做一定程度的投入才行。例如：統一超商、家樂福、全聯、新光三越、SOGO 百貨、屈臣氏、燦坤、全國電子等，他們的促銷型廣告、新產品廣告、形象廣告等，都會在電視媒體、報紙媒體、雜誌媒體、網站媒體、戶外媒體等出現。

四、流通零售業 4P ＋ 4C 達成行銷成功之目標

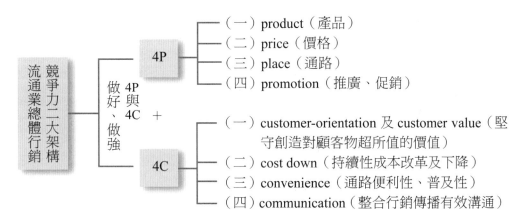

▶ 圖 8-5　4P ＋ 4C 全方位打造出流通業總體行銷競爭力

五、流通零售業行銷的 4P ＋ 4C ＋ 3P 規劃

如圖 8-6 所示：

4P →商品導向。

4C →顧客導向。

3P →服務導向。

第一是 4P：

1. 產品規劃（product plan）。

2. 定價規劃（price plan）。

3. 通路規劃（place plan）。

4. 推廣規劃（promotion plan）。

第二是 4C（如前述）：

1. 顧客價值規劃（customer value plan）。

2. 成本降低規劃（cost down plan）。

3. 便利性規劃（convenience plan）。

4. 傳播廣宣規劃（communication plan）。

第三是 3P：

1. 銷售人員、銷售組織規劃（people plan）。

2. 流程規劃（process plan）。

3. 現場環境規劃（physical environment）

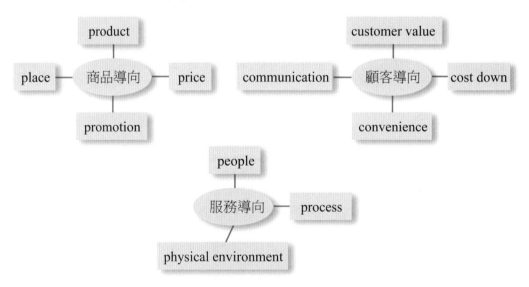

🔵▶ 圖 8-6　零售業行銷的 4P ＋ 4C ＋ 3P

　　因此，流通服務業或流通零售業的經營者及其全體員工，都應具備好此三大導向思維，才會戰勝競爭對手，開創出成功的經營成果。如圖 8-7 所示。

圖 8-7　創造流通零售業贏面的三大導向思維

六、零售通路商推出自有品牌

（一）最近幾年來，大型連鎖零售商紛紛推出自有品牌（Private Brand, PB），例如：統一 7-ELEVEN、全家、家樂福、屈臣氏等均是。

（二）這些大型連鎖零售通路商推出自有品牌產品，其主要目的有：

1. 提高產品的毛利率。
2. 提高公司營運的獲利目標。
3. 朝向差異化策略經營。
4. 迎合 M 型社會低價產品需求的顧客。
5. 掌握自主權，避免受制於製造商大廠。

（三）在國外，零售商自有品牌產品的銷售額經常占全部銷售額的 30% 以上；但在國內，目前約僅 5～10% 而已，統一超商算是比較高的，約有 20% 左右。統一超商強力全面推展自有品牌，包括過去的關東煮、鮮食產品（如御便當、涼麵、御飯糰）、icash 卡，以及近年來 7-ELEVEN 二個自有品牌（iseLect & UNIDESIGN），均非常成功。另外，家樂福大賣場也大量推出自有品牌，並依高、中、低三種價位，以區隔化及品牌化。而產品的種類及項目，又比統一超商更多，從服飾、洗髮精、洗衣精、礦泉水、餅乾、衛生紙、清潔劑、沙拉油、小家電到泡麵等，幾乎無所不包。

（四）各通路龍頭攻自有品牌

零售業	超商	量販	超商
業者	7-ELEVEN	家樂福	全家
市場地位	超商龍頭	量販龍頭	超商第二名
自有品牌	iseLect、UNIDESIGN	家樂福商品、家樂福超值、家樂福嚴選生鮮	Fami Collection

七、店頭行銷（店頭力）崛起

（一）店頭力時代來臨

　　店頭內（門市店、大賣場、超市、百貨公司）的各種廣告宣傳與行銷活動，近年來有愈來愈重要的趨勢。因為，很多實證研究顯示，有愈來愈高的比例，消費者在零售現場才決定選擇購買的產品或品牌；因此，有人稱為「店頭力」時代的來臨。為此，製造商及零售商大都極力做好店頭所呈現的誘因，而希望創造自己產品的良好業績。

　　店頭行銷是指在賣場或門市店，經由多樣化促銷策略與輔銷物（如跳跳卡、POP、陳列架、珍珠板等）促進客情關係，爭取優良陳列位置，同時擴大商品陳列排數，藉以提高商品露出度與知名度，進而刺激消費者購買欲，提升銷售量。

（二）常見的五種店頭行銷活動

　　國內行銷專家黃福瑞（2005）依據其經驗，提出常見的店頭行銷活動，包括下列五項。

1. 張貼廣告物以及布置情境

　　全球最大遊戲軟體商藝電只要有重量級電玩軟體發片，就會與全球各大零售賣場洽談合作，將賣場布置成電玩模擬實境。2003年年度大片《戰地風雲》上市時，各大賣場布置成戰地，讓電玩迷彷彿置身於二次大戰的諾曼地戰場。電影《哈利波特》上映時，華納威秀售票員身穿巫師服、頭戴巫師帽，也是一種情境布置的手法。

2. 良好的陳列

陳列通常會給消費者「商品暢銷」及「物美價廉」的第一印象，若能加強美感陳列（如螺旋而上或金字塔排列方式），更能有效帶動商品銷售。其中，「端架陳列」的運用更不容忽視。一般而言，賣場三到四成的銷售額，是由貨架頭尾兩端的「端架」所貢獻，廠商必須設法搶占端架，並善加布置端架商品。

3. 廠商週活動

如上新聯晴（已於 2017 結束營業）每年會固定舉辦為期二到四週的「國際週」及「歌林週」活動，由廠商提供贈品來促銷產品。通常廠商會提供廣告贊助費用給零售通路商，也會提供門市人員銷售競賽獎金。

4. 消費者體驗活動

常見的有試吃活動、音樂 CD 試聽、遊戲機試玩，除可活絡賣場氣氛，吸引人潮駐足，也有助於提升銷售量。

5. 贈品及抽獎活動

常見的有「來店禮」、「滿額禮」、「福袋」、「抽獎」及「買 A 送 B 贈品活動」。每年 4 月底前的冷氣贈品活動，就是各大冷氣廠商早販期間最重要的促銷策略。

（三）整合型店頭行銷的操作項目

一個有效的「整合型店頭行銷」內涵，不管從理論或實務來說，大致應包括下列一整套同步、細緻與創意性的操作，才會對銷售業績有助益：

1. POP（店頭販促物）設計是否具有目光吸引力？

2. 是否能取得在賣場的黃金排面？

3. 是否能設計一個專門獨立的陳列專區？

4. 是否能配合贈品或促銷活動（例如：包裝附贈品、買 3 送 1、買大送小等）？

5. 是否能配合大型抽獎促銷活動？

6. 是否有現場 event（事件）行銷活動的舉辦？

7. 是否陳列整齊？

8. 是否隨時補貨，無缺貨現象？

9. 新產品是否舉辦試吃、試喝活動？

10. 是否配合大賣場定期的週年慶或主題式促銷活動？

11. 是否與大賣場獨家合作行銷活動或折扣做回饋活動？

12. 店頭銷售人員整體水準是否提升？

由各家企業的積極態度可以發現，店頭力時代已經來臨。長期以來，行銷企劃人員都知道行銷致勝戰力的主要核心在「商品力」及「品牌力」。但是在市場景氣低迷、消費者心態保守，以及供過於求的激烈廝殺行銷環境之下，廠商想要行銷致勝或保持業績成長，勝利方程式將是：

店頭力＋商品力＋品牌力＝總合行銷戰力。

■ 案例　日本 ESTEI 化學日用品公司

ESTEI 是日本的芳香除臭劑、脫臭劑、除溼劑等生活日用品大公司之一。根據該公司近幾年的研究發現，消費者有目的型或忠誠及品牌購買型的比例很低，幾乎有八成的消費者都是到了店頭或大賣場才決定要買什麼，而且他們發現來店客很關心哪些產品有舉辦促銷活動。

為此，ESTEI 在 2012 年 4 月專門成立一家 SBS 公司（Store Business Support；店頭行銷支援）。在 SBS 裡，配置了 433 個所謂的「店頭行銷小組」人員。ESTEI 的產品在日本全國有 2 萬 7,000 個銷售據點，包括超市、大賣場、藥妝店、藥房及一般零售店等。這 433 個店頭支援小組人員，奉命先針對營業額比較大的 2,500 家店做店頭行銷的支援工作。這些人每天必須巡迴被指定負責的重要店頭據點，日常工作包括：

1. 在季節交替時，商品類別陳列的改變。

2. 檢視 POP（店頭販促廣告招牌）是否有布置好。

3. 暢銷商品在架位上是否有缺貨。

4. 專區陳列方式的觀察與調整。

5. 配合促銷活動之陳列安排。

6. 觀察競爭對手的狀況。

另外在 IT 活用方面，這些人員還要隨身攜帶數位相機、行動電話及筆記型電腦，每天透過 SBS 所開發出來的 IT 傳送系統，即時將他們在上百個、上千個店頭內所看到的實況，以及拍下的照片與情報狀況，包括自己公司與競爭對手公司的狀況等，都傳回 SBS 總公司的營業部門以供參考。

八、平價（低價）行銷時代來臨

近幾年來，國內內需市場面臨了空前的景氣低迷狀況，各行各業都陷入極大的經營與行銷挑戰，流通業、零售業或服務業大抵皆然。

消費者已進入「簡約」、「節省」、「精打細算」、「有促銷才購物」、「低價才買」等消費行銷環境中。

對廠商及對流通零售業者而言，此代表著「平價（低價）行銷」時代的來臨。主要有以下幾個原因。

（一）國內近幾年來實質薪資所得並未顯著增加，甚至倒退回到十多年前水準。

（二）國內物價持續上漲，這是由於國外大宗物資及原物料上漲的緣故。

（三）國內失業率仍偏高，就業機會漸少。

（四）製造廠商外移中國及東南亞，使工作機會減少。

（五）大約 30 萬名中產階級員工及老闆，被派赴中國及東南亞工作，使得國內消費人口又減少。

（六）臺灣新生兒人口不斷下滑減少，到 2015 年度，每年只出生 20 萬名新生兒，較三十年前的 40 萬名，減少了一半之多。2020 年臺灣人口出現負成長，此即老人往生過世的人口數比新生兒人口數還多。此人口數的減少，就代表著市場消費力的總減少。

（七）最後，M 型社會終於成形了，右端的高所得有錢人大概有二成至三成，但七、八成的消費者漸向左端靠，很多成為新貧族，貧富差距拉大了。

基於上述原因，我們可以總結出在這幾年之間，國內內需市場很明顯面對著平價（低價）及簡約的行銷環境。而流通零售業者也須有所因應對策與行動，否則將面臨業績及獲利的衰退。

第4篇

物流與資訊科技

9 物流概述

一、物流的意義

物流的簡單意義，即是如何把廠商的貨品、商品，透過物流公司及運輸公司，準時及正確無誤的送達他們所指定的地點或顧客手上。

如圖9-1所示，物流其實從內銷及外銷來做分類的話，又可區分為二種。

（一）國際物流

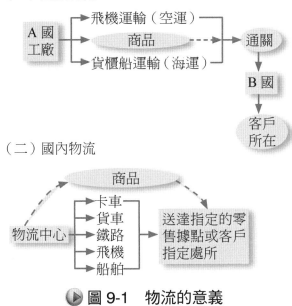

（二）國內物流

圖 9-1　物流的意義

@（一）國際物流

此係指外銷廠商如何將產品準時送達國外客戶所指定的倉儲地點、物流據點或消費零售場所。

@（二）國內物流

此係指內銷廠商如何將產品準時送達國內客戶所指定的零售據點、門市店或庫存地點。

而這些運輸的工具，可能包括卡車貨車、鐵路、飛機、船舶等各式各樣的交通工具，才能達成。

二、物流的機能

物流的基本機能，主要如圖 9-2 所示，包括三種主要機能，說明如下。

（一）運送機能

物流公司如何準時及無損害的送達，這是滿足需求方與供給方雙方的目標。

（二）保管機能

物流公司也要兼顧產品還在倉庫中，尚未送出去期間的保管責任，包括產品品質的維護及數量無缺的保管責任。

（三）流通加工機能

此外，物流公司有時候也要符合零售商在門市店銷售的需求，而進行拆裝、組裝、組合、分裝、重包裝或簡單加工等功能。

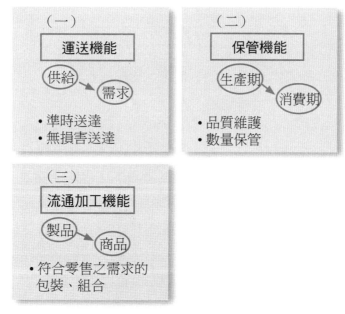

▶ 圖 9-2　物流的機能

三、物流中心的基本業務

一個有規模與功能完整的物流中心，其廠內的基本工作事項，大致包括如下：

（一）集貨（分區集中貨品）。

（二）檢查品質。

（三）保管。

（四）點選。

（五）包裝。

（六）捆包。

（七）與出貨單對照。

（八）對外運送、配送。

如圖 9-3 所示。

▶ 圖 9-3　物流中心的基本業務

四、物流中心的二種類型

物流中心大致可以區分為二種類型。

（一）中大型企業或工廠

建立自己的物流中心。例如：國內的統一企業、統一超商、味全公司、金車公司、光泉公司等，均有自己的全國各地分區物流中心。

（二）中小型企業或工廠

他們比較不需要或比較無能力建立自己的物流中心，故委託外面公司的物流中心幫他們處理，而付給物流處理費用。

（一）中大型企業
自己建立的物流中心

（二）中小型企業
委外的物流中心

圖 9-4　物流中心的二種類型

五、物流的三種領域

如果從不同功能面向來看，物流應該可以再區分為三種領域，才算是比較完整的，如下圖所示：

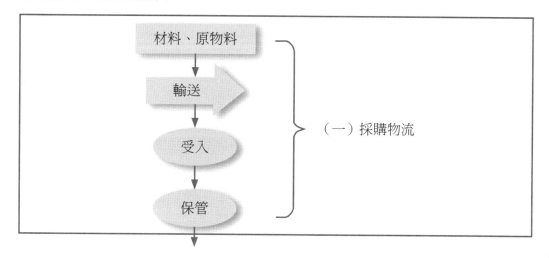

材料、原物料

輸送

受入

保管

（一）採購物流

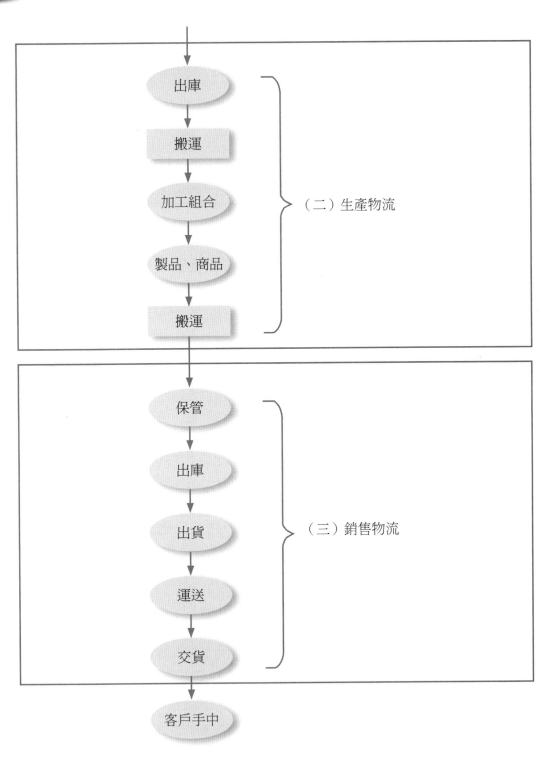

● 圖 9-5　物流的三種領域

六、物流管理的循環與目的

如圖 9-6 所示，物流管理的四個循環，即是物流的 P-D-C-A；包括：物流規劃→物流執行→物流考核→物流再調整。

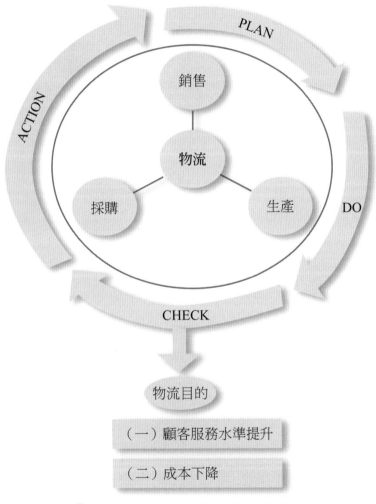

● 圖 9-6 物流管理的循環與目的

七、物流管理的進展

隨著時代演進、科技突破與全球化來臨，物流管理的進展在各時期也有不同。如下圖所示：

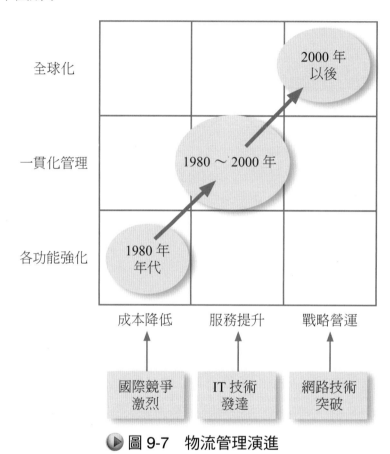

▶ 圖 9-7　物流管理演進

八、客戶對物流企業的要求與希望

任何客戶，不管是外部客戶或內部關係企業客戶，對物流公司所提供的物流配送服務，都有以下幾點要求。

@（一）掌握時效與效率

希望物流公司在指定時間與日期內能快速送達，不能有所拖延或誤時。

ⓐ （二）成本控制

希望物流成本能控制在預估範圍內，不管是國內或國外的支出。

ⓐ （三）全球化物流能力

很多客戶都是跨國大企業，市場散布在全球各地，因此，物流公司必須有全球化及時配達能力。

ⓐ （四）資訊化連結

由於 IT 資訊軟硬體的發達，客戶也希望能夠與物流公司連結，隨時查詢了瞭解物品運送狀況。

ⓐ （五）品質確保

客戶也會要求物流公司在運送商品過程中，一定要確保商品品質不受到破壞或損傷。

■ 案例 1　全聯福利中心──砸下 100 億元，建三座物流廠

1. 占地 10 萬坪，投資金額超過 100 億元

全聯福利中心董事長林敏雄砸錢投資物流廠，北中南三個物流廠占地達 10 萬坪，投資超過 100 億元！物流廠將在兩年內供應超過 1,000 家店的物流配送。至於是否要上市櫃？林敏雄說：「全聯不按牌理出牌，應該很難有股東，所以沒有這個打算。」

全聯分別在桃園觀音、高雄岡山和臺中沙鹿各有一座物流廠。其中，林敏雄對桃園觀音廠最滿意，因為觀音廠占地 6.6 萬坪，是全球規模最大的物流廠，每小時可處理 1 萬 5,000 箱作業量。

林敏雄表示，觀音廠是兩年前標到的慶眾汽車廠，因是現成廠房，所以建築物就替全聯省下 20 億元的成本，充分達到全聯「省」的企業精神。

臺中沙鹿廠已完工。林敏雄說，高雄岡山的物流廠是工業區土地，2012 年啟用，土地加廠房共投資 20 億元；目前三座物流廠的土地、設備、廠房投資超過 100 億元。

全聯據點已近 1,200 家，目標未來三年內要衝到 1,500 家。林敏雄表示，三座物流廠就能提供超過 1,500 家門市的物流量。

2.投入重金建物流廠之原因

為何要砸重金投資物流廠？林敏雄表示，物流順暢就能把門市的倉儲面積縮小，把營業面積擴大，同時不會缺貨，進而提高營業額，概念就像便利店一樣，儘管物流成本只占營業成本的 4 至 5%，但後續提高的營業額可以期待，值得重金投資。（2013.7.15，《中時》）

3.服務業強力脈搏

2014 年 7 月底，距離中元普渡還有一個月，桃園觀音全聯物流中心儲位上，堆滿了泡麵、零嘴、飲料。35 萬箱的庫存，比平常還要多一倍。

另一頭，日本引進的分檢系統，輸送帶快速往前奔馳，把供應商從投入口寄來的貨品，分送到 96 個出貨滑道，平均一秒可處理 4 箱貨物。

「建築物本身是汽車廠。投標的時候不能進來看，我從外面看可以用，就投（標）了。」全聯實業董事長林敏雄說。

桃園觀音物流中心的落成，是近年全聯最大的計畫之一。2011 年，林敏雄花了 24 億元，標下原來慶眾汽車 6.6 萬坪的廠房，改做物流中心。

拚低價、搶市占的超市一哥，揮軍物流中心，顯示過去總隱身在企業背後的物流業，愈來愈受重視。

這幾年，服務業愈來愈受重視，物流的良莠與否，直接影響服務業發展速度與品質。

以全聯為例，林敏雄說，過去全聯各地供應商將貨品集結給代送商後，再送到各店鋪。但一個門市要同時面對多個代送商，店門前常會塞車，且代送商也跟不上全聯的展店速度。

全聯於是自己蓋物流中心，將貨品收歸，集中配送，也鼓勵代送商加盟全聯自己的車隊。經過規劃，現在全省只要近 300 輛配送車，是過去的約 1/7。

這不僅克服了展店、送貨的問題，林敏雄估算，物流占店鋪營運成本 4 到 5%，省下的錢看起來少，但順暢、精確的物流能讓店面減少缺貨，也減少囤貨的面積，賣場可以擴大，自然能提升銷售。

其次，對服務業者來說，物流更直接影響消費者感受。

舉凡餐廳飯菜新不新鮮、到店內買東西會不會缺貨撲空，或網路上訂衣服得多久才到、貨送到了有沒有缺角損壞等，都和物流息息相關。
（2013.8.21，《天下雜誌》529 期）

■ 案例 2 日本企業爭霸最新革命：快速物流到貨

1.優衣庫（UNIQLO）今天下訂，今天送到貨！

過去，「送貨」是企業較不重視的一環，受網路購物影響，火速送到消費者手中，已成趨勢，誰能縮短最後一公里距離，就可能成為贏家。

「這就是工業革命！」一手打造出平價服飾品牌優衣庫的迅銷集團（Fast Retailing）會長兼社長柳井正強調。自 2014 年 11 月起，迅銷和大和房屋工業聯手，共同在東京灣岸建設新一代物流中心，2016 年 1 月完工。當物流中心正式啟用，也將是優衣庫全東京門市及網路商店，同時隨之改頭換面的一刻。

物流中心將實際接獲門市的銷售狀況，根據即時資料，依售出數量補貨打包，以最短時間運送到門市。新的物流中心也具備加工機能，可視顧客需求，迅速為顧客客製化商品。

目前的優衣庫，是由各門市事先決定商品數量，再由物流中心配送至門市，至於存貨管理或分類等麻煩的作業，則交由門市處理。在新的物流中心啟用後，這些作業都將移交給物流中心管理。大和房屋常務浦川龍哉表示：「物流中心從只是堆放貨品的一般倉庫，將脫胎換骨成為兼具門市甚至工廠功能的新設施。」

未來在網路商店下單，當天就能將商品送至顧客家中或指定門市。目前速度再快，下單後也要隔天才會送達。位在東京灣岸，與東京市中心為鄰的新物流中心一旦啟用，便能一口氣縮短和消費者之間「最後一公里的距離。」

2.日本 7-ELEVEN 便當宅配服務快

不只服飾業，現在零售業同時正掀起一場變革，重新檢討「商品配送」之於消費者的價值。距離更近、速度更快——對於流通業而言，永遠是古老兼具創新的競爭主軸。

2014 年 7 月，日本超商龍頭 7-ELEVEN 重新制定了便當宅配服務「7 Meal」的配送範圍。共 13,200 家加盟店引進該項宅配，外送範圍從 500 公尺到 3 公里，由店家自行決定。實際上其中 27% 的加盟店，都選擇最近的 500 公尺為外送範圍。

「短距離的配送需求，遠遠超乎想像。」7 Meal Service 社長青山誠一表示，剛開始做便當宅配時，以為宅配就是要外送到較遠的地方，才能滿足懶得大老遠來店的消費者。但事實上，不少訂單只是「從一樓門市送到樓上」、「送到門市隔壁」的距離而已。依循這次經驗，7-ELEVEN 發現，即使門市就在隔壁，只要能朝消費者「更進一步」，必定能誕生新的價值。過去，物流的終點是門市；現在，真正的終點已轉變到「顧客手中」。

「只要善用超商平臺，高成本的宅配也能變成可行。」日本第二大連鎖超商羅森（LAWSON）社長玉塚元一也透露，將和其他業者合作新的宅配服務。

九、物流與運籌定義不一樣

其實，「物流」與「運籌」（logistics）兩者有些近似，但深究其實，兩者的定義並不完全一樣。

@（一）物流

指的是如何做好運送、保管及流通加工的功能。

@（二）運籌

運籌（logistics）指的是如何利用現代化的運籌四要素，即現代化的設備、現代化的資訊情報、現代化的技術及現代化的智慧人才，而做好物流的工作，包括：

1. 如何將適切的產品；
2. 在適切的期間內；
3. 以適切的場所；
4. 送達給適切的消費者。

如圖 9-8 所示。

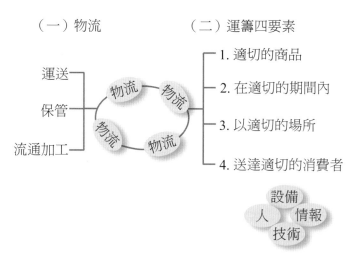

（一）物流　　　（二）運籌四要素

運送　保管　流通加工　物流 物流 物流 物流

1. 適切的商品

2. 在適切的期間內

3. 以適切的場所

4. 送達適切的消費者

設備　情報　人　技術

圖 9-8　物流與運籌定義不一樣

十、運籌的領域

運籌所涉及的領域，其實比物流廣泛許多，如下圖 9-9 所示，運籌其實與圖中所述的四個部門都有關聯，包括：採購、生產、物流及銷售等。

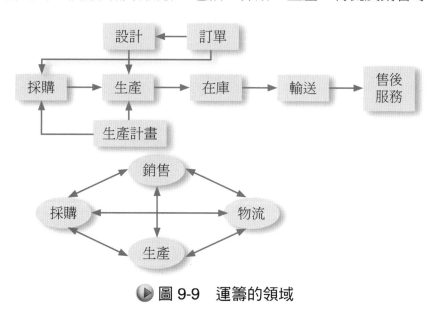

圖 9-9　運籌的領域

十一、運籌（logistics）與戰略性物流（ECR、QR、SCM）

（一）何謂物流運籌

何謂運籌？就是指：「在企業戰略中，對於商品及服務，如何能更快的、正確的與低成本的提供給我們的顧客，並且滿足他們的一種流程、體制、組織與管理」之意。

（二）運籌的目的、手法、範圍與考量方法

有關一套完整的運籌之目的、手法、範圍及考量方法，如下圖 9-10 所示。

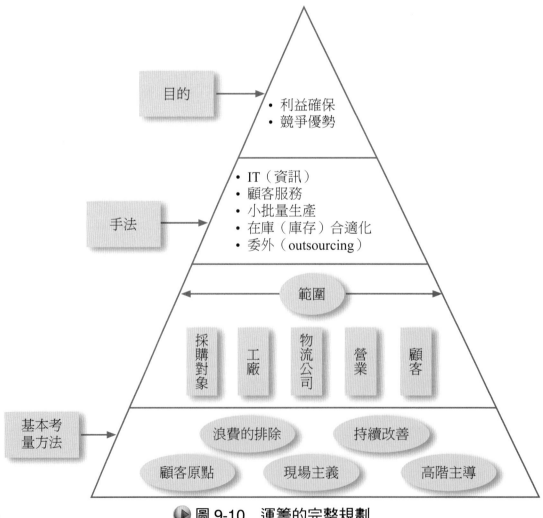

▶ 圖 9-10　運籌的完整規劃

@（三）SCM（供應鏈）的任務與範圍

1.定義

SCM（Supply Chain Management，供應鏈），即是指如何快速供貨給顧客、如何有效降低庫存、如何避免缺貨、如何提高現金流量、如何遵守交期與提高顧客滿意度的一種有體系與機制化的運作。這裡牽涉了採購、工廠、倉儲、物流配送、零售點等各方面業主的關聯性。

2.SCM 的範圍

SCM 完整的範圍內容，如下：

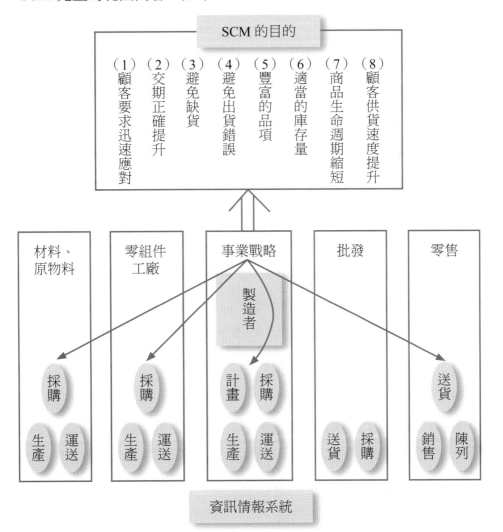

▶ 圖 9-11　SCM 範圍內容

3.SCM 的關聯企業間的資訊情報

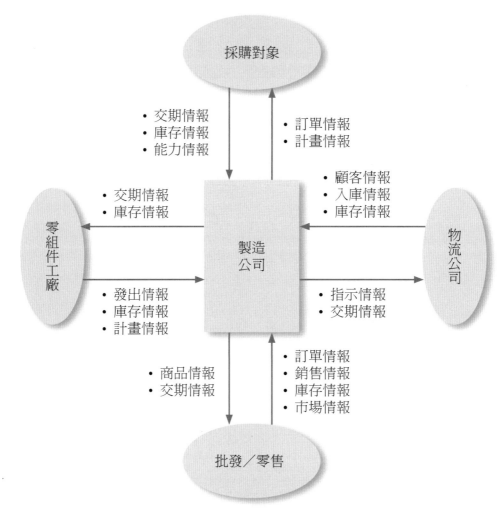

採購對象

• 交期情報
• 庫存情報
• 能力情報

• 訂單情報
• 計畫情報

• 顧客情報
• 入庫情報
• 庫存情報

零組件工廠

• 交期情報
• 庫存情報

製造公司

物流公司

• 發出情報
• 庫存情報
• 計畫情報

• 指示情報
• 交期情報

• 商品情報
• 交期情報

• 訂單情報
• 銷售情報
• 庫存情報
• 市場情報

批發／零售

▶ 圖 9-12　SCM 相關企業間之資訊系統

@（四）QR（Quick Response），快速反應

所謂 QR，就是指工廠或供應商能夠快速回應各批發點、各零售點訂貨，且快速送達的需求體系。

QR 的圖示如下：

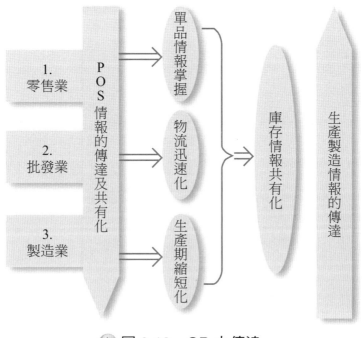

▶ 圖 9-13　QR 之傳達

（五）ECR（效率化消費者對應）

所謂 ECR（Efficiency Consumer Response），係為面對消費者需求時，比 QR 更加進化、更有效率的一種對應措施及機制。目前，像全球最大的日用品供應商 P&G 公司及美國最大的 Walmart 量販店，兩者之間已建立起 ECR 體系，當 Walmart 缺貨時，P&G 公司也能同步透過電腦上的資訊得知及準備出貨補足。

十二、物流中心的六大類主要設備

一個完整及現代化的物流中心，應配置有六大類的主要設備，才能有效率與有效能的做好物流中心的工作，包括：

（一）資訊電腦設備。

（二）搬送設備。

（三）保管設備。

（四）分拆、切割、組裝、包裝設備。

（五）點檢設備。

（六）卡車、貨車車隊設備。

如圖 9-14 所示。

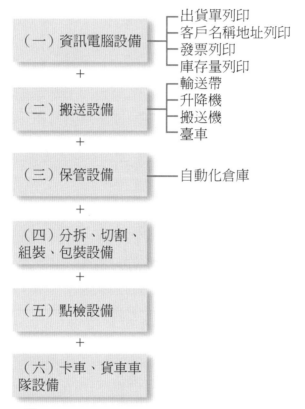

（一）資訊電腦設備 ── 出貨單列印
　　　　　　　　　── 客戶名稱地址列印
　　　　　　　　　── 發票列印
　　　　　　　　　── 庫存量列印
＋
（二）搬送設備 ── 輸送帶
　　　　　　　── 升降機
　　　　　　　── 搬送機
　　　　　　　── 臺車
＋
（三）保管設備 ── 自動化倉庫
＋
（四）分拆、切割、組裝、包裝設備
＋
（五）點檢設備
＋
（六）卡車、貨車車隊設備

▶ 圖 9-14　物流中心的六大類主要設備

十三、日本物流業的發展

日本導入物流概念始自 1960 年代，當時日本正進入經濟高度成長期，隨著營業額擴大，商品配送量與次數亦擴增，加上國民所得增加、人事費用上升等因素，促成新的物流環境與新的物流問題。日本企業界遂將搬運、倉儲、輸送等物流活動作業，由單獨的個別活動連結起來。先求整體系統的統合，再展開規劃各分支系統的機能效率。此外，對自動倉庫的建設也十分積極。此為日本物流發展的第一階段，其重點放在如何集中數量、如

何處理更大的數量、如何做省力化的改善。

　　至 1973 年，日本經歷第一次能源危機後。日本的經濟亦由高度成長轉為安定成長，物流量不再急速擴增，物流業努力的方向也從「如何盡力處理最大量」，轉變為「如何妥善處理」；可以說由量的要求進化為質量並重的階段，此階段發展重點在於「物流成本的抑制與降低」、「物流管理技術方法的開發」、「物流組織的革新」等。

　　日本在 1970 年代中期，經濟上所呈現的安定成長，事實上亦代表著低度成長。製造業開始重視消費者不同的需求、意識、價值觀，致力開發差異化、多樣化的新產品，零售業界亦引進便利商店、量販店等新的經營型態。在這種銷售通路多元化、產品多樣化的蛻變過程中，物流已從後續處理的作業層次提升為戰略立案的先決前提條件。認知策略性物流的必要性，是日本物流發展的第三個階段。

　　繼策略性物流必要性的認知後，日本物流業對「庫存政策」亦有了新的意識。由於商品日漸多樣化、多品牌、多品種化的行銷趨勢影響，不論零售業與物流業均必須面對，存放不下與「處理滯銷商品」的問題，因為在一定的存放空間裡，品項增多則單一品項的存放量將被迫削減。市場研判呈現不透明、銷售預測困難、庫存量不足，無疑是喪失商機；庫存量過多又必須承擔突發性滯銷的風險。因此設法降低庫存量，成為經營安定化的重要課題，零庫存與 JIT（just in time）的追求與主張，即應運而生。

十四、國內物流業的發展

　　國內對物流的需求意識覺醒較晚，最早以商業物流形式從事物流服務，應是 1975 年成立的東源儲運中心，由於當時人力問題並未對國內產業造成威脅，再加上日本物流業已邁向物流革新的第二階段。故彼時以聲寶及日立家電製造業所投資的東源儲運，其成立的目的與引進的物流技術，乃在於確保母公司所生產的家電製品「質」的保障。

　　1988 年日本文摘策劃在國內太平洋崇光，舉辦一場「物流效率化研討會」，臺灣棧板公司亦於同年與日、韓相關業者合作「棧板共同流通發表會」，正式揭開了臺灣物流革命的序曲。1989 年掬水軒為其中盤商與零售店之配送效率，成立掬盟行銷，同年味全與國產企業集團亦分別成立康國

行銷、全臺物流，之後統一集團的捷盟行銷、泰山集團的彬泰物流、僑泰物流等，亦分別設立以配合實際之市場需求。國內物流中心已發展至以下幾種類型：

（一）M. D. C（Distribution Center Built by Maker），由製造商所成立的物流中心，如康國、光泉。

（二）W. D. C（Distribution Center Built by Wholesaler），由經銷商或代理商所成立之物流中心，如德記物流。

（三）Re. D. C（Distribution Center Built by Retailer），由零售商向上整合成立的物流中心，如全臺、捷盟。

（四）R. D. C（Regional Distribution Center），區域性之物流中心，負責區域的物流中心業務，如日新日茂物流。

（五）C. D. C（Distribution Center Built by Catalog Seller），由直銷商或通信販賣所成立之物流中心，如安麗。

（六）T. D. C（Transporting Distribution Center），貨運業者藉由本身所具有之管理車隊、裝載貨物及運送路線選擇等經驗利基所成立，如嘉里大榮貨運、新竹貨運。

（七）P. D. C（Processing Distribution Center），具有處理生鮮產品能力的物流中心，如惠康中和物流中心、臺北農產生鮮處理中心。

國內物流業之所以成長迅速，有以下之背景因素：

（一）國際化、自由化的經濟政策，不僅使商業競爭日漸激烈，亦造成了流通環境的變革，包括連鎖超商、量販店等業態的興盛。

（二）消費型態的改變，包括消費意識的抬頭、品牌忠誠度的淡化及個性化商品的產生。

（三）交通路況的惡化，配送成本的提高。

（四）商業活動用地匱乏，商店坪效意識的抬頭。

（五）勞力資源的不足。

（六）管理利潤的意識抬頭。

（七）資訊網路系統的應用，庫存管理精確度提高，資訊傳輸速度加快。

（八）政府政策配合與法規的配合。

（九）產銷分工的必然性。

由於以上契機，國內物流業遂能於短期內迅速增加。但也因為國內業者

對商業物流投入之時間短暫，對物流功能的認知與物流科技的了解，整個流通業界對其之認知均不相同。

　　故國內物流中心發展的重心，亦分別停留於日本物流發展的不同階段，或交錯於日本物流發展的軌跡中。也就是說，有的物流中心其著眼點可能仍停留於日本物流發展的第一階段，亦可能是其委託客戶的要求，本身卻已積極籌劃如何使物流功能，能在行銷戰略中扮演適當的角色。

　　不論目前其停留於哪個階段，能夠迎頭趕上，與美、日並駕齊驅，實為國內物流業前進的理想，新血的注入，對物流業未來的發展亦是重要要素。

十五、EOS 電子化訂單系統

　　現代化的大型零售商或連鎖化零售商，基本上均已採取「電子化訂單系統」（Electronic Ordering System, EOS）的自動化與資訊化方式，來做下單訂貨的快速處理。如圖 9-15 所示。

　　（一）EOS 系統，可以透過 Internet 網際網路系統，也可以透過固網電信專用回線等二種連結方式。

　　（二）EOS 系統，主要是零售商的 PC 與供貨集中地的物流公司 PC 或是製造廠的 PC 等相互連結，然後知道下單的內容項目、數量、品名、需求時間等，準備好之後，即可運送出去。

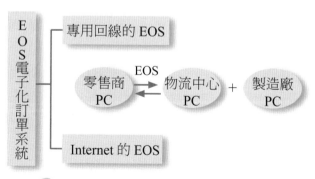

▶ 圖 9-15　EOS 電子化訂單系統

十六、物流技術名詞——以統一超商旗下「捷盟公司」為例

根據國內吳建安、吳孟翰（2004）等人的研究，茲列示如下。

＠（一）電子化訂單系統（EOS）

早在捷盟成立之前，7-ELEVEN 即與王安電腦公司共同開發，在各門市導入手提終端機，以 on-line 連線傳送訂貨資訊；現今，以捷盟位於中壢工業區的臺北物流中心為例，每天須處理多達十萬筆的訂單，若非該電子訂貨系統奏功，無須配置許多人力用於接聽電話、抄寫訂貨資料、人工輸入等作業，勢必趕不及於接訂單後 10 至 28 小時內，送達遍布於半徑 100 公里之內數百家門市，且須遵守補給「時間窗」，即不得提早 1 小時以上、遲到 30 分鐘以上之約定。

＠（二）引進驗收貼紙制度

該制度乃捷盟的物流資訊系統，由以前的「事後收拾型」轉換成「事前收拾型」的關鍵表徵。以前是貨到才開始填發驗收傳票、輸入電腦，驗收人員無法預知廠商將於何時送來何物及所送的數量，並且應該搬至何處；現在則是事先訂貨資料產生「驗收貼紙」，該貼紙除詳細記載商品名稱、規格、貨號、供應廠商名稱、包裝個數、箱數、驗收日期之外，還包括下列幾點：

1.商品的條碼，以供盤點時的掃讀，自動辨識貨號之用。

2.該商品的儲位號碼，以指引工作人員，不用主管教導或記憶，均可進行搬運作業。

3.底色賦予顏色意義，以紅、黃、藍、綠四色每月輪替，使工作人員一看即知該商品是何月分入庫，方便簡易可行的先進先出新鮮度控管。

＠（三）實施條碼盤點作業

與「通通資訊公司」共同開發，利用手提終端機，由盤點人員直接掃讀商品所在之儲位條碼與商品條碼，只要輸入數量即可，大幅縮減盤點作業所投入的人力、時間、金錢，且提高正確度，也因此克服每月底的「存貨盤點恐懼症」。

@（四）電腦系統輔助揀貨系統

所謂電腦輔助揀貨系統，即為無揀貨單的揀貨作業。看揀貨單揀貨，容易因看錯或站錯位置而誤拿商品，若將揀貨單改成電子配備，先將客戶訂單輸入電腦，再傳至揀貨現場的工作站，工作站再做出指示，在須揀貨的架上把燈亮起，並且顯示須揀貨的數量，並於揀取完後按下完畢鈕，該項作業即完成。若缺貨時，按下缺貨鈕，立即會有人員前來處理。由於該系統兼具「數據自動蒐集」功能，可解決個人別、時間別及完成工作量之間的關係，於建立各項作業的「標準工時」之目標基準後，可於訂單進入電腦的同時，立即預測出各區域的各項作業應投入多少工時，並適切分派工作，且由「完成工作量」之自動統計系統進行追蹤，並適時做出必要的人員調動，達成各區域的「生產線平衡」。有了該套系統後，其成效使得揀貨正確度提高 10 倍以上，且揀貨錯誤率由原先的千分之二降至為萬分之二，而揀貨的速度及效率也提高 30 ～ 50%。使得捷盟從訂貨、揀貨到出貨，完全在電腦上作業，不僅減少了紙張的浪費，合乎環保效益，更減少人力、時間、金錢之成本，在在都顯示該系統的重要性。

@（五）「無線電通訊」補貨系統

與「普森科技公司」共同開發，利用無線電通訊補貨指示系統，於堆高機操作員驗收入庫時，須利用搭載於其堆高機上之掌上型電腦，輸入該棧板上商品之位置所在地的編碼，則該資訊會立即經由無線電通訊系統傳輸至主電腦。而補貨至揀貨區之指令，則由主電腦經由無線電通訊系統下傳給正在移動工作中之堆高機上的終端機，大大改善了以往須靠人員目視判斷時機，決定補貨優先順序，解決補貨動線不合理之非效率狀況。

十七、SCM（供應鏈）管理的範圍

SCM（Supply Chain Management）為供應鏈管理，對任何一家公司都是非常重要的。SCM 做不好，公司就會產銷不正常，失去競爭力、失去市場。因此，SCM 的範圍包括如下：

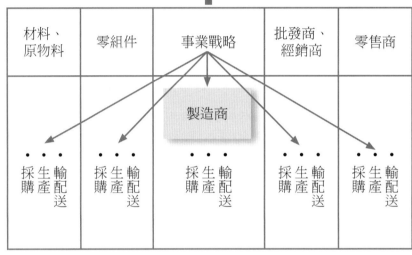

SCM 的要求

• 交期準時
• 應付客戶變化要及時
• 防止缺貨品
• 防止送錯貨品
• 服務快速

材料、原物料	零組件	事業戰略	批發商、經銷商	零售商
採購 生產 輸配送	採購 生產 輸配送	製造商 採購 生產 輸配送	採購 生產 輸配送	採購 生產 輸配送

▶ 圖 9-16　SCM 供應鏈管理

十八、何謂 QR（快速反應）

　　QR（Quick Response）意即快速反應，即是指品牌廠商如何與行銷中間商，包括批發商、經銷商及零售商的各種重要銷售資訊情報相互連結，而使廠商能夠每日依照銷售狀況，安排生產、出貨、配送到零售據點，避免缺貨。如圖 9-17 所示：

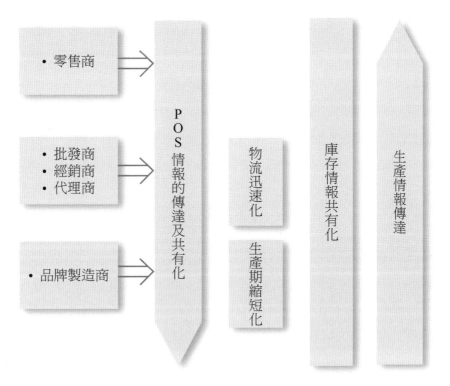

🔘 圖 9-17　QR 傳達在通路間之應用圖示

10 統一超商先進的 POS 系統與物流系統介紹

一、統一超商先進 POS 系統發展的故事與成就

國內知名且形象良好的便利商店第一品牌統一超商公司，早在 1990 年代即率先引進先進的 POS 系統，帶來之後發展的順利基礎。國內知名的天下出版公司資深記者張殿文及楊瑪利，曾分別對該公司的 POS 系統發展有精闢的專訪及出書，茲摘述相關內容如下，提供作為了解 POS 系統從理論到實務的應用情況。

（一）何謂「POS 系統」

簡單的說，POS 就是「收銀機」上又加了「光學掃描設備」，當掃描器劃過商品上的條碼時，也將「商品資料」、「購買者資料」、「時間」、「地點」等全部輸入。

這些資料經過電腦分析、比對，再和「訂貨系統」、「會計系統」、「資料庫」、「員工管理」等全部連線，等於掌握了從顧客到庫存的全部資料，對於加盟主及總部掌握商品的銷售狀況，有極大幫助。

在 7-ELEVEN 還沒有引進 POS 之前，主要仍是以 EOS 為主。EOS 是以門市訂貨為出發點，只是門市和總部的連繫與統計，無法將每一件商品的資訊，直接從顧客串聯到供應商，而這就是 POS 的特色。

「POS 對超商來說，就像是開車時的時速表，讓我們在經營的時候知道自己如何控制速度。」這是徐重仁對於 POS（Point of Sale，銷售時點情報系統，簡稱 POS）系統的一段描述，今天 7-ELEVEN 發展速度能愈來愈快，主要就是 POS 的應用愈來愈成熟。

（二）當初引進 POS 系統的四個挑戰

對於 POS，時任總經理徐重仁其實有自己的策略。1989 年，徐重仁先指派當時總經理室主管賴南貝負責統籌規劃。並在 1990 年將 POS 導入國聯及華聲兩家門市進行測試；1989 年也設立了 COS 企劃中心（chain operation system, COS），負責制度系統的規劃及書面化。

對於許多搶先推出 POS 系統的商店而言，最大的挑戰是要像國外一樣，供應商都要有「條碼」辨識系統，如果有的商品可以刷，有的產品不能刷，等於沒有功用。

　　小小的一個黑色條碼，成為許多競爭者搶進的一大阻礙；主要是許多製造商不願意增加這樣的成本。如果「強勢產品」因為沒有條碼而進不了便利商店，製造商其實也不在乎，因為還有其他通路替代。部分同業導入 POS 不順，主要也是這個原因。

　　第二個挑戰，就是龐大投資該如何回收的大問題。回顧 1992 年，統一超商的營業額是 150 億新臺幣，稅後獲利 4 億左右。但是從 1994 年開始電子化系統，先期投資就要 8 億新臺幣，等於是用兩年賺來的錢再拿去投資。徐重仁還記得，當時在 POS 系統簡報之後，董事長高清愿問：「真的要做嗎？」

　　這是 7-ELEVEN 轉虧為盈的第三年。徐重仁知道，POS 並不是萬靈丹，導入之後未必馬上賺錢，但他還是大膽推進 POS 系統。1992 年，他指派剛從美國拿到碩士、也是 7-ELEVEN 第一位留美的高階主管楊燕申負責商店「自動化小組」，讓 POS 進入了全面研發推動的階段。

　　第三個挑戰，還是牽涉到整個集團內部的改革。

　　電子數位化系統強在「一致性」的流程，但是電子數位化之前，一定要先做到整個營運過程「合理化」；然而數千家門市分處不同商圈和地理環境，光是作業流程的傳授和制定就非一朝一夕能完成，要走向動作一致的電腦使用流程更是談何容易。

ⓐ（三）推動全員 POS 運動

　　徐重仁並不氣餒。1993 年初，由資訊部和合作電腦服務商確認及徵選 7-ELEVEN 的 POS 系統所需軟硬體後，徐重仁指派副總經理謝健南召集「系統革新推動小組」，肩負開創臺灣 7-ELEVEN 量身訂做 POS 系統成敗的任務；這個「小組」集當時各部門一時之選，徐重仁指示，「業務革新」、「系統革新」及「軟硬體建置」要一次完成。

　　「系統革新推動小組」的重責大任，就是溝通和簡化。

　　在「溝通」方面，業務及行銷單位要一起檢視每一個營運細節。「每個細節還要再抽絲剝繭。」徐重仁形容，經過一再的檢視、確認，才交由廠商進行系統的設計。舉例來說，一個簡單的刷條碼動作，需要面面俱到的系統作業在背後支持；光是「價格變動」，門市和供應系統之間就必須建置有效的檔案連結。

　　在「簡化」方面，從門市作業開始，一定要簡化到最容易、最省力的程

度，連打工的工讀生都能最快上手。這個「簡化」流程的工作，其實是「門市作業標準化」及「整體流程系統化」的一大里程碑。

第四個挑戰，也是最大的挑戰，就是主管的活用能力和投入程度。

謝健南還記得 POS 系統推動初期，許多部門都認為「不習慣」及「太麻煩」，只是增加工作量而心生抗拒。於是徐重仁親自出馬，一連推動了「全員 POS 運動」，連後勤人員也要學 POS、通過「POS 認證」，又選出資深「區顧問」成立「POS 小組」，在第一線做好教育訓練、輔導和諮詢。

（四）導入 POS 系統的多重效益與功能

對第一線的門市人員來說，有 POS 和沒 POS 的差別，在於不用再背誦商品價格，且 3 分鐘就可以結完現金日報表，沒有 POS 之前要 2 個小時。

這對總部人員來說，差別更大。 POS 可從四個方面提供分析資料：第一、整個商品結構的分析； 第二、商品客層的分析； 第三、銷售時段的分析；第四、銷售數字變化的分析。

所有商品在上市第一天結束，就可以知道「戰果」。什麼東西賣得最好？什麼時間點賣出去的？哪一個年齡層的人在買？是男生還是女生？例如：清境農場門市的鮮食比例占三到四成，因為那裡賣吃的地方不多，但是夜市旁的門市就不用賣這麼多鮮食了。

「有了完整的情報，才能真正了解顧客的需求。」徐重仁比喻 POS 情報就好像車子的速度表，根據這個表，7-ELEVEN 才知道如何調整自己的時速。

有了這個速度表，7-ELEVEN 可以更快抓住顧客節奏。門市陳列空間有限，商品消化量也經常在變，必須很機動的配合當地商圈的環境，甚至氣候等因素。畢竟，顧客是來買「即時性」的商品，而不是買回去「儲存」一個星期。

「我們對顧客消費習性的了解，是一個很重要的資產。」徐重仁指出。POS 資料再加上和顧客互動的經驗，就可以更瞭解顧客的想法，來建構整個服務的網路。

從此之後，7-ELEVEN 可以每天、每小時，甚至每分鐘都與顧客「對話」，從 POS 的資料讀出顧客在不同時段、不同地點，對不同商品的需求，也難怪徐重仁會強調，POS 情報系統已是 7-ELEVEN 的心臟。

（五）現代資訊系統改變了物流業的面貌

對門市來說，有了 POS，有助於掌握商圈消費特性，以降低庫存；對總部來說，有了 POS，可以判斷顧客需求，改善商品結構，而且利用 POS 的資料傳輸，節省了許多紙張印刷，一年可以省下 500 萬新臺幣；對供應商來說，有了 POS，可以掌握最佳時效、進行採購控管。這種「資訊分享」的方式，正完全改變臺灣的商業型態。

1997 年 7-ELEVEN 已達 1,500 間門市、營業額突破 300 億元，成為製造廠商爭相進駐的通路，而 7-ELEVEN 所提出的進貨條件在通路業界是數一數二的嚴苛，7-ELEVEN 更將新品試銷期由三個月縮短為一個月，使得製造商間搶貨架的競爭更加劇烈。

7-ELEVEN 為什麼能在一個月內，就可以肯定商品到底能不能存活？答案還是因為 POS 系統可以立刻解讀商品販售狀況。當時 7-ELEVEN 耗資 8 億元建構第一代 POS 系統上線時，7-ELEVEN 門市正邁向 2,000 家。為了快速並正確地掌握消費者需求、提供新鮮商品，在滯銷品淘汰和新品引進的速度上要加快許多，不同商品間也開始消長互見。像門市內日用品和服務商品所占比重就開始下降，而鮮食類及流行話題商品的比重也開始提高。

（六）當初沒有 POS 系統的困境與缺乏效率

回想起統一超商 1980 年剛創辦時，訂貨、送貨系統與銷售情報都在人工摸索階段，很難整合、也沒有系統協助，是屬於最原始的狀態。只要在超商服務二十年以上的員工，應該都經歷過那個原始時代。當年也沒有每天的銷售情報，無法掌握哪些東西賣得好、哪些賣不好，應該準備多少庫存。全憑印象訂貨的結果，不是缺貨，就是庫存太多。進入統一超商服務後，從大夜班做起的鍾茂甲，回憶第一次當上期待已久的店長職位，雖有大展鴻圖的企圖心，但因為沒有什麼可參考的依據，第一次訂貨後發現，「怎麼倉庫裡滿坑滿谷的貨，連走路的地方都沒有。」

（七）導入 POS 系統，開始獲利

統一超商導入 POS 系統後，隔年開春的報紙財經新聞馬上出現一則消息：「統一超商導入 POS，去年淨利成長 37%，擺脫 1995 年淨利只成長 5% 的慘澹歲月。」1996 年導入的 POS，算是超商的一代 POS，當年各種軟硬

體投資就要 10 億新臺幣。到了 21 世紀，一代 POS 的系統已經不敷所需，因此又投入二代 POS 的研發。這次預算更高，連同下游廠商達 40 億新臺幣。

（八）第一代 POS 花費 10 億元，第二代 POS 花費 40 億元，對 IT 科技投資從不手軟

面對 POS 一代花 10 億元、二代花 40 億元，卻一點也不會捨不得，因為這是提升企業競爭力必要的武器。

2004 年 6 月底，統一超商召開年度股東會，臺下的股東發問：「為什麼 POS 二代要花掉 40 億元，有必要嗎？」高清愿在臺上回答：「POS 二代是一種投資，不能不做，才能拉大跟競爭者的差距。」他還指出：「第一代 POS 要投資 10 億元時，我也問需要這麼多錢嗎？但是後來效果很好。現在要做二代，我覺得我不需要懂太多，也不必管太多錢，我相信年輕人的專業。我常說不怕花錢，只要錢花得對。」

@（九）統一超商先進的第二代服務資訊情報系統總架構圖示

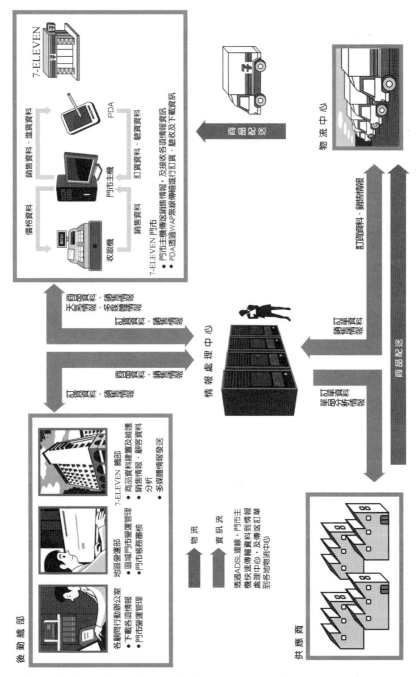

資料來源：張殿文著（2007），《融入顧客情境，7-ELEVEN》，天下出版社。

二、統一超商先進的物流配送系統

（一）日本 7-ELEVEN 首創配送少量多次，商品少量多樣，解決無法獲利問題

根據日本 NHK 電視臺製作的專題指出，1974 年日本 7-ELEVEN 第一家店就是加盟店。當初第一家 7-ELEVEN 在日本開幕，一開始雖然生意興隆，但第一個月結算下來竟然沒有賺錢。原來，商店裡根本沒有庫存的空間，沒有庫存，就等於好賣的商品容易缺貨，然而滯銷品卻愈來愈多，時間久了就占滿有限的空間。

日本 7-ELEVEN 起先束手無策，直到鈴木敏文想到了「少量多次」的小額配送方式，由區域「配送中心」，依門市的不同需求，每日進行不同數量、項目及次數的配送，一舉解決了日本 7-ELEVEN 無法獲利的問題。

零售業的特色本來就是「多樣少量」，和製造業選定幾種較受歡迎商品大量製造的哲學完全不同。要做到「少量多次」而不虧錢，最大的祕訣就是以一定範圍的「區塊」為單位，集中配送，以達到最有效率的運送。

（二）臺灣早期的物流業被批發經銷商所掌握

從這個角度來看，當初臺灣 7-ELEVEN 開始展店的位置過於分散，一下子就在全國展店，無法做到集中配送，也難怪前 70 家店有 35 家虧錢。

或者說，在臺灣的市場現實中，一開始根本就不可能做到分區配送；主要是因臺灣的零售物流環境，一直以來都維持著傳統的「批發配送商」型態。

傳統的零售業是靠小區域的批發經銷商做物流；製造商把市場劃分開來，每 30 至 40 萬人口設一「總經銷商」，像統一食品集團過去就是靠著全臺 500 多家大批發商出貨鋪貨。

過去批發商對商店的重要性不言而喻。因為批發商掌握了一個區域「販售批發的權利」，在過去交通資訊不發達的年代，小賣店也是要靠批發商進貨、補貨。

ⒶⒶ（三）統一超商引進日本三菱食物流公司技術，合資成立捷盟物流公司，展開自己的物流配送系統

但是 7-ELEVEN 有 3,000 種商品，如果每一家都自己配送，至少要分成數十次進貨，店員一天光是驗貨、訂貨就花掉所有時間，7-ELEVEN 成立的前八年間，一名店員光是訂貨，一天就要打二十多通電話！

7-ELEVEN 開始提升「電子化」的訂貨能力是在 1989 年 10 月，當時徐重仁將超商的「物流課」劃分出來，和日本菱食公司合作，共同出資 5,000 萬新臺幣，成立「捷盟物流」。

「為了讓加盟主及門市更省力」，徐重仁表示，物流配送的方式一定要改，有了自己的供貨系統，超商也可自己決定進貨的時間，利用夜間門市人員的空檔進貨，當門市訂貨之後，捷盟的車隊就會在最快時間內送貨出去。

但是傳統配送方式行之有年，徐重仁又靠什麼來改革？

ⒶⒶ（四）統一捷盟公司取代了大盤商、經銷商的角色，物流體系重新洗牌

現代物流的發展和技術，給了徐重仁臨門一腳。像日本「菱食公司」擁有強大的物流配送技術，主要就是來自成功的轉型，這家公司原來是日本關東地區的大盤商，但察覺了顧客對於少量多樣的需求，於是利用電子自動化的技術發展物流的新方式，其中最特別的技術，就是「棧板管理」和「電子揀貨系統」（Computer Aided Picking System, CAPS）。

1990 年捷盟設立物流中心時，7-ELEVEN 旗下大約是 400 家門市。當 7-ELEVEN 希望供應商把商品送進物流中心，再由捷盟車隊送到各門市時，有許多供應商、糕餅公會出現反彈聲浪。

主要的關鍵是，這些供應商本來就有自己的車隊，在配送的過程中，不只要送貨去 7-ELEVEN，路線還包括附近的賣場、超市，甚至學校機關、檳榔攤等，都是供應商的配送對象，並不因為 7-ELEVEN 而節省成本。

即使當時 7-ELEVEN 門市已有 400 家，對於許多製造商來說，還算「小 case」，畢竟一般小賣店及檳榔攤等傳統通路，數量還是比 7-ELEVEN 多。況且有的製造商自己還有車隊，也都有折舊的成本。這種情況一直到 7-ELEVEN 門市突破了 1,000 家、2,000 家，終於開始慢慢改觀。

到了 1997 年時，7-ELEVEN 門市有八成的商品是由捷盟完成配貨。而

過去傳統的大盤商等經銷體系也重新洗牌，轉向其他的服務。捷盟經理何信佳就指出，直到 2003 年時，可口可樂也才開始送貨至物流中心裡。

昔時捷盟有六個常溫物流配送中心，負責 7-ELEVEN 3,000 項商品的配送，捷盟以十年的時間，取代了過去的「大盤商」角色。供應商進貨到捷盟庫房，就是由捷盟買斷供應商品，捷盟平均有四到五天的庫存周轉率，維持 4,800 家的店數需要。而捷盟的營收，則是來自這些商品轉賣給 7-ELEVEN，再收取 4% 的物流費。

@（五）捷盟物流效率高，準時把訂貨送達 7-ELEVEN 各店，幾乎達到零缺貨率

透過捷盟的「分流」，讓商品運送更有效率。也是為了「準時」，不管是「行車路線」、「交通巔峰流量」、「氣候狀況掌握」、「送貨順序」等，捷盟的人員都一再演練和計算，讓當時 7-ELEVEN 的 4,800 家「顧客」能保持貨物補給線的順暢。

「我們準時的把訂貨送達 7-ELEVEN，可以讓 7-ELEVEN 的戰鬥力最高！」何信佳說。除了雜誌、文具之外，約 1,000 種以上的「常溫商品」幾乎都是由捷盟運送，而捷盟也從過去的 3%，十多年來進步到「缺貨率」是 0.036 。

0.036 意謂著訂 10 萬元的貨，大約可能短少 3.6 元的貨物價 。這種情況也讓加盟主根本不用點貨，時間都省下來照顧顧客，這可能是十五年前一般雜貨店老闆想都想不到的好事。

@（六）從今天訂貨，明天即可到貨，到鮮食產品的一日三配

1990 年，統一超商開始成立專屬的物流公司。以前所有的供應商各自到店送貨，從那時開始，改成送到各區的物流中心，再由物流中心依據各門市的電子訂貨系統數據統一配送。當年已經可以做到今天訂貨、明天到貨的標準，大大降低門市的庫存與缺貨。同時，進貨車也不再頻繁地進進出出，減少進貨花費的時間成本。

除了資訊流體系大手筆投資，物流體系經過二十多年的演變，也逐漸成熟與壯大。從最早的「今天訂，兩、三天後到貨」，到「今天訂、明天到貨」，再到「今天早上訂貨，晚上到貨」，甚至「一天配送三次」的快速運作系統。而且到店準確率提升到 99%，前後只能有 50 分鐘的誤差。例如：

若是規定 9 點鐘到店送貨，則必須在 8 點半到 9 點 20 分之間到，才算符合規定。

@ （七）物流是加盟總部重要的支援系統

對徐重仁來說，所謂「連鎖店」，代表的就是背後「擁有完善的後勤總部支援系統」，物流體系要很瞭解門市的第一線運作，以「門市」為服務對象，依不同地區、不同溫度運送，像是後來的低溫運送及冷藏車運送，也都是這樣的概念。

@ （八）捷盟物流中心──以秒計算的物流誤差，與時間賽跑的現代化作業

物流中心就是源頭，從每一個門市間的行車時間是 15 分鐘，貨運搬送大約 5 分鐘，揀貨約要 15 分鐘、備貨約 65 秒，每一部車在 8 小時內能送多少門市，都經過精密計算，從商品進入物流中心，到分派到各門市，最重要的就是「棧板管理」。

所謂「棧板」，其實也是利用機械及電子演進，而將貨物的儲位進行「規格化」，這種「規格」，就是一塊塊 80 公分乘以 80 公分的「棧板」。所有門市來的訂單，經由揀貨員揀好之後，都放在棧板上的箱子，以便運送。

以棧板來管理，一方面能整齊的放好產品，另方面也能規劃儲位的最佳利用。把產品送至店面之後，門市的整潔，也不會被雜亂堆放的產品所破壞。另外，要將精確的數量送到門市，就要靠「電子揀貨系統」，主要是希望避免人工揀貨的誤差，一方面也了解物流中心庫存的最新狀況。從整理進貨的人員開始，手上都有一個像電子錶的感應器，只要取出一箱貨物，就讓架上的電子儀器感應，庫存不足時，電子儀器也會適當反映，揀貨人員也是按照燈號顯示來做揀貨動作。

@（九）統一超商先進的物流系統總體架構圖示

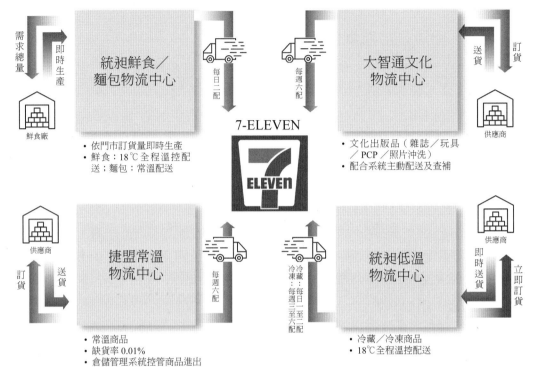

參考資料：張殿文著（2007），《融入顧客情境，7-ELEVEN》，天下出版社。

@（十）物流＋資訊流的雙結合，是統一超商最堅強的成長後盾

到了 1990 年代初期，原本因商品條碼普及率太低而無法成功導入的 POS 系統，也因大環境慢慢成熟而露出曙光，終於在 1996 年 2 月成功導入。POS 的設計，除了在結帳時刷商品條碼，門市人員同時也輸入購買者的年齡、銷售時間、商品價格等基本資料。經過仔細分析後，就可更精確掌握不同年齡層的喜好，以及什麼產品在什麼時間銷售最佳等資訊，是最好的產品開發與行銷方案研擬依據。

物流人員就是統一流通次集團最好的幕後英雄代表之一。過去二十幾年來，為了因應 7-ELEVEN 的發展，統一超商的物流體系一再變革。而觀察統一超商物流系統的發展，又跟資訊管理系統的發展密切結合。資訊流加上物流，兩者的結合已經是統一超商最堅強的成長後盾。

三、全臺最大零售流通集團──統一超商精準與效率的物流體系

（一）三家公司負責統一超商的物流配送

統一超商 2013 年營收 2,006.1 億元，稅後純益 80.36 億元，每股盈餘（EPS）7.73 元，三者都寫下歷史新高。

到 4 月中旬，統一超已有 4,968 家店，預計突破 5,000 家店大關，而這原本是 2015 年的目標。

而真正拉大統一超與競爭者差距的關鍵，則是物流體系的效率最大化。

「物流就像血管、神經網絡，」統一超商物流暨行銷管理部部經理郭慶峰形容。

他領導的部門負責統籌、調度捷盟、統昶、大智通這三家物流公司，以及專門為這三家公司做配送的捷盛，為通路提供服務。

負責配送的近千輛捷盛物流車，每天從散布於北、中、南、東共二十五個物流中心出發，將商品分別配送到全臺各通路門市。單日跑的里程合計，足以繞地球三圈多。

三家物流公司的「精」，精到出錯率以 PPM（百萬分之一）計算。

為了追求無與倫比的精華，過年期間，統一物流暨行銷管理部經理郭慶峰都是等到凌晨一點多，接到手機簡訊告知御飯糰、三明治等 18℃ 鮮食商品的夜間配送已順利完成，他才鬆一口氣，安心睡覺。（2014.5.14，《天下雜誌》）

（二）精準的後勤配送時間細節

精準的後勤，建立在與時間賽跑、環環相扣的細節上。

1. 10：30
全臺各 7-ELEVEN 截止送訂單。

2. 10：40 ～ 11：20
各物流中心透過資訊系統陸續收到「燒燙燙」的訂單，得知需配送到哪些門市、什麼品項、多少數量等明細。

物流中心透過電腦紀錄，查核各門市與過往訂貨紀錄相比，有無異常訂

單，或突然沒訂貨。如有，物流中心都會與門市電話確認。

3. 11：00開始

訂單陸續確認完畢，物流中心針對門市訂貨量，整理庫存，揀貨理貨；或旋即通知鮮食供應商即時進貨。

4. 19：00～06：00

物流車陸續從各物流中心出發，展開「夜配」，直到隔天早上5、6點或11點結束。

5. 11：00～18：00

「日配」時段，第二次配送18℃鮮食。

每輛物流車、每一趟都有績效指標，例如是否緊急煞車、到門市的準時率等。

「每天的物流都是緊繃的。」統昶行銷經營企劃部經理張財源說。

超商跨界與超市、早餐店、餐廳和飲料店，甚至是與量販店搶生意的趨勢，如今愈演愈烈。高毛利的鮮食，是超商競爭最激烈的新領域，更將是統一超口中「三金」中的「綠金」。

統一超2015年稍早宣示聚焦的另外兩金，「白金」是霜淇淋，「黑金」是咖啡，這些幾年前都不是超商的傳統領域。

據估計，鮮食目前占7-ELEVEN營收的16%，其中新鮮蔬果營收貢獻達7億元，年增率高達67%。

總經理陳瑞堂進一步指出，統一超還要打造全臺最大的生鮮蔬果銷售平臺。爭奪鮮食市場，物流直接影響火力。

6. 05：30

統昶位於八堵的鮮食物流中心，供應商陸續送來一批批三明治、御手捲、便當、御飯糰等，牆上電子溫度計顯示18℃。

7. 06：00～10：30

10條揀貨走道，每條48個電子標籤的儲位，各代表48家門市，10條共480家門市店。

只見負責御飯糰的理貨員推著推車，走近電子標籤前，依照電子標籤紅燈顯示的數字，例如：「5」，代表這門市訂了5個御飯糰。5個御飯糰便被放進這個儲位的箱子裡，放完熄燈，再走向下一個紅燈。

　　當理貨員逐一按熄了他這條走道所有紅燈的電子標籤，手裡的一箱箱御飯糰也剛好發完，一個不剩。三明治、御手捲、便當也一樣，同樣程序完成後，完全沒有庫存。

　　「新手 20 分鐘就可以上手。」臺大商學研究所教授蔣明晃說。他曾參觀統一超旗下的物流體系，印象深刻。

8.11：00 之前

這些鮮食，便已全部排列在門市，等候消費者購買。

　　統一超旗下的這些物流公司，還不只為自家的通路服務。外部客戶還包括 yahoo! 奇摩等 1,500 多家網路賣家，以及阿瘦皮鞋、豐田汽車零件、歐德家具等業者。

　　統一超商取貨和寄件服務，一年約 4,000 多萬件，平均每天 11 萬人次，且每年都還在以兩位數成長。

　　統一超的虛實整合、全通路概念，遙遙領先對手，讓統一超穩坐國內虛實整合的王座，帶來未來無限延伸的可能。

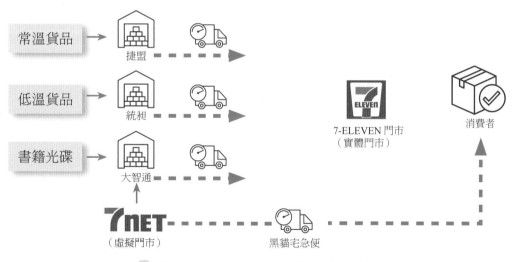

▶ 圖 10-1　統一超商集團物流運作圖

物流與宅配公司個案介紹

■ 案例 1　捷盟行銷公司的 e 化系統

@（一）讓統一超商 6,800 家店 24 小時送貨運作——捷盟的物流系統

以 7-ELEVEN 為例，全臺門市 6,800 家，並且 24 小時運作，如何能讓這個龐大的物流系統快速運作？捷盟的答案是「e 化系統」。

「物流業是時間的競賽，而資訊科技是競爭力的基礎工程。」捷盟行銷總經理許晉彬一語道出物流產業的成功方程式。

所謂的物流管理，一般而言包括配運、倉儲和表單管理，其中：1. 配運管理是配送車輛、配送人員管理、配送貨物、配送品質等事項；2. 倉儲管理包括進貨驗收、儲位管理、流通加工、揀貨、出貨、退貨等事項；3. 表單管理則是指接單、核單、批價管理、服務品質等處理事項。

@（二）上游供應商、捷盟物流及門市三者間關聯圖示

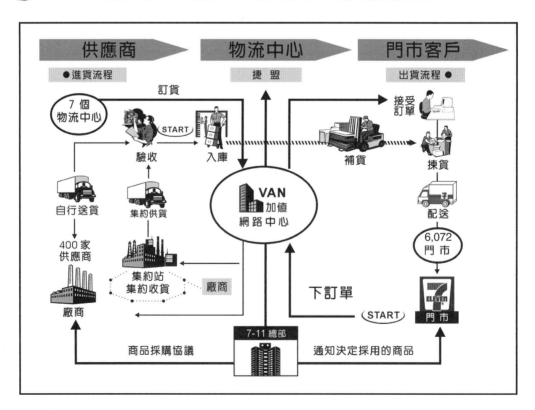

（三）捷盟系統供應鏈資訊共享系統——最具 e 化實力的廠商

然而，由於電子商務技術日趨成熟，使用 e 化系統處理上述工作，能夠讓物流體系更快速、更準確，而且成本更低，因此，許晉彬總經理認為，e 化系統不只是增加競爭力的利器，而且是企業運作的「基本工程」。

於是，捷盟抱著建設「基本工程」的務實心態，長期為企業 e 化投注心力，從內部 ERP 系統、前端客戶資料整合，到上、下游供應鏈協同系統，捷盟堪稱是業界最具 e 化實力的廠商。談起近幾年積極建置的「供應鏈資訊共享系統」，許晉彬總經理說，捷盟的目的是提供客戶更透明、更即時、更精確的行銷及營運資料。

已於 2004 年 4 月 1 日上線的「供應鏈資訊共享系統」，整合了 7-ELEVEN 全省門市的銷售時點情報系統（POS），以及捷盟原有的內部物流系統，可提供 350 家上游供應商、全省 7 個物流中心多元、即時、互動性高的資訊，而且讓彼此間的溝通更迅速。

舉例來說，24 小時電子訂單及資料交換功能，取代了過去的傳真下單，可避免人工作業的漏接或遺失。以前平均每位訂貨人員要面對約 100 家供應商，每天耗費大量時間與供應商接洽訂單，而現在每筆訂貨直接線上傳送，任何時間訂貨人員都能藉由電腦系統，了解各家廠商訂單資料，平均 10 至 20 分鐘就可完成訂貨作業。

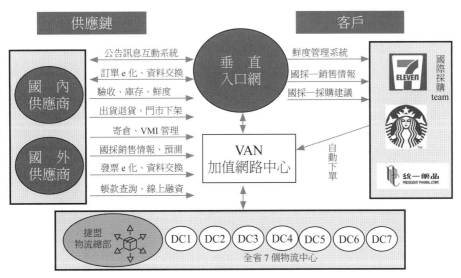

圖 11-1　捷盟系統架構圖

@（四）提供供應商即時消費者訊息

消費者訊息的掌握與分享，也是捷盟建置此系統的重要目的。許晉彬指出，7-ELEVEN 的門市銷售時點情報系統（POS），每天掌握最新的消費者資訊，並且能夠從中分析消費者的購買行為、消費特性、區域分布及族群狀況等資料，如果可以把這些資料提供給上游廠商，上游業者更能控制生產數量與產品研發方向，提高行銷計畫的準確度。

例如：可口可樂公司只知道每個月賣出多少瓶，但無從得知哪個區域賣得比較好？哪種口味在哪個地方特別受歡迎？而捷盟就可以提供這些資訊，讓供應商藉以規劃下一波行銷策略，達成雙贏的效果。

@（五）提升作業品質：缺貨率與正確率

當然，「作業品質」的提高也是 e 化重要效益。總經理許晉彬說，「缺貨率」及「正確率」是衡量企業作業品質的重要指標，以 7-ELEVEN 的要求來說，缺貨率必須小於 1%，而正確率必須優於百萬分之六十；也就是說，每 100 萬元的進出貨訂單中，發生錯誤的金額必須小於 60 元。面對如此嚴苛的品質要求，許晉彬總經理認為是合理且必要的，「因為產業競爭愈來愈激烈，如果不求進步，就會出局」，然而捷盟利用 e 化系統，已經順利達到 7-ELEVEN 的要求品質。

@（六）提供門市建議

更進一步地，捷盟還提供 7-ELEVEN 門市「訂貨建議」，店長們不僅不用一一點貨，系統還會將銷售資料與庫存做比對，並根據慣例，建議訂貨數量，然後門市再依個別狀況做修正。如此一來，捷盟可以盡早提供供應商「建議採購量」，以提升供貨速度、降低庫存成本。

@（七）e 化的五個平臺及作業流程圖

目前，「供應鏈資訊共享系統」包括五個平臺：垂直入口網站、流通 e 化訊息服務平臺、金流加值服務平臺、內部流程改造（BPR）及整體資料整合、商業智慧共享平臺（BT）等。其中「垂直入口網站」提供 e 化訂單處理及回應、e 化驗收作業、帳務作業、庫存作業、退貨作業、鮮度作業、銷售作業、供應商發票、帳款作業及年度寄倉作業等模組。

　　「流通 e 化訊息服務平臺」提供 7 個物流中心與供應商的互動窗口，包含最新動態訊息、公告訊息及回應、訂單新單／修單／刪單，以及退貨自動通知等功能。「金流加值服務平臺」則讓供應商在 Web 上，查詢各項貨款／扣款資訊、線上開立發票或電子發票，甚至與銀行進行線上融資作業。目前，捷盟已完成大部分系統，而金流平臺、電子發票的推動，則是下一階段增強的目標。

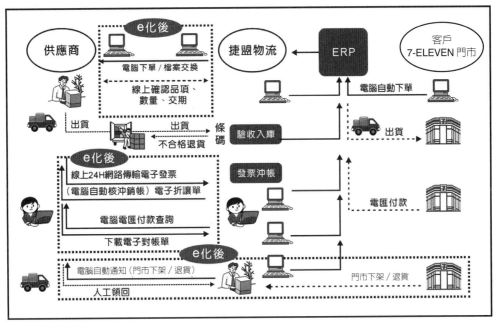

🔘 圖 11-2　捷盟 e 化後作業流程圖

@（八）物流流通六個目標——以捷盟行銷物流公司為例

1. 資訊化
　　資訊化的努力可達省人腦化之外，由於資料、單據均電子化，使作業邁向無紙化，減少人為錯誤機會，並以電腦取代人工處理這些龐大而複雜的資料，且可依此洞悉掌握上、下游的資訊情報，促使物流中心能即時應變。

2. 省力化
　　內部搬運作業在棧板化下，結合儲存貨架，引進專用之室內窄巷道堆高機、電動拖板車、搬運物流箱，以輸送帶配合活動式棧板，司機上貨、廠

商進貨使用震動拖板車，以機械化的設備達到搬運省力化及效率化之目的。

3. 簡單化

在物流中心成立初期，即大量使用省人腦化。例如：以顏色管理結合管制圖對揀貨錯誤進行控管；標示系統則以儲位卡與揀收貼紙獲得相當大的改善；暫存區規劃為指定區和借用區；出貨暫存區合流看板之使用，既簡單又容易了解，即使是新手也能駕輕就熟，大大提升了工作的替代性，使後勤支援協助成為一件簡單的事。

4. 標準化

在一連串的改革後，最重要就是「標準化」，捷盟早在 1991 年就成立了「標準化推動委員會」。將所有可「一致化」的作業彙整編成「標準作業規範」，並在中壢物流中心內發起所有屬於中壢物流中心的每一分子，都要按照標準作業模式來執行。除了作業標準化外，物流中心內的設備、置具、棧板、鋼架、物流箱、籠車、堆高機等，均力求一致化，如此在教育訓練及維修保養體制上都獲得重大改善。

5. 合理化

在改革中求進步，最大的原動力就是合理化，其目的就在精益求精。「凡事總有更好的方法」，這是工業工程領域上非常盛行的一句話，印證在捷盟蛻變的歷程上再恰當不過。1992 年起，捷盟每年都推出提案改善，其目的是希望藉由內部同仁自發性的改善建議，獲得更有效率且更可行的方法。如此良性的循環，企業也才能隨著不斷地成長、進步、革新。

6. 自動化

在資訊化、機械化、合理化的過程中，捷盟所想要追求的最高境界是自動化，自 1990 年至 1993 年間，在以上的過程中，因條碼化使得盤點輸入自動化；電子訂貨系統使接單自動化；電腦輔助揀貨系統使揀貨修改自動化，而未來更以構築電腦網路與無線電即時通訊系統，作為追求的目標。

■ 案例 2 統昶行銷冷藏冷凍物流公司

@（一）各地區配置的物流中心據點

DC	成立時間	溫層	配送範圍
新市 DC	1995.02.13	冷凍／冷藏	臺南、高雄、屏東
臺中 DC	1997.12.01	冷凍／冷藏	臺中、南投、彰化
鶯歌 DC	2000.03.29	冷凍／冷藏	新北市、新竹、桃苗
麻豆 CDC	2000.05.15	鮮食	雲林、嘉義、臺南
嘉義 DC	2001.01.08	冷藏	雲林、嘉義
花蓮 DC	2001.03.26	冷凍／冷藏／鮮食	宜蘭、花蓮、臺東
暖暖 DC	2002.04.15	冷凍／冷藏	北市、基隆、宜蘭
北斗 CDC	2003.08.11	鮮食	臺中、彰化、南投
土城 CDC	2004.01	鮮食	大臺北

註：DC 係指物流中心（Distribution Center）。

@（二）業務範疇──鮮食類

18℃的美味，鮮食商品理貨與配送：

1. 主要商品
御飯糰、御便當、三明治及麵包類等商品。

2. 配送頻率
一日二配。

3. 作業介紹
鮮食的保存期限短，大約只有 24 小時時效，溫度控管嚴格，注重衛生及賣相，須特別愛惜商品。

@（三）業務範疇──冷藏類

5℃的保鮮，冷藏商品理貨與配送：

1.主要商品

乳品、果汁、飲料、甜點、速食及涼麵等商品。

2.配送頻率

每日配，部分門市一日二配。

3.作業介紹

商品從進貨驗收、理貨到配送，全程 5℃冷藏作業，並導入即時溫控系統，保持商品的鮮度與品質。

（四）業務範疇——冷凍類

−25℃的保鮮，冷凍商品理貨與配送：

1.主要商品

冰品、冷凍食品、熱食及關東煮等商品。

2.配送頻率

一週三配，部分門市週六配。

3.作業介紹

商品從進貨驗收、理貨、配送到門市，全程在 −25℃的環境中作業，且每輛物流車皆配備溫度紀錄器。

@ （五）統昶公司組織表（2018.9）

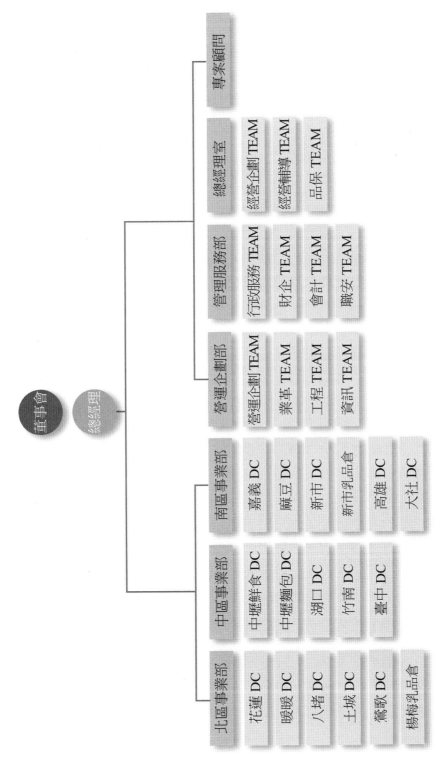

■ 案例 3 　統一速達公司（黑貓宅急便）

@（一）企業源起

大和運輸是在 1919 年於日本東京以四輛貨車草創，成立之初，以企業間貨運為主要營業範圍。

到了 70 年代，一方面由於貨運行業競爭激烈，同時也注意到家庭及個人消費者配送市場的龐大潛力，因此決定將企業轉型，導入宅配的服務觀念，遂於 1976 年 2 月推出以「宅急便」為名稱的宅配服務——「一種全面提供個人包裹遞送的服務」，強調便利、快速以及任何地點均可配送到達的特性。

開始營業的第一天，僅僅收到 2 件包裹，然而在大和運輸二十多年的努力耕耘下，以及「宅急便」本身特有的貼心便利優質服務，目前大和運輸每年負責配送的「宅急便」包裹是日本運輸業市場占有率第一的公司。

自營運以來，「宅急便」一直是大和運輸公司獨樹一幟的配送服務。在日本常可看到有黑貓標誌的「宅急便」集配車穿梭於道路之中，以及掛著「宅急便代收店」招牌的商店。「宅急便」已成為生活的一部分，也帶給日本社會莫大衝擊，人們的生活型態更因此改變。

現在，「宅急便」服務已屬於日本公眾服務事業的一環。為了提供與日本同步的高品質配送服務，讓臺灣的消費者能夠更輕鬆的享受生活，統一速達於 2000 年 10 月正式引進個人包裹的配送服務「宅急便」，希望讓臺灣的民眾都能感受到統一企業集團總裁高清愿先生所謂「人在家中坐，貨從店中來」的生活。

@（二）企業簡介

1999 年 10 月統一集團與日本大和運輸株式會社簽訂技術合作契約，正式將「宅急便」服務引進臺灣。2000 年 10 月 6 日，黑貓宅急便在臺正式營運。

黑貓宅急便一開始的服務範圍僅有桃園以北，第一天營運僅有 54 件包裹；而到了 2005 年，黑貓宅急便已經傳遞超過 5,000 萬個包裹，澎湖、小琉球、小金門等離島，也可以方便輕鬆的寄送黑貓宅急便，人和人有形的距離不再是問題，透過黑貓宅急便，為消費者提供便利的生活，成為人和

人之間溝通的橋梁。

　　而黑貓宅急便親切有禮的 SD（Sales Driver），也成為黑貓宅急便的正字招牌，整齊劃一的制服，親切有禮的服務態度，帶領著運輸界「服務業」意識的抬頭；365 天全年無休的服務，不管颱風下雨，依然堅守崗位；只要有門牌地方，黑貓宅急便都會去！這是黑貓宅急便矢志成為社會公器，善盡社會公民責任的使命。

　　隨著商業型態的多元化，包裹的兩端除了商家和消費者之外，更多時候是媽媽寄肉粽給在臺北唸書的兒女，做子女的寄補品給住在鄉下的老人家，以及節慶時的禮品往來。如同高清愿總裁所說：「人在家中坐，貨從店中來」的創新和變革，透過黑貓宅急便，不僅創造出新的「鮮食文化」，更逐漸改變消費者的生活型態。

　　黑貓宅急便各項服務為消費者創造另一個新的消費平臺，為整個社會帶來生活方式的變革，傳遞感動與分享，連繫包裹的兩端，黑貓宅急便秉持的「小心翼翼，有如親送」的信念，提供顧客最貼心的服務。

@（三）企業基本資料（2018.9）

公司名稱（中文名）	統一速達股份有限公司
公司名稱（英文名）	President Transnet Corp.
董事長	陳瑞堂董事長
總經理	吳輝振總經理
股權	統一企業 20%、統一超商 70%、大和運輸 10%
資本額	14.7 億元
成立日期	2000 年 1 月 24 日
員工人數	8,614 人
營業據點	237 所
連鎖代收店	11,000 個
集配車輛	2,178 輛
總公司地址	115 臺北市南港區重陽路 200 號 4 樓

（四）企業經營理念

統一速達致力於構築配送至全國各家庭的運輸網，提供全國一致的優質服務，為消費者創造更便利、舒適的生活，以成為社會公共事業為目標貢獻心力。

（五）宅急便服務項目

1. 機場宅急便

無論是返鄉、出差或旅遊，便利的機場宅急便服務，讓出境或入境臺灣的旅客不用再攜帶笨重的行李出門，可以盡情享受輕鬆無負擔的旅程。

「出境旅客」可在出境日兩天前，先用機場宅急便服務交寄行李至黑貓宅急便在機場設置的服務臺代收保管，待出國日即可輕鬆前往機場，並在該處領取行李後再行劃位登機。

「入境旅客」可在服務臺將行李寄回家或寄至飯店、高爾夫球場或其他指定地點。

2. 經濟宅急便

提供「裝到滿、均一價」的服務，至臺灣本島 7-ELEVEN、OK 便利商店，只要花 105 元購買經濟宅急便專用袋，即可裝到滿，再到全省 7-ELEV-EN、OK 便利商店寄出即可。限定使用 5kg 以內的常溫物品（文件、送禮、網拍）寄件。

全臺代收據點最多，便於下班後寄件，最適合從事網拍的人，從此網拍寄貨輕鬆又方便。

3. 常溫宅急便

常溫宅急便提供寄送常溫物品（一般包裹、行李託運、送禮、飯店行李託運、喜餅、電腦主機、網拍、維修、shopping 等）的宅配託運服務，當日下午 5 點之前寄件，包裹隔日送達，運費由寄件人支付，是託運行李的最佳幫手。

4. 低溫宅急便

低溫宅急便提供保鮮寄送低溫（冷凍、冷藏）物品的服務，當日下午 5 點之前寄件，包裹隔日送達，運費由寄件人支付。

低溫分為冷藏、冷凍兩種溫層，可視物品或包裹的特性，選擇不同溫層

進行運送，最適合想要宅配海鮮、名特產美食、坐月子餐的人。

寄件前請先將包裹預冷至冷凍或冷藏狀態。

冷藏溫層 0℃～ 7℃、冷凍溫層 −15℃以下。

5. 當日宅急便

當日宅急便服務提供臺北市、新北市（貢寮、雙溪、烏來區福山等例外）、基隆市、桃園市部分區域、新竹市、竹北市六地互寄，上午 11 點前寄件，當日快速到貨，宅配到家，是快遞之外的另一種好選擇。

6. 高爾夫宅急便

與國內知名高爾夫球場、飯店、松山機場合作，從家裡或公司託運往返之球具，由櫃檯人員先行代收，減少行李負擔，交通上可輕鬆便利。

7. 到付宅急便

到付宅急便提供運費由收件人付款的方式，包裹送達時，黑貓宅急便人員向收件人收取運費。

可與常溫宅急便、低溫宅急便、當日宅急便、機場宅急便等一同使用。

@（六）未來展望

「黑貓宅急便」鎖定家庭及個人消費者，以提供專業、便利、親切的服務為職志，將顧客託寄的物品安全準確的送到收件人手中。目前有 7-ELEV-EN、康是美、OK 便利商店、新東陽、郭元益等，全臺超過 10,000 家門市為代收據點，未來更將全力整合各項相關資源，如：郵購、網路購物、各地名產配送、物流等，以及多元化開發各種「宅急便」業務，同時加強與其他通路合作，以形成更緊密的運輸服務網，並在機場、車站或觀光景點設立服務站。

統一速達更致力於架構全臺綿密的服務運輸網，無論是市內、高山甚至離島，皆提供親切、便利、貼心的服務。面對未來，更將活用「宅急便」的基礎，創造新的流通管道與文化，期望帶動臺灣物流環境與品質的提升，並提供臺灣消費者豐裕的生活方式。

@（七）包裹運送流程

寄件人

↓

PM 3:00
代收店

↓

PM 5:00
發貨營業所

↓

PM 9:00
發貨轉運中心

↓

AM 5:00
到貨轉運中心

↓

AM 7:00
到貨營業所

↓

收件人

第5篇

流通業未來趨勢

第 *12* 章　流通科技、流通金融、流通宅配與流通
　　　　　整體經營發展趨勢

12 流通科技、流通金融、流通宅配與流通整體經營發展趨勢

一、IT 革命與消費者主導型流通系統

零售流通的 IT 革命

自從 1980 年代 POS 系統的急速普及，以及 1990 年代網際網路的突破性科技導入，使整個零售流通的資訊技術革新大幅向前邁進。而自 1980 年起，量販店、折扣廉價商店、便利商店及大型購物中心與連鎖化等急速躍起，也大大改變零售流通的結構，此種變化均被稱為「第二次流通革命」，與第一次流通革命大不相同。

尤其，在 IT 資訊科技變化方面，於過去二十多年中，零售流通業大量使用 POS 系統、EOS（電子化訂貨系統）、EDI（電子資料交換系統）、先進物流進出自動化處理系統、B2C 及 B2B 電子商務（EC），以及 IC 結帳卡與電子錢包興起等，也大幅加速流通業的現代化及科技化。

二、消費者主導型流通系統的定義：M → W → R → C

過去是製造工廠主導或批發零售主導的傳統商業體系，在 21 世紀以顧客至上及顧客為導向的理念下，再搭配資訊科技的大幅運用，使得現代的流通系統精神已轉向消費者主導與參與的重點上。

以日本為例，它們的變化如下：

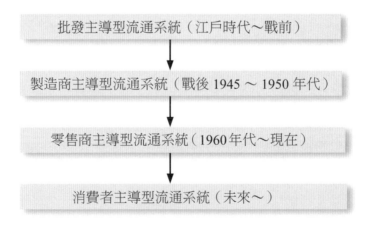

批發主導型流通系統（江戶時代～戰前）

↓

製造商主導型流通系統（戰後 1945 ～ 1950 年代）

↓

零售商主導型流通系統（1960年代～現在）

↓

消費者主導型流通系統（未來～）

總之，過去的流通體系價值鏈從上游到下游，依序是：

M（**製造商**）→ W（**批發商**）→ R（**零售商**）→ C（**消費者**）

而未來的流通體系之影響主導價值鏈，應該是反向回來，即：

M（**製造商**）← W（**批發商**）← R（**零售商**）← C（**消費者**）

而在消費者主導的流通系統下，消費者有五個特徵：

（一）消費者需求的個性化、多樣化、便利化及娛樂化。

（二）由消費者發出的資訊情報。

（三）對抱怨與需求回應的快速化要求。

（四）製造商及零售商高度配合消費者的價值觀及消費觀。

（五）消費者的需求與喜愛是多變的。

三、在新時代下，零售業的十三項戰略課題

面對網際網路、IT 資訊科技、電子商務、跨業競爭、消費者精打細算、商業環境不斷改變，以及 M 型社會的變形下，今後零售業者所必須思考的戰略課題，包括內容如下：

（一）落實真正的顧客導向課題（customer oriented）。

（二）線上購物課題（on-line shopping）。

（三）低價格化與品項多樣擴大課題。

（四）交期（lead time）縮短課題。

（五）無人商店課題。

（六）大型購物中心課題。

（七）e-marketplace （網路交易市集）。

（八）B2B 網路交易與招標課題。

（九）向生產者直接交易課題。

（十）與上游供應商協同合作發展（collaboration）。

（十一）與上游大型製造廠協同行銷合作課題。

（十二）高附加價值提供課題。

（十三）零售商地域性密集型經營課題。

四、未來流通典範變革的十四個重點

面對 21 世紀急速改變中的產銷環境、科技環境、消費者環境、競爭環境、網路環境及 M 型社會與經濟條件下，未來流通典範的變革，將會有十四個重點，說明如下。

（一）流通的基本變革方向，將由從前的順向 M → W → R → C，改變為逆向 M ← W ← R ← C；即以消費者為起始原點，以顧客至上為思維的「消費者主導型流通系統」到來。

（二）on-line shopping，透過線上即時的 B2C 商品購買或 B2B 採購型態，亦會日益普及與日益便利。

（三）批發商的功能將日益低下。

（四）流通產業結構將漸趨集中化。

（五）流通業的底層化日益明顯，也日益重要。

（六）中小型規模商業業者的競爭基盤日益弱化。

（七）流通活動的效率化（即物流活動的速度化）。

（八）Net 時代（網路時代）的流通業，將會有「消費者的購買代理業」。

（九）RDC（Regional Distribution Center，區域性配銷流通中心）業態將會取代傳統批發商角色。

（十）消費者需求的個性化、多樣化、便利化、娛樂化、新鮮化、有趣化、自在化等，新業態的因應準備。

（十一）無人商店來臨。

（十二）中小型商業業者必須提高其附加價值，並朝與消費者密集型流通業轉換。

（十三）零售業及生產者必須提供高附加價值產品，創造價值感，才能產生競爭優勢。

（十四）無店鋪販賣崛起日益明顯，但須強化其信賴度，才能與實體商店競爭。

五、智慧型無人商店之初探

（一）國內第一家「智慧型無人商店」正式營運

1. 具備低成本的創新商業模式

經濟部推動「智慧型無人商店（Q-shop）」開花結果，第一家店正式開幕。由於具備租金及人事成本低的創新商業模式，已有連鎖加油站、國道休息站及科技園區廠商表達興趣，還有日本業者來臺取經。

首家 Q-shop 民生科技店位於臺北市內湖瑞光商圈的高科技辦公室大樓，是採自助銷售及自助服務模式，販售生活用品、食品、飲料、健康美容等160 多種產品。該店在開幕前已試賣四個月，業績亮麗，營收 58 萬元。在低租金、低人事成本優勢下，已有盈餘。

負責這項計畫的資策會創新應用服務研究所組長楊惠雯表示，便利商店每月人事成本達 20 ～ 30 萬元，無人商店可大幅降低店租、人事成本，由於陳列獲利較高、最熱門的 200 項商品，營業額只要達到一般店面的三分之一即可打平。

2. 適合設店在辦公大樓商圈內

商業司 2011 年推動「流通服務業智慧商店實驗推動計畫」，並進行甄選，由 OK 便利店出線，在臺北市瑞光路、八德路設立兩家「Q-shop」。試賣後發現，瑞光路門市位於封閉式商業辦公大樓內，營業額比戶外開放型的八德路門市佳。經測試後，決定關閉八德路門市店。

商業司認為，封閉式的辦公商圈適合智慧型無人化商店這種創新商業模式。

3. 智慧型無人商店功能多

「智慧型無人商店」商業模式是結合物流、金流與傳統商店，完全由自動販賣機販售生活用品、食品、飲料等，消費者可以現金或信用卡交易。

店內設有監視系統，顧客有任何問題，可透過客服按鈕與客服人員對話；遇有緊急狀況時，也可按緊急救助按鈕向保全管制中心求助。

Q-shop 業者最近有意引進照片沖洗設備，可以沖洗數位照片並立即取件。商業司長王鉑波表示，無人商店未來還可提供更多代收業務服務，甚

至可由政府授權申請戶籍謄本，商機無限。

（二）無人化商店可望解決六個問題點

無人化商店相較於實體商店，它可望在下列六點得到一些解決方向，說明如下。

1. 解決店面難尋難題

開發新的好店面不易，且開店後同業競爭激烈。目前國內平均每開設4家便利商店後，就需要關閉1家門市。未來可能走向日本模式，每開設2家就要關閉1家，無人化商店即可免除業界一味爭相衝店數的魔咒。

2. 突破人力不足與工讀生高比例瓶頸

門市人員打工性質偏高，流動率大，人才養成不易，且勞健保與勞退新制又新增人事成本。

3. 化解門市空間有限的魔咒

每家店要上架的商品眾多，為了符合商品汰舊換新，店內陳設的商品替換率往往由原來的一個月一次，加速至目前的二週一次。空間的限制，始終為現行便利商店經營上的魔咒，因此需要打造虛擬2樓尋求化解。

4. 便利商店消費服務的再省思

經由智慧型無人商店中的智慧購物機，可將商品無限延伸，甚至與消費者家中的網路購物結為一體，並與各種新需求合而為一。

5. 順應網路商機與虛擬購物風潮

近年網路電子商務盛行，可提供一個比網路購物更安全、迅速，且一樣隨處可得的方便購物管道。

6. 平衡節能呼聲與產業價值

《京都議定書》反映節能的需求受到各國重視，過去便利商店24小時經營的優勢，也重新面臨節能省思的挑戰。日本第二大便利商店LAWSON已考慮要停止24小時營業，改與NTT DoCoMo合作深夜時段無營業員的型態營業。歐盟亦出現便利商店應大幅縮減營業時間的呼聲。

@（三）無人化商店可能的競爭優勢──門市經營成本降低

1. 現在便利超商門市的營運成本比重，最大的是人事費用，假設以每家每月人事費用 11 萬多元估算，占營運成本約 41%，若改為無人商店，每家門市人事費用成本僅需 2 萬元，僅約現行便利商店人事費用的 18%。就第二高營運成本的店租來看，假設以每家 7 萬多元來算，占營運成本約 26%；若改為無人商店，店租僅約 5 萬元，約現行便利商店租金費用的 71%。

2. 就商品價格競爭力來看，因為無人化商店的營運成本明顯降低，在不考量未來潛在競爭對手的價格策略下，初期至中長期銷售商品的定價，將可採折價 10 ～ 30% 幅度的定價策略競爭。

根據評估，國內有 300 至 600 處封閉型地點，可列為首波擴張的地點。如果以初期約 170 萬元的投資成本及來客數 200 人估算，只要單月銷貨收入 15 萬元，每個月就能獲利，可進一步取代目前以人力經營但持續虧損的門市；營運中期，預計國內將設置 800 家智慧型無人商店。

@（四）無人化商店鎖定的潛在客群

無人化商店未來主要鎖定潛在客群如下：

1. 滿足消費者想要更便利的消費需求
交易更快速，且無須與人互動。

2. 貼近年輕消費者消費取向
年輕族群喜歡追求新鮮流行、有個性的消費。

3. 擴充非都會區消費
傳統便利超商展店思維，大都趨向人口密集區及交通匯集區，但相對於非都會區，因展店開銷及人才欠缺，一直難以突破，智慧型無人商店正可以彌補此缺口。

六、流通服務業整體營運發展趨勢

根據國內流通服務業專家陳弘元（2007）先生指出，目前全球流通服務業的六項發展趨勢為：

（一）大型折扣店及便利商店漸成主流。

（二）實體通路不再是唯一選擇。

（三）業態多樣化，商品多元化、差別化。

（四）產業持續整合。

（五）專業化、大型化蔚為趨勢。

（六）增加服務功能與品質。

因應六大趨勢，知識密集成為流通服務業的發展重心。不同人口特徵與行為的消費族群，有他們各自追求的成本最低、效益最高消費模式，造成需求趨於多元化。因此，業者對消費者的服務須更謹慎小心，在銷售的同時，也創造讓消費者滿意，甚至感動的顧客關係。

七、零售業跨向金融業

（一）英國特易購（Tesco）是帶頭先鋒

在這方面，英國最大的零售集團特易購是帶頭先鋒之一，早在 1997 年即與英國第二大銀行蘇格蘭皇家銀行（Royal Bank of Scotland, RBS）合作，在賣場中推出 17 種個人金融服務，包含保險、貸款和存款，目前已有 500 萬個帳戶，2005 年獲利 3.5 億美元。

（二）日本伊藤洋華堂集團跟進

接著日本伊藤洋華堂集團為擴大零售集團龐大的現金流通效益，在 2001 年設立 IY Bank（後來更名為 7Bank），主要從事 ATM 及信用卡交易的清算業務。第一年虧損 120 億日圓，2003 年轉虧為盈，2004 年則獲利三級跳。

（三）日本永旺零售集團亦銷售金融理財產品

2006 年 3 月 10 日，日本流通業第二大的永旺（Aeon）集團舉行記者會，正式宣布 2007 年春天要籌設銀行，並在旗下所有購物中心及商場設立服務專櫃，銷售基金、債券等個人金融理財商品。

和 7Bank 不同，日本永旺集團要做的不是無人銀行，而是類似 Tesco 的做法，在賣場內設立專櫃，針對目標顧客需求，有專人在場說明、提供小

額貸款等金融服務，賣場並搭配推出特殊優惠方案，例如：申貸人在永旺家具賣場消費，可享折扣優惠。

永旺集團的岡田社長在記者會中以零售通路的術語指出，「大型銀行賣的金融產品是 NB（大家都有的全國品牌產品），我們賣的是 PB 金融商品（針對零售通路顧客打造的自有品牌商品）。」這個比喻方式，巧妙點出零售流通業者介入金融服務，與銀行經營手法做區隔，以及零售金融服務已是大勢之所趨。

@（四）美國 Walmart 大賣場一年支付給銀行的信用卡手續費高達 6 ～ 7 億美元

在美國共有 4,000 多家賣場的沃爾瑪（Walmart），每年光是接受信用卡消費，就要支付 6 至 7 億美元手續費給清算銀行。由此可見其流動資金有多麼龐大，一旦介入金融業，對既有銀行難免會造成壓力。

@（五）臺灣零售流通業介入金融業的三部曲——代收服務、ATM 提款轉帳、支付工具多樣化

臺灣目前零售業與金融業的整合才剛起步，走得最快的流通業態還是便利商店，四大超商的金融服務，以「代收、ATM、支付工具多樣化」的「三部曲模式」演進。小額支付工具更將是超商業金融服務大躍進的關鍵。

臺灣超商在地利、密度和 24 小時營業的優勢下，從十五年前開始發展代收業務，如今代收服務種類已多達 200 多項，四大超商每年經手的代收金額高達新臺幣 4,500 億元。接下來是 ATM 進駐超商，但目前超商門市的 ATM 服務仍停留在提款、轉帳等基本功能。

另外，在小額支付工具方面，臺灣四大便利商店亦已導入。例如：7-ELEVEN 即有 icash 卡、icash 悠遊卡及 icash wave 信用卡等。

@（六）超商跨向無形商品的金融服務

零售流通業的有形商品競爭，早已進入低毛利或負毛利階段，大家都看好無形的商品與服務，應是未來突破成長的機會，其中金融服務更因可以無限延伸，而成為流通業競爭致勝的關鍵，這也是歐美、日本大型通路集團積極跨足金融服務的原因。

@（七）流通業兼做銀行業的目的

從上述流通業經營銀行的成效來看，除了可以提高流動資金的效益，開創業外收入外，其實最大的用意還是在強化顧客關係管理，利用消費積點回饋等顧客忠誠度計畫，流通業可以進一步讓「顧客固定化」，這也是零售業競爭的關鍵。

八、流通服務科技化發展趨勢分析

@（一）各種零售科技工具積極展現

國內流通服務業專家陳弘元（2007）曾經指出，全球流通服務業已有朝向科技化發展趨勢。

他的分析指出，從全球流通服務業發展趨勢可以發現，服務科技化是新趨勢。排名全球前五大零售業者之一的德國 Metro 集團，幾年前與 IBM、微軟、英特爾、思愛普、NCR 等廠商共同提出「未來商店計畫」，已於德國北部萊因伯格的 Extra 未來商店進行試驗。這個計畫透過個人購物幫手（personal shopping assistants）、資訊查詢機（info-terminals）、智慧磅秤（intelligent scale）、電子貨架標籤（electronic shelf labels）、智慧型貨架（smart shelves）、電子廣告牌（electronic advertising displays），以及無線射頻識別標籤（Radio Frequency Identification, RFID）等科技的應用，讓顧客領略到不一樣的購物經驗。

在紐約舉辦的美國零售聯盟商展，特別將主題設定為「如何將店家與科技結合，讓賣場更具效率」，許多業者也在會中展示新的科技，例如：IBM 的商品展示系統與智慧購物車。跡象顯示，運用科技結合經營型態的零售模式，儼然成為下一波主流。

從零售業 IT 應用科技的趨勢發現，無線射頻識別技術、自助資訊站（kiosks）、自助結帳（self-checkout）、電子貨架數位標籤、非接觸式付款（contactless payments）等，是未來最具應用潛力的技術。資訊整合、商業智慧、供應鏈管理、智慧商店以及商務銷售平臺，將是零售業發展的趨勢。

@（二）美國超市個人手握結帳掃描器，非常省時又便利（零售業新科技策略）

1. 消費者不需大排長龍等結帳

以往消費者在超市選購商品後，往往要大排長龍結帳。現在許多美國超市開始提供個人收銀機掃描器，讓顧客自己掃描產品後，直接放入購物袋，即可到出口依掃描金額結帳，節省許多時間。

例如：Bloom 超市提供顧客掌上型掃描器，讓顧客邊購物邊掃描要買的東西。此外，針對生鮮蔬果等沒有標示價格的產品，顧客也可透過附列印功能的磅秤，將條碼列印出來，以便掃描。

顧客買好所需的東西後，就可以直接前往櫃檯，掃描個人掃描器產生的條碼，刷一下個人卡，然後付錢。為防止順手牽羊，超市會對顧客隨機抽查，以免商品未經掃描就被帶出去。

2. 顧客可以節省時間，知道自己花了多少錢

雄獅食品（Food Lion）發言人彼德森女士說，旗下 52 家高級 Bloom 超市約一半配有這種掃描器，順手牽羊不是問題。她強調，這項服務將「節省時間，讓顧客了解買了哪些東西、花了多少錢」。

到 Bloom 超市購物的史奈克說：「到櫃檯結帳時，所有東西都已裝在袋子裡，我就可以直接往停車場走，不必排隊等候。」另一名顧客辛普森女士也說，這樣的服務為她節省了 15 到 20 分鐘。

此外，新英格蘭地區的 Stop & Shop 超市除了提供購物者掃描器外，掃描器並與購物車上的無線觸控式螢幕連結，購物者不但隨時掌控商品價格、購物總價，還可透過 IBM 設計的這套系統，找到想要購買商品的儲放位置。

3. 自助結帳系統──日本流通業新趨勢

2012 年 3 月，日本超市業者 Gigamart 導入的富士通自助結帳系統，在商品上貼傳統條碼，消費者挑好商品，自行掃描條碼、按鍵結帳，配合自動收銀機，加速結帳作業。

整組自動結帳系統，包含四臺自助結帳機器和一臺管理介面，用在大型賣場或量販店，一個工作人員就能監控四臺機器，省下不少人事成本，雖然初期設備投資很貴，但是日本人力成本高，大約一年就能回收。

消費者的使用習性，也是重要的考量。Gigamart 的自助結帳系統，除了能減少結帳人力、加速結帳流程，還可以保障消費者隱私，不會被別人窺探買了哪些商品。不過，實際推行後，有 80% 的消費者仍選擇傳統結帳方式。

自助結帳系統要成功動作，也有賴消費者的榮譽心。在 Gigamart，消費者自行操作自助結帳系統，和櫃檯的工作人員有一段距離，看在赴日考察的臺灣流通業者眼裡，不免質疑：「難道不怕消費者偷雞摸狗，不付帳就走人嗎？」日本業者當場傻眼，直說：「日本人不會這麼做啊！」

4. 零售通路業者運用先進科技監看及了解消費者

大型零售通路業者除了透過各種促銷手法吸引顧客上門外，也積極運用精密的科技，監看消費者在店內的動線、消費行為等，藉以調整商品陳列，希望增加來店顧客的消費額。案例如下所列。

（1）英國的 Tesco 採 Smartline 監看系統，透過感應器統計店內顧客，並偵測等待結帳隊伍移動速度，可預知 1 個小時內須開多少收銀櫃檯。

（2）玩具反斗城、Office Depot 及 Walgreen 等大型零售業，則採用 Behavior IQ 顧客監看系統，能進一步蒐集顧客去哪個點、停留多久及對不同商品的反應等，業者再拿來與銷售資料比對，了解店內陳設、商品位置是否適當。

（3）Best Buy 則利用 Behavior IQ 攝影機，蒐集顧客行為模式資訊，將顧客分為愛好科技年輕族群、郊區母親、家居男人等，並分別布置專區滿足他們的需求。

（4）顧客監看計畫：《經濟學人》報導，目前最大規模的顧客監看計畫之一是「店內量尺先驅研究（PRISM）」，在全美 160 個商場入口、出口及貨架區設置感應器，並安排人員在現場觀察紀錄，蒐集顧客採購動線等資訊。PRISM 在完成第一階段實驗後初步發現，例如：走到鹹味零食區的人三分之二會買，走到乳品區者比較不會買，雖然兒童陪同採買的比率只有 13%，但只要兒童在場，消費者通常買比較多。

5. Web2.0 時代，流通業善用資訊科技，啟動雙向互動

科技不斷創新，已讓零售通路再度出現變革，在 Web2.0 的時代，雙向互動已取代單向溝通，流通業的內涵已開始轉化。在 Web2.0 時代，硬體的商品流通，進化為軟體的服務流通。整合網路及互動內容進駐店內，遠端內容取代近端內容。愈來愈多的實體商店將與網路、移動通訊商務結合。流通業、連鎖加盟業將與既有的系統整合商客戶攜手合作，完成完整的解決方案，服務遠端的客戶，過去以硬體產品為導向的商品流通，將逐漸進化為軟體導向的服務流通。

科技資訊的不斷整合導入，除了帶來門市經營的新變革之外，更會影響前端流程的改變，包括倉儲車輛物流派送系統的應用、食品生產商的物流配送倉庫、無線傳輸即時派送指令、後端中控系統等。Web2.0 與 RFID 結合後，近端產品製造商可立即掌握後端使用者行為分析，及遠端使用者行為紀錄，對於門市經營顧客關係管理將更即時化、精準化。

九、科技創新使新興流通業通路崛起

根據資策會創新應用服務中心主任洪毓祥的研究（2007），指出科技創新使流通業掀起新的大變革，從國外通路的新變革來看，已出現了複合式通路與體驗行銷、自助點餐服務亭、行動娛樂下載、光碟租借自助服務亭、自助式便利商店等，這些新興通路，已在國內陸續出現。

新興通路的典範類型，包括下列各項。

（一）日常商品新通路

像美國 Zoom Shop 賣 iPod 及相關配件、Motorola 無人商店販賣手機等，無人化商店創造了租金減少、廣告效益等利益，甚至創造一個平臺，所賣商品並非獲利主力，反而平臺上其他附加產品或價值，成為獲利新主力。

（二）租借新通路

像銷售或租借 BD、DVD、CD、線上遊戲光碟等商店，讓顧客隨租隨還更便利。

（三）商品資訊新通路

具備智慧型資訊看板，提供高單價商品資訊查詢、互動式廣告、商品預購等服務，可提升與消費者間的互動，創造推薦機制的功效。

（四）虛擬商品實體通路

像韓國電信、美國 McCafe、荷蘭 FUEL 等，提供數位影音購物臺、商品線上選購、宅配到府或自行取貨等服務，拓展經營通路、減少服務成本。

（五）實體商品虛擬通路

像日本 OKUWA、英國 Tesco、美國 Safeway 等，以虛擬實境方式呈現，讓消費者感覺像是在實體店面購物一樣，並提供商品線上選購、宅配到府、自行取貨等服務。尤其對於行動不便的銀髮族、生活忙碌的上班族等，線上超市提供透過線上選購商品的服務，同時搭配完善的物流配送機制，讓消費者在最便利的地點取貨（宅配到府、特定地點取貨等），提供了最貼心的購物環境，同時，也成為數位家庭另一種通路的延伸。

（六）客戶體驗環境，大量客製化的前臺

以打造全新的客戶消費體驗環境，蒐集消費者的參與經驗及需求，進而提供客製化的服務。

十、製造業與零售業情報共有之趨勢

近幾年來的開展顯示，零售流通業與製造業已成為生命共同體。零售流通業生存得好，製造業才能把產品銷售出去，否則庫存一大堆。同樣地，製造業競爭力不夠強，不了解市場需求趨勢，對零售商也沒有好處，因此，彼此必須互助、互信、互賴而互榮。所以兩者有情報共有的需求，如圖 12-1 所示。

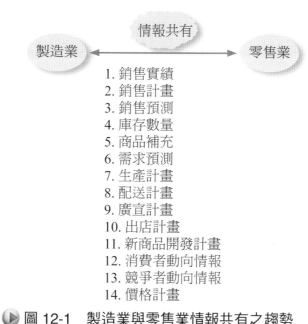

製造業 ←（情報共有）→ 零售業

1. 銷售實績
2. 銷售計畫
3. 銷售預測
4. 庫存數量
5. 商品補充
6. 需求預測
7. 生產計畫
8. 配送計畫
9. 廣宣計畫
10. 出店計畫
11. 新商品開發計畫
12. 消費者動向情報
13. 競爭者動向情報
14. 價格計畫

◉ 圖 12-1　製造業與零售業情報共有之趨勢

十一、流通宅配日益發展成熟

流通業中，除了本書內容所說明的批發商、零售商、物流中心、金融相關機構、零售資訊科技相關機構，另外還有一個宅配業。

＠（一）宅急便公司有顯著進步與成長

近六、七年來，臺灣有幾家大公司引進日本先進的宅急便或宅配運輸專業經營與管理的 know-how，經過臺灣本土公司的吸收及學習，使得臺灣這些年來的宅急便業務與產業有了長期的成長及進步。

＠（二）代表性的宅急便公司

目前，國內有幾家比較具代表性的宅急便公司，包括：

1. 統一速達公司（黑貓宅急便）（統一企業集團）。
2. 臺灣宅配通公司（東元集團）。
3. 新竹貨運公司。
4. 大榮貨運公司。
5. 中華郵政公司。

（三）宅急便公司成長的因素

上述這些宅急便公司迅速成長的因素，主要有以下幾點：

1. 由於近年來網路購物、電視購物、型錄購物及直銷購物等均快速成長，因此，顯著帶動了以家庭及個人為主的宅急便業務成長與需求，過去這一塊的生意並沒有被拓展。

2. 由於實體通路業者也進入虛擬通路的網路購物，因此，也有宅急便業務的需求。

3. 消費者逐漸接受不外出逛街購物的消費型態，就某種程度而言，仍有些便利性，只要依賴家中的電腦、家中的電視、家中的型錄、家中的 DM 宣傳單等，即可完成購物需求。

4. 另外，在取貨地點選擇方面，可以到附近的便利商店取貨，由於國內便利商店高達一萬家，密度高與普及性廣，因此，也非常便利。

5. 最後，由於宅急便公司本身多年的努力革新經營、不斷改善缺失，使消費者的滿意度不斷升高，終而信賴宅急便這個產業及這些公司。

（四）PChome 24 小時快速到貨成功案例（99.99% 24 小時到貨率）

網路購物只要專心一件事，「就是如何讓消費者最快拿到商品。」PChome 營運長謝振豐篤定地說。強調自己並未加快速度，PChome 的祕密武器是 24 小時、三班制的臺式服務精神。

在臺灣超過 2,000 億規模的 B2C 網路購物市場，PChome 線上購物與博客來雙雄纏鬥。在最近的金牌服務大賞的評比中，無論是滿意度、口碑等六大指標上，兩者都幾乎不相上下，但 PChome 靠著 24 小時到貨的服務效率，拉開了自己與第二名的距離。

「我們的 24 小時到貨率是 99.99%。」PChome 營運長謝振豐說，現在甚至可以做到中午前下單，傍晚前就能送達。

PChome 所推出震撼業界的 24 小時到貨服務，至今仍無人能複製超越。

過去，「PChome 和 yahoo! 奇摩購物中心對打，一場混戰。」網路原生服飾品牌 lativ 創辦人張偉強觀察，PChome 當時只是主打以低價訴求的網購通路，直到效法 Amazon 建立物流倉儲系統、創新模式，「才真正令人可敬了起來」。

這種 24 小時、三班制的臺式服務精神，靠的就是執行力，外商公司根本很難與之競爭。

每一秒就計算一次庫存量

「我們其實並沒有加快速度」，謝振豐自己解析 PChome 的成功之道，「而是拆解了供應鏈，減少物流時間的浪費。」

現在 PChome 的 50 萬種商品，每個品項都是每一秒就計算一次庫存量。

十二、日本最大零售流通集團 7&i 公司──網路結合實體，力拚全方位零售業

日本 2014 年 4 月開始調高消費稅率至 8%，一般認為將對零售業帶來衝擊。7-ELEVEN 母公司 7&i 控股公司已未雨綢繆，在 7-ELEVEN 創業四十週年的典禮中，提出「二次創業」的構想，明確指出「全方位通路零售」將是企業策略的核心。《東洋經濟週刊》特別專訪 7&i 控股公司事長兼行長鈴木敏文，請他談談這個策略的內涵，以及集團未來的發展計畫。

＠（一）目標──實體店鋪能退網購貨

《東洋經濟週刊》問（以下簡稱問）：您是何時開始體認到「全方位零售通路」這個理念？

鈴木敏文答（以下簡稱答）：我從大約十年前就一再談網路與實體的融合。日本 7-ELEVEN 的餐點配送服務「7meal」直接把東西送到顧客家中，很受歡迎。相對的，在網路通販方面，很多獨居女性也向我們反映，希望能自己到門市去取貨，而不是由宅配業者直接送到家裡。這樣的服務在全國 1 萬 6 千多家的 7-ELEVEN 都能提供。

問：2013 年秋天，你們到美國視察，似乎成了一大轉機？

答：集團幹部到當地視察後，認為在日本也能做到。我們集團現在有便利商店、綜合超市、百貨公司、專賣店等各式零售型態，日本和美國的不同在於國土狹小，但只要能活用眾多的門市，實現全方位零售通路，就能提供全球史無前例的新服務。

問：為何您以「二次創業」來形容全方位零售通路？

答：因為它的想法和以往有所不同。跳脫過去「只靠網路」或「只靠實體」的想法，就能創造新的綜效。

美國的 7-ELEVEN 設有「亞馬遜專櫃」，顧客在亞馬遜網站購買的商品，

能到 7-ELEVEN 門市領取。這是亞馬遜自己找美國 7-ELEVEN 談的合作，雖然亞馬遜那麼厲害，但缺乏實體店面，成長同樣會碰到瓶頸。我們集團在全國擁有多種不同型態的店面，顧客可以有不同選擇，在全球沒有哪家零售業者是這樣的。

問：你們為了融合網路與實體已經採取過不少措施，其中有什麼還做得不夠好嗎？

答：大家想的點子還跟不上潮流。大家都只在自己的經驗範圍內想事情，例如認為有助於促進網購事業的策略，會導致實體通路的銷售下滑。

以前電視問世時，有人說假如棒球比賽都改由電視轉播，到球場看球的人會減少，但事實上去現場看球的人卻變多了。購物也是一樣，只要能融合網路與實體，實體的銷售額也會成長。只要能站在顧客角度，想想怎麼做才能讓他們開心，也就夠了。

@ （二）拓點——百貨能買到超商產品

2005 年成立控股公司時，周遭的人極度反對，他們說型態明明不同，很懷疑能創造何種綜效，但這只是因為他們擅自認定「百貨公司就應該是這樣的」、「超市就應該是這樣的」而已。2007 年我們推出 7-Premium（自有品牌商品）時也是一樣，有人反對，認為「為何非得把在便利商品賣的商品拿到百貨公司賣不可？」但只要能夠做出顧客追求的東西、價格又一樣的話，他們不會介意在哪裡購買。事實上，7-Premium 幾乎很少有賣剩而必須降價促銷的商品。

問：你們逐漸在購併，目的是在彌補不足的部分，以實現全方位零售通路嗎？

答：確實也有這樣的用意在。但最重要的還是雙方理念必須契合。我們在購併時，最重視的是要能夠信賴對方。

我們的集團有許多供應商（便當等商品的製造商），但幾乎都沒花錢投資，供應商都是自行投資購置設備，生產的東西我們則全數進貨，這靠的不是資本力，而是信賴。我們也會讓集團外的企業參與全方位零售通路。

問：向你們表達希望在這方面合作的其他企業似乎變多了？

答：大家都很關心，但可能也有不少人半信半疑，不確定是否真能實際帶來應有的效果，不過，有人反對也意味著機會是存在的。假如大家全都

贊成，一下就進入飽和狀態了。我們該投入的是別人不做的事。

　　問：關於零售業今後的展望，您有何看法？

　　答：由於高齡化及家庭平均人數減少，消費型態正在改變。銀髮族沒辦法跑太遠購物，可以由我們來負責配送；有些人獨居，自己煮飯很不方便，所以常使用「7meal」的服務。相較之下，那些設在郊區的大型購物中心，未來可能愈來愈難經營。

　　蓋石牆的時候，假如基礎打得夠好，牆可以蓋到相當的高度。零售業也一樣，這種時候，基礎打得穩固與否，就決定了成果多寡。基礎夠扎實，就能因應環境變化，而變化就是機會。

十三、三大零售通路互搶客源、互跨競爭與變化趨勢

（一）量販——變迷你，商品因地制宜

　　臺灣量販密度高，但對不少民眾而言距離還是太遠，加上熟齡社會到來，家樂福 2009 年開始嘗試社區小型量販及超市型態的便利購分店。便利購商品因地制宜，例如：新北市中和景安店較小，以日用品及生鮮為主，加上關東煮、茶葉蛋、冰淇淋等超商型服務；臺北市天母中山北路店鄰近美國學校，進口商品區及紅酒區是量販店規格，有外送、代客停車等服務。

　　消費者會因目的性選擇通路，量販便宜、坪數大，商品齊全，易陳列專區，都帶動提升二倍業績。也因一次購足、客單價高，集點換購、滿千送百等促銷活動都好發揮。大潤發公關王亭鈞指出，量販店商品數是超商的四倍，還有停車場、美食街。

（二）超市——重特色，烘焙生鮮各異

　　超市受量販與超商夾擊，著重發展特色，重視坪效及商品質感。

　　頂好轉向行銷「新鮮」，並向超商、量販取經，販售咖啡、烤地瓜、霜淇淋、組合餐，超過 100 家賣烘焙品；全聯強化生鮮，目標年產一億包安全蔬果； city'super 超過 70% 為進口品，提供廚藝教室、食譜、產品直送海外，吸引高消費力客群。

（三）超商——「轉大人」，大坪數留買氣

臺灣的連鎖超商數量即將破萬，在店家飽和、擴店放緩之際，超商轉型大店格，設座位、廁所，加蓋虛擬 2 樓。

7-ELEVEN 的特色店受到喜愛，最新特色店將門市結合 OPEN 將，店內放置主題商品並結合大頭貼機。全家 2011 年轉型為 40 至 50 坪 NF 店型，目前超過半數約 1,470 間轉型成功，目標將再改造 500 間，使大店占比達 67%。未來將效法日本全家結合藥妝，也不排除引進大戶屋美食進入超商。萊爾富大店近五成，機器人店的機器人會在入口處打招呼。OK 的大店數較少，2014 年衝到 100 間，面積、鮮食增加，比起既有業績可成長近三成。

超商店面受限，強化 1 樓店面商品、加蓋虛擬 2 樓，前者與超市競爭、後者媲美量販。7-ELEVEN 表示，外食市場規模上兆，今年擴大鮮食蔬果結構較去年成長 67%。實體店面放不下的 3C、低溫商品都可在 7net 訂購，規模不輸量販。

全家看準生鮮商機，去年導入原裝水果，開發商品的靈感來自市場缺口，如手搖茶發燒就迅速推出翡翠檸檬茶。全家也靠與知名網路、手機 App 購物平臺合作擴張業績。

如同社區鄰居的超商，近年也積極扮演好鄰居角色，積極做募款、待用餐等慈善事業。此外，老年化社會來臨，無障礙坡道、外送服務或生機商品都是未來主流。（2014.6.2，《聯合報》）

超商

• 貨架有限，從實體延伸至網購的虛擬
　2 樓，販售 3C、家電、低溫商品。
• 大店格策略發展帶來座位經濟。

25 坪以下→ 35 坪以上

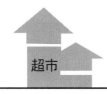

超市

• 除了原有乾貨，新增生鮮蔬果及肉品
• 賣熟食，包括便當、烘焙品

100 ～ 300 坪→ 100 ～ 500 坪

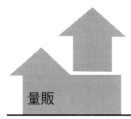

量販

• 新賣場面積變小
• 位置深入社區，有別於設在偏遠地帶的
　原量販賣場
• 商品數量僅原量販的 5 分之 1 左右

1,000 坪以上→ 100 ～ 300 坪

▶ 圖 12-2　零售通路店型演化示意圖

十四、日本百貨通路大轉變 —— 從時間節約型變成停留消費型

　　國內全家便利商店會長潘進丁曾經赴日考察百貨零售通路轉變狀況，他有以下深入的剖析及觀察。

（一）1911 年日本經濟處於高成長期，當時百貨通路的營業額達到 9.7
　　　兆日圓，到 2014 年竟只有 6.2 兆日圓，僅及鼎盛時期的六成多，
　　　主要就是這群有錢有閒的人什麼東西都有了，根本不需再購買。
　　　因此，通路要讓這群 60 ～ 70 歲的人掏錢消費，成了最重要的課
　　　題。

（二）日本最大的零售通路永旺集團，2016 年第一季竟出現赤字，虧
　　　損 62 億日圓，是 2009 年金融危機以來表現最糟的；此外，7&i
　　　控股集團下的伊藤洋華堂（Ito-Yokado）也宣布 2020 年前要關掉
　　　40 家店。

（三）這些大型零售通路以前強調單站購足（one stop shop），以商品、

價格做訴求，屬於時間節約型消費，然而這些大型通路也面臨相同的問題——有錢有閒的人不花錢。因此，現在要讓這群人可以進到賣場體驗，拉長停留時間，從過去「時間節約型」變成「停留消費型」。

（四）以日本梅田車站的阪急梅田百貨店為例，位於梅田 JR 車站和阪急電交接的一級戰區，附近有高島屋、伊勢丹等大型百貨。在 2012 年 11 月，它大手筆斥資 600 億日圓進行改裝，定位為「生活劇場百貨」，透過各種展覽、表演、美術等，和消費者分享、溝通。百貨賣場的 9 樓到 12 樓挑高 16 米，9 樓設有一個 2,000 坪的祝祭廣場，可做展示廳、表演會場地等。

梅田阪急百貨公司有 8 萬平方米，其中有二成不做賣場，而是改裝成辦活動的廣場，讓消費者休息的空間，並附設托兒所，方便媽媽購物。這二成坪數的賣場約 1.6 萬平方米，以前百貨業的做法，絕對是拿來當賣場，業績貢獻至少 250 億日圓。

梅田阪急百貨的改裝，是希望消費者可以經常來逛，不見得為了買東西才來，而是來看表演、聽音樂會。改裝策略是根據消費者的生活需求規劃，也就是生活提案；與過去只講商品好壞及價格高低是完全不一樣的策略。

梅田阪急百貨的改裝效果已逐漸顯現，2013 年度營收約 1,446 億日圓，2014 年營收達 1,922 億日圓，它的業績在那個區域拿下第一名寶座。

（五）日本大阪郊區枚方市開了一個全新的賣場，就是枚方 T-SITE 百貨，老闆是日本最大的出版品、影視連鎖店 TSUTAYA，也是大家熟知的日本代官山的蔦屋書店的創辦人，2016 年他回到三十三年前的創業地大阪枚方，開出一個生活提案型百貨，希望營造一個不一樣的生活體驗，讓消費者來此待一整天都不會感到無聊。

（六）枚方 T-SITE 屬於「時間節約型」，同時也是「時間消費型」的百貨公司，不僅有百貨商城、書店、咖啡館、影音 CD，更設有旅行社、航空公司、銀行的櫃檯，吃喝玩樂全部包下來，滿足所有到此的民眾，在消費、理財及休閒等方面的需求。這跟過去經營的觀念很不一樣。

（七）7&i 集團旗下伊藤洋華堂在武藏小杉的購物中心 GRANDTREE，
這個商圈附近人口以 30 ～ 40 萬名上班族為主，為滿足親子休閒
區，在頂樓規劃好多適合小孩玩樂的遊樂設施，很像兒童樂園，
讓爸媽每天都可以帶小朋友來玩。賣場打出體驗行銷，也成功培
養忠誠客群。

（八）反觀臺灣便利商店的商圈更小，設有座位、喝咖啡，Wi-Fi 免費，
也是希望消費者經常來，停留時間可以拉長，帶動業績成長。

（九）現在體驗行銷，不管是針對有錢有閒的銀髮族群，或是年輕人，
通路都不能僅採用過去的經營策略，只把商品降價而已，而是要
有創新的商品才能吸引他們，包括有形及無形的。

通路策略轉變	
時間節約型	**停留消費型**
「時間節約型」消費，也就是所謂的「單站購足」（one stop shopping），講求效率，用商品和價格做訴求	「停留消費型」，希望引導消費者每天到店、來店體驗，且在店內停留時間能更長

資料來源：全家便利商店。

日本百貨停留消費型策略			
項目	阪急梅田店	**T-SITE**	**GRANDTREE**
業態	百貨公司	生活型態提案型百貨公司	購物中心
策略	停留消費型	時間節約＋停留消費型	停留消費型
改裝成立日期	2012 年改裝	2016 年開幕	2014 年開幕
特色	犧牲業績貢獻 250 億日圓，二成的賣場空間，作為活動展覽、顧客休閒空間	以蔦屋書店為核心，延伸理財、旅遊、親子等生活服務，兼具主打業種縱深，及以顧客生活型態為橫軸的停留消費業種組合	以可供休閒的屋頂、花園打造停留消費的亮點，商品組合則以 Ito-Yokado 超市為核心，結合家居和美食餐廳等專門店
地點	大阪梅田	大阪枚方	東京武藏小杉

資料來源：全家便利商店。

十五、未來零售世界發展趨勢 ── 互動、即時、行動、智慧、體驗、無人化、科技

（一）五大科技創新趨勢，重新定義消費場景

1. 實體通路變身體驗館

在電子商務愈來愈成熟的時代裡，實體商店的「體驗」功能就愈發重要。

當網路購物逐漸成為消費主流，實體通路還有存在的必要嗎？如果有，它獨特的優勢又在哪裡？答案其實就是「體驗」。「未來的商店將變得更像博物館，我們會去那裡觀賞、學習並且被娛樂。」加拿大卡爾加里大學教授湯瑪士・基南（Thomas Keenan）表示。在全美擁有約 700 家分店的居家用品商勞氏公司（Lowe's），就與微軟展開合作，並且運用微軟的擴增實境（Augmented Reality）裝置 HoloLens，在賣場中的廚房展間，向消費者即時展示設計方案，讓消費者在購買前就能預覽情境，協助消費者買到最適合的商品。

2. 連網裝置讓你更懂消費者

國內外大型零售業者都紛紛導入 Beacon，透過大數據分析購買行為。

自從蘋果發表無線通訊傳輸方案 Beacon 之後，美國威名百貨（Walmart）、梅西百貨（Macy's）、麥當勞（McDonald's）、日本 PARCO 百貨等大型零售業者都紛紛部署 Beacon。而在臺灣，燦坤、義大世界 Outlet、臺北 101 等也陸續跟進，透過 Beacon 蒐集到的數據，零售業者不僅可以分析人流，還可以做到更精準的行銷。勤業眾信消費產業負責人柯志賢指出，零售業者如果要即時並深入掌握消費者的購物歷程，「需運用物聯網蒐集大數據資料，藉此分析店內購買行為，以求更精確跨越數位化鴻溝、徹底掌握數位化購物行為。」

3. 交易支付方式更多元

除了選擇依附蘋果、Google 和三星，零售業者還可以打造自己的支付生態圈。

當手機開始深入每一個人的生活，生活就在瞬間變得不同了，這個改變甚至包括對安全性要求最高的支付行為。現在，我們出門時可以忘了帶錢

包，但卻不會忘了帶手機。行動支付技術不僅為金融業帶來劇烈變革，同時也推翻我們的消費方式。對零售業者來說，除了選擇依附蘋果、Google和三星，另一個選擇就是一切自己來，把消費者留在自己的生態圈。例如：美國威名百貨推出自家行動支付系統 Walmart Pay，消費者只要打開 App 再掃描 QR Code 就可以結帳，2017 年上半年就會推行到全美店面。

4. 無人機、機器人都來送貨

更省時間、更省人力的物流新方案，巨擘、新創一致推進。

當亞馬遜執行長貝佐斯（Jeff Bezos）發表無人機送貨計畫時，一切看起來是那麼的不真實。現在，無人機送貨已經再也不奇怪了。2017 年 3 月，無人機新創公司 Flirtey 宣布成功透過 GPS 規劃路線，將包裹順利送達，完成美國都市內第一起全自主飛行。此外，外送網路訂餐服務 foodpanda 也在新加坡著手研發，預計幾年內推出無人機外送。foodpanda 新加坡營運總監艾瑪‧希普（Emma Heap）接受 CNBC 採訪時表示，陸地交通工具容易因交通阻塞延誤送餐，但是無人機可以將時間縮短為半小時之內，可望帶動營業額成長。

5. 不只買東西，還要社群參與

零售業者紛紛打造線上、線下社群，加強消費者的參與和連結。

人是群聚的動物，而消費正是向群體發現認同的一種方式。為了抓準消費者的心理，零售商會為自己建立線上和線下社群。除了推行會員制度並提供加值服務，有些零售業者還會為消費者打造虛擬社群，讓消費者離不開品牌。

例如：瑞典家飾零售商 IKEA 就會透過部落格或 Facebook 等社群媒體，與忠實消費者持續互動。另外，英國高檔超市 Waitrose 則會邀請消費者將自己的食譜上傳到自家烹飪網站 Waitrose Kitchen，讓消費者一邊購物、一邊與品牌產生更深的連結。

（二）四個構面分析消費者購物方式的改變

改變 1：靠網路發現新商品

在實際購物之前，消費者會先花費大量時間在網路上瀏覽和搜尋商品。調查顯示，74% 線上消費者會透過網站或社群媒體的評價和推薦來發現新

商品。此外，英國消費者每週平均會花費 225 分鐘在網路上瀏覽商品。

改變 2：消費過程非常依賴行動裝置

消費者會事先調查產品細節，包括尺寸、規格、庫存狀態，也會比較產品價格或運費。此外，消費者高度依賴行動裝置，18% 消費者會因為在手機上看到更便宜的商品而離開實體店面，28% 的線上交易發生在手機或平板（2015 年 5 月數據）。

改變 3：喜歡在社群媒體發表評價

消費者會在社群媒體上發表自己對產品的評價，同時也作為其他消費者購物時的參考。根據調查，31% 消費者會經常在網路上發表評語或回饋，每年平均寫 2.3 則。

改變 4：個人化體驗決定再回購與否

完成購物後，消費者會決定是否要再次光顧。56% 消費者表示，如果零售業者能夠提供個人化體驗，他們願意更常使用該網站。調查顯示，到了2020 年，客服和消費體驗的重要性將超過價格和產品。

十六、抓住熟客經營

為了增強顧客對品牌的黏著度及到店頻率，統一超旗下轉投資，包含統一星巴克、康是美等，透過不同大數據的會員經營手法，帶動業績持續成長，尤其已是連鎖咖啡龍頭的星巴克，推出全新升級的「星禮程」方案，企圖抓住熟客、吸引新來客，預估獲利可望再增一至二成。

統一星巴克全臺已有 580 多家店，會員人數已高達數百萬。統一星巴克觀察到，隨著國人愛喝咖啡，每年的平均飲用杯數也從過去的 50 幾杯，翻倍到 100 杯以上，且對於咖啡品質的要求也愈來愈高，個人化咖啡館更如雨後春筍般出現。

有鑑於此，統一星巴克不敢掉以輕心，每年都有全新商品、行銷手法、門市服務升級等，像是寫杯祝福、拉花、拓展特色門市、景點門市、聯名及典藏系列商品的開發，更透過大數據經營熟客，抓住會員的忠誠度。

由於統一星巴克每次只要進行促銷活動總是大排長龍，反而流失主要顧客群，因此，在熟客經營策略上，統一星巴克於 2002 年推出第一代隨行卡，

後續更隨著卡面二代升級、數位服務、行動支付、記名服務等功能革新，帶動隨行卡消費占比將近五成。

統一星巴克表示，顧客重視實質回饋，熟客們更是期待有專屬尊榮感，因此推出「星禮程」，就如同飛航里程兌換不同優惠，只要消費就可累積星星等，分新星、綠星及金星三級，享有不同回饋，目前已吸引超過 300 萬會員參與星禮程方案。

康是美則在 2000 年首創藥妝界導入會員制度，提供忠誠優惠專案與紅利回饋制，加強客人的互動，目前會員人數超過 400 萬。康是美表示，除一般會員外，也有金卡會員，為提升金卡會員的尊寵感，會定期推出專屬活動，提高到店頻率。

統一超轉投資的品牌經營熟客做法			
品牌	會員經營方案	做法	成效、預期目標
（星巴克標誌）	星禮程	1. 分為三級：新星（註冊即為新星級）、綠星（66 顆星星）、金星（168 顆星星）。35 元即可累計一顆星星，每個層級優惠不同 2. 金星級享有專屬金卡 3. 推動行動支付，更方便消費體驗	已吸引 300 萬人加入星禮程方案，強化熟客貢獻度
康是美 COSMED	一般會員＆金卡會員	單筆消費滿 688 元即可免費入會，或者支付 50 元辦卡入會，成為一般會員後皆終身有效。若會員年度消費滿 2 萬元，更可於次年升等成為金卡會員（效期一年）	康是美會員人數超過 400 萬，會員數每月持續穩定成長

十七、百貨零售業的新興科技突圍戰略

國內商發院經營模式創新研究所的陳俊淵研究員，曾經考察日本百貨公司後，提出如下觀點。

百貨零售除了同業競爭外，虛擬電商的挑戰更是空前，少了實體空間、現場服務人力等成本，電商有更多價格優勢，加上 24 小時無休、跨國便利運送系統等，更帶動傳統購物管道及消費習慣。

　　作為日本百貨零售業潮流指標，PARCO 不但要面對同業無止歇的挑戰，還得應付電商強力夾擊。PARCO 選擇運用新興科技，突破實體店面時空限制，並強化電商缺乏的真實「體驗」。近期案例如下。

（一）虛擬試衣間：2014 年 6 月 17 日～ 30 日在池袋 PARCO 限期推出，消費者在 60 吋液晶螢幕前，經快速掃描身型、微軟 Kinect 即時感應動作，呈現動態 3D 虛擬衣物。購買方式也十分獨特，透過自動販賣機按鈕取出商品 QRCode，經手機掃描、連上開發者（Urban Research）網站進行購買。在實體空間裡進行虛擬試衣體驗，再從實體通路導向虛擬購物。虛實穿插的趣味及獨特體驗製造十足話題，之後有表參道 Hills、晴空塔跟進。

（二）互動電子看板 P-WALL：在澀谷 PARCO 一樓設立長 5.5 米、高 1.6 米，6 面看板組成的數位看板 PARCO Digital Information Wall（簡稱 P-WALL），館內 1,000 款商品一次呈現。透過觸控，可以了解該商品販賣櫃位等資訊（後有池袋店安裝）。

（三）Beacon Analytics 顧客人流解析：運用 Beacon 科技提供顧客導航（尋找櫃位、設施等）、訊息推播等服務，也用來取得百貨內水平、垂直人流動向。將之與停留時間可視化後，結合感興趣事物、購買行為等資料進行大數據分析，可了解不同年齡層的逛街習性及喜好，提供店鋪產品、服務、動線改善參考。系統開發後，也提供 PARCO 集團外其他業主相關服務，增加收入來源。

（四）Kaeru PARCO 社群媒體經營：除了官方網站的設置，PARCO 還培訓店員兼任部落客、模特兒，自行穿搭、PO 圖文推薦商品。官方電子商務網站與部落格整合，前者提供了時尚官方發表資訊及購買機能，後者以生活化方式提供商品資訊。消費者若對部落格分享的商品有興趣，可輕鬆連結上官網購物。業績與實體店面合併計算，讓店員更努力 PO 文、經營與消費者的互動，一個月約產出 10,000 篇左右的文章，也提供消費者朋友般的貼心建議和服務。在消費者下單後，店員會隨產品附上手寫感謝信函。如此用心、友人化的互動方式，大大拉近店員與顧客的距離，也締造每月 200 萬日圓的網路佳績！

（五）機器人服務：面對近幾年暴增的國際觀光人潮，需增加服務人手

來應對。但在人力成本偏高、外語能力不佳的日本，頗有難度。由日、法合作開發會說中、英、日文、售價不到 20 萬日圓的機器人 Pepper，也成了 PARCO 的祕密武器。與其他機器人不同處，在於開發目的是以「陪伴」、消費市場為定位。在此邏輯下設計的 Pepper，除了可愛、親和的外表，還有可進化的「情緒中樞」偵測表情、音調、話語，判斷使用者的「情緒」。再依照可成長、調整的雲端資料庫，做出對應的對話、唱歌、跳舞等回饋。

將機器人運用在百貨空間中，PARCO 算是先驅之一。PARCO 更進一步規劃，2016 年下半年讓 Pepper 投入更常態性的服務編制裡。除了基本的店鋪／設施（廁所、Wi-Fi、免稅）檢索、周邊（車站、銀行、觀光）資訊、推薦活動外，還能在與消費者的對話中，記錄對方年齡、性別、感情、會話等內容，提供後續消費者分析用途。

機器人不僅能提供基本的商場資訊、接待、多語問答，運用得宜時，更成為受到關注、吸睛的焦點。雖然還有一些狀況仍待實戰考驗、調整，才能真正勝任獨立服務（如：遇到同時間內多數人的狀況，能否應對如流），但機器人帶給傳統服務業的衝擊是不可避免的，也提供了另外一個面向的服務選擇，是相關產業未來不能忽略的新勢力。

十八、「外送經濟」大爆發

（一）2020 年以來，臺灣話題最高的關鍵字，無疑是「外送」二個字。外送業者推估，臺灣一年的外送餐飲市場產值，已達近 300 億元，未來有可能是 500 億元規模，目前已有五萬名外送大軍，騎機車在大街小巷出現。

（二）臺灣為什麼外送經濟崛起，主要有六大因素：

1. 臺灣人口密度高居亞洲第三。
2. 臺灣 14 萬家餐廳，餐飲產值連續十七年上升。
3. 臺灣智慧型手機普及率 73.4%，世界排名第一。
4. 臺灣平均總工時全球第四，整體外食人口約七成。

5. 臺灣機車密度全球最高。

6. 臺灣單身族、不婚族、頂客族比率上升。

（三）主力二大業者：

1. foodpanda。

2. Uber Eats。

參 考 書 目

（一）日文

1. 金沢尚基（2011），《現代流通概念》，東京：慶應大學出版社，2011 年 7 月。
2. 野村總合研究所（2012），《2012 年的流通》，東京：東洋經濟新報社，2006 年 9 月。
3. 木下安司（2010），《瞭解流通》，東京：同文館出版公司；2010 年 11 月。
4. 矢依敏行（2012），《現代流通》，東京：有斐閣出版公司，2012 年 8 月。
5. 鈴木邦成（2012），《流通基本書》，東京：日刊工業新聞社出版，2012 年 6 月。
6. 角井亮一（2014），《戰略物流》，東京：日刊工業新聞社，2014 年 6 月。
7. 小林俊一（2014），《物流實務入門》，東京：日本能率協會，2014 年 7 月。

（二）中文

1. 楊瑪利（2005），《每天 600 萬個感動：臺灣 7-ELEVEN 創新行銷學》，天下出版公司，2005 年 1 月，頁 272～275。
2. 張殿文（2007），《融入顧客情境：臺灣 7-ELEVEN 的共好經營學》，天下出版公司，2007 年 3 月，頁 185～190 及頁 197～203。
3. 陳彥淳（2011），〈超商破 9,000 家，辛苦賺〉，《工商時報》，2011 年 1 月 16 日。
4. 陳彥淳（2011），〈三商百貨整容更年輕〉，《工商時報》，2011 年 1 月 19 日。
5. 陳彥淳（2011），〈大潤發堅持大店操作〉，《工商時報》，2011 年 1 月 23 日。
6. 陳彥淳（2011），〈全家打出 3N 策略，挑戰 3,000 店〉，《工商時報》，2011 年 12 月 14 日。
7. 陳彥淳（2012），〈量販店拉會員，500 元分 3 期付〉，《工商時報》，2012 年 1 月 4 日。
8. 陳彥淳（2012），〈便利商店全店行銷大吹卡通風〉，《工商時報》，2012 年 3 月 5 日。
9. 陳怡君（2011），〈百貨業發店內卡精準行銷〉，《經濟日報》，2011 年 12 月 12 日。
10. 陳怡君（2012），〈最大購物中心統一夢時代來了〉，《經濟日報》，2012

年 3 月 18 日。

11. 李寶和（2011），〈家樂福明年再展 6 店市占拚過半〉，《經濟日報》，2011 年 12 月 15 日。

12. 李麗滿（2011），〈百貨新春搶買氣福袋大禮伺候〉，《工商時報》，2011 年 2 月 3 日。

13. 李麗滿（2011），〈百貨業者搶攻網路購物商機〉，《工商時報》，2011 年 7 月 8 日。

14. 李麗滿（2011），〈發行百貨卡鎖住忠誠客〉，《工商時報》，2011 年 7 月 8 日。

15. 李麗滿（2011），〈百貨零售豬年諸事不順〉，《工商時報》，2011 年 12 月 30 日。

16. 李麗滿（2011），〈百貨專櫃重洗牌，平價奢華當道〉，《工商時報》，2011 年 12 月 30 日。

17. 李麗滿（2012），〈百貨雙雄西進大陸〉，《工商時報》，2012 年 3 月 25 日。

18. 姚舜（2011），〈麥當勞打造方便舒食平臺〉，《工商時報》，2011 年 1 月 17 日。

19. 姚舜（2011），〈摩斯追求尖峰時段，產值極大化〉，《工商時報》，2011 年 1 月 17 日。

20. 姚舜（2011），〈虛實並進拓展多元通路〉，《工商時報》經營版，2011 年 1 月 31 日。

21. 楊嘉凱（2012），〈超市買東西，不必排隊，手握掃描器結帳超省時〉，《經濟日報》，2012 年 6 月 19 日。

22. 劉益昌（2011），〈健康、美麗、高度專業康是美打造藥妝店品牌形象〉，《工商時報》，2011 年 2 月 10 日。

23. 劉益昌（2011），〈無人化商店衝擊連鎖門市生態〉，《工商時報》，2011 年 12 月 4 日。

24. 劉益昌（2012），〈連鎖加盟大吹內部創業風〉，《工商時報》，2012 年 3 月 11 日。

25. 劉益昌（2012），〈科技資訊加持，流通服務業掀起新變革〉，《工商時報》，2012 年 7 月 2 日。

26. 萬憲璋（2011），〈購物中心不敗戰略〉，《經濟日報》，2011 年 6 月 5 日。

27. 陳秀蘭（2012），〈無人商店開幕魅力無法擋〉，《經濟日報》，2012 年 4 月 17 日。

28. 邱莉玲（2011），〈虛擬通路發動 24 小時服務競速賽〉，《工商時報》，2011 年 1 月 25 日。

29. 邱莉玲（2012），〈零售通路搶錢功力超級比一比〉，《工商時報》，2012年2月7日。

30. 張義宮（2011），〈燦坤會員招待會開鑼，衝12億營收〉，《經濟日報》，2011年11月17日。

31. 陳弘元（2011），〈服務科學化，流通新價值〉，《經濟日報》，2011年7月1日。

32. 陳弘元（2011），〈連鎖加盟經營十誡〉，《經濟日報》，2011年7月1日。

33. 黃仁謙（2011），〈速食業第一炮麥當勞24小時營業〉，《經濟日報》，2011年2月9日。

34. 林茂仁（2011），〈四大超商突破9,000店〉，《經濟日報》，2011年1月2日。

35. 林茂仁（2011），〈三大超商競相開發小額支付工具〉，《經濟日報》，2011年1月18日。

36. 林茂仁（2011），〈全家砸8,000萬裝多媒體機〉，《經濟日報》，2011年1月27日。

37. 潘進丁、黃家英（2011），〈零售金融跨業結合借力使力〉，《經濟日報》，2011年11月25日。

38. 張嘉伶（2011），〈富邦momo實體美妝店開幕〉，《蘋果日報》財經版，2011年1月12日。

39. 王家英（2011），〈臺灣全家走自己的路〉，《經濟日報》企管副刊，2011年1月30日。

40. 遠見雜誌（2011），〈徐重仁30年如一日繼續改造臺灣人生活〉，《經濟日報》企管副刊，2011年1月31日。

41. 周文卿、謝子樵（2011），〈網路商店的低價競爭力〉，《工商時報》，2011年2月1日。

42. 何英煌（2011），〈24小時到貨博客來也要做〉，《工商時報》，2011年1月11日。

43. 陳顯柔（2011），〈星巴克拚了，推1美元咖啡〉，《工商時報》，2011年1月24日。

44. 林政峰（2011），〈漢神VIP之夜5小時狂賣3億〉，《經濟日報》，2011年12月25日。

45. 周嘉瑩（2011），〈momo開店藥妝通路戰開打〉，《聯合報》，2011年1月28日。

國家圖書館出版品預行編目(CIP)資料

流通管理概論：精華理論與本土案例／戴國良
著. ――七版. ――臺北市：五南圖書出版股
份有限公司, 2024.01
面；　公分
ISBN 978-626-366-943-7（平裝）

1.CST: 物流業　2.CST: 物流管理　3.CST:
個案研究

496.8   112022222

1FS6

流通管理概論：
精華理論與本土案例

作　　者 ― 戴國良

發 行 人 ― 楊榮川

總 經 理 ― 楊士清

總 編 輯 ― 楊秀麗

主　　編 ― 侯家嵐

責任編輯 ― 吳瑀芳

文字校對 ― 石曉蓉

封面設計 ― 封怡彤

出 版 者 ― 五南圖書出版股份有限公司

地　　址：106臺北市大安區和平東路二段339號4樓

電　　話：(02)2705-5066　傳　真：(02)2706-6100

網　　址：https://www.wunan.com.tw

電子郵件：wunan@wunan.com.tw

劃撥帳號：01068953

戶　　名：五南圖書出版股份有限公司

法律顧問：林勝安律師

出版日期：2013年 7 月初版一刷
　　　　　2015年 1 月二版一刷
　　　　　2016年 9 月三版一刷
　　　　　2017年 9 月四版一刷
　　　　　2018年10月五版一刷
　　　　　2021年11月六版一刷
　　　　　2024年 1 月七版一刷

定　　價：新臺幣480元

經典永恆・名著常在

五十週年的獻禮 —— 經典名著文庫

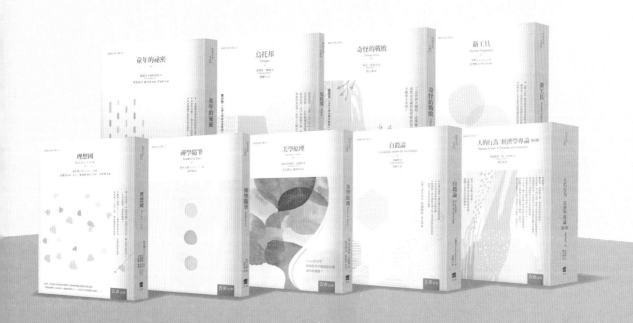

五南，五十年了，半個世紀，人生旅程的一大半，走過來了。

思索著，邁向百年的未來歷程，能為知識界、文化學術界作些什麼？

在速食文化的生態下，有什麼值得讓人雋永品味的？

歷代經典・當今名著，經過時間的洗禮，千錘百鍊，流傳至今，光芒耀人；

不僅使我們能領悟前人的智慧，同時也增深加廣我們思考的深度與視野。

我們決心投入巨資，有計畫的系統梳選，成立「經典名著文庫」，

希望收入古今中外思想性的、充滿睿智與獨見的經典、名著。

這是一項理想性的、永續性的巨大出版工程。

不在意讀者的眾寡，只考慮它的學術價值，力求完整展現先哲思想的軌跡；

為知識界開啟一片智慧之窗，營造一座百花綻放的世界文明公園，

任君遨遊、取菁吸蜜、嘉惠學子！